Das große Ravensburger Buch der
Natur und Technik

Naturwissenschaft im Alltag

Dieses futuristische
Gebäude ist Teil der
„Stadt der Kunst
und Wissenschaft"
in Valencia.

Das große Ravensburger Buch der

Natur und Technik

Naturwissenschaft im Alltag

Ravensburger Buchverlag

Inhalt

Dank seiner Stromlinienform gleitet der Große Tümmler elegant durch das Wasser.

Die dunkle Struktur (unten) ist ein Nebel, eine Ansammlung von Staub und Gas im Weltall. Seiner Form wegen bekam er den Namen „Pferdekopfnebel".

Das Weltall

Das Universum

Der Weltraum mit allem, was sich darin befindet, wird als Universum bezeichnet. Wie groß das Universum ist, kann man sich kaum vorstellen. Es besteht aus vielen Milliarden von Sternen, Planeten, gewaltigen Gaswolken und leeren Räumen von gigantischer Größe.

Lichtjahre

Die Entfernungen im Weltraum sind so riesig, dass man sie in Lichtjahren misst. Ein Lichtjahr entspricht der Strecke, die das Licht in einem Jahr zurücklegt, das sind rund 9,46 Billionen km. Das Licht breitet sich mit einer Geschwindigkeit von 300 000 km pro Sekunde aus.

Die Sonne ist ein riesiger Ball aus brennendem Gas.

Galaxien

Galaxien sind riesige Ansammlungen von Einzelsternen. Manche Galaxien sind so groß, dass ein Lichtstrahl tausende von Jahren brauchen würde, um sie zu durchqueren. Die Abstände zwischen den Galaxien sind aber noch viel größer als die Galaxien selbst. Die Galaxie, zu der die Erde gehört, hat einen Durchmesser von 100 000 Lichtjahren.

In klaren Nächten kann man am Himmel ein breites, helles Band erkennen, die Milchstraße. Sie ist Teil unserer Galaxie. Die alten Griechen sagten, das helle Band sei so gerade wie eine Straße und so hell wie Milch und nannten es deshalb Milchstraße.

Die unscharfen Flecken auf diesem Foto sind einige der am weitesten entfernten Galaxien.

Wie groß?

Niemand weiß, wie groß das Universum tatsächlich ist. Es enthält Millionen und Abermillionen von Galaxien. Jedes Mal, wenn die Astronomen mit neu entwickelten Teleskopen noch weiter in den Weltraum schauen können, entdecken sie neue Galaxien. Die bisher bekannten, am weitesten entfernten Galaxien sind bis zu 15 Mrd. Lichtjahre entfernt.

Planet Erde

Die Erde ist einer der neun Planeten, die um die Sonne kreisen. Die Sonne und alles, was um sie kreist, bilden das Sonnensystem. Unser nächstes natürliches Objekt im All ist der Mond, der um die Erde kreist. Ein Lichtstrahl braucht etwa 1,5 Sekunden für den Weg vom Mond zur Erde.

In einer klaren, dunklen Nacht sieht man mehrere tausend Sterne am Himmel.

Das Bild zeigt den Mond auf seiner Bahn um die Erde.

Der Mond

Die Bahn (der Orbit) des Mondes

Sterne im Weltraum

Jede Galaxie besteht aus Milliarden von Sternen. Sterne sind gewaltige Kugeln aus Gas, die Hitze und Licht erzeugen. Manche Sterne sind heller als andere und haben unterschiedliche Farben.

Die Farbe eines Sterns hängt von der Temperatur seiner Oberfläche ab: Die kühlsten Sterne sind rot, dann folgen orangefarbene, gelbe, weiße und blaue Sterne. Blaue Sterne sind am heißesten.

Die Sonne ist der Stern, der der Erde am nächsten ist. Sie ist etwa 150 Mio. km weit entfernt. Ein Lichtstrahl braucht 8 Minuten von der Sonne zur Erde. Der zweitnächste Stern heißt Proxima Centauri. Seine Entfernung zur Erde beträgt 40 Billionen km.

Erde

Unser Sonnensystem

Unser Sonnensystem liegt am Rand unserer Galaxie, und zwar rund 28 000 Lichtjahre von ihrem Zentrum entfernt. Es besteht aus der Sonne und neun Planeten, die sie auf Umlaufbahnen umkreisen. Einige Planeten werden wiederum selbst von Monden umkreist. Eine riesige Masse von Felsbrocken, Staub, Metall und Eis kreist ebenfalls im Sonnensystem.

Die Sonne

Die Sonne ist größer als das ganze übrige Sonnensystem. Wegen ihres Gewichtes übt sie eine Anziehungskraft – Gravitation genannt – auf alles aus, was sich ihr bis zu einer bestimmten Entfernung nähert. Der äußerste Planet unseres Sonnensystems, Pluto, wird von ihr in einem Abstand von 6 Mrd. km in seiner Umlaufbahn gehalten.

Die inneren Planeten

Die Planeten sind die größten Objekte, die um die Sonne kreisen. Bis heute kennen die Astronomen neun Planeten, vielleicht wird aber eines Tages noch ein weiterer entdeckt. In klaren Nächten kann man die Planeten sehen: Sie gleichen hellen Sternen. Merkur, Venus, Erde und Mars sind die vier Planeten, die der Sonne am nächsten sind. Man nennt sie „innere Planeten". Sie haben etwa die gleiche Größe und bestehen aus Felsgestein.

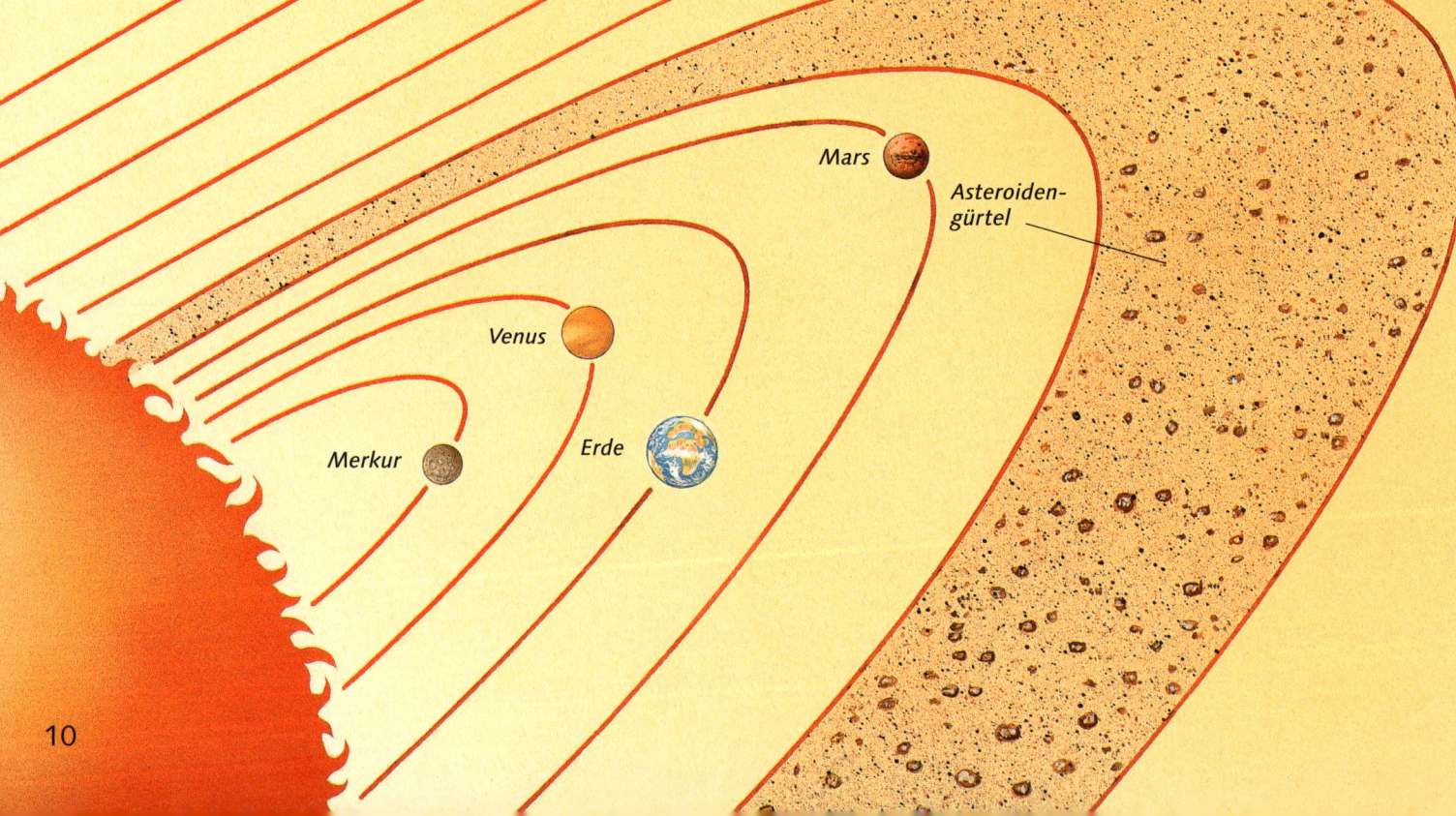

Mars

Asteroiden-
gürtel

Venus

Merkur

Erde

Die äußeren Planeten

Die fünf weiter von der Sonne entfernten Planeten sind Jupiter, Saturn, Uranus, Neptun und Pluto. Sie heißen „äußere Planeten". Sie bestehen aus Eis, Gas und Flüssigkeit und sind, bis auf Pluto, deutlich größer als die inneren Planeten.

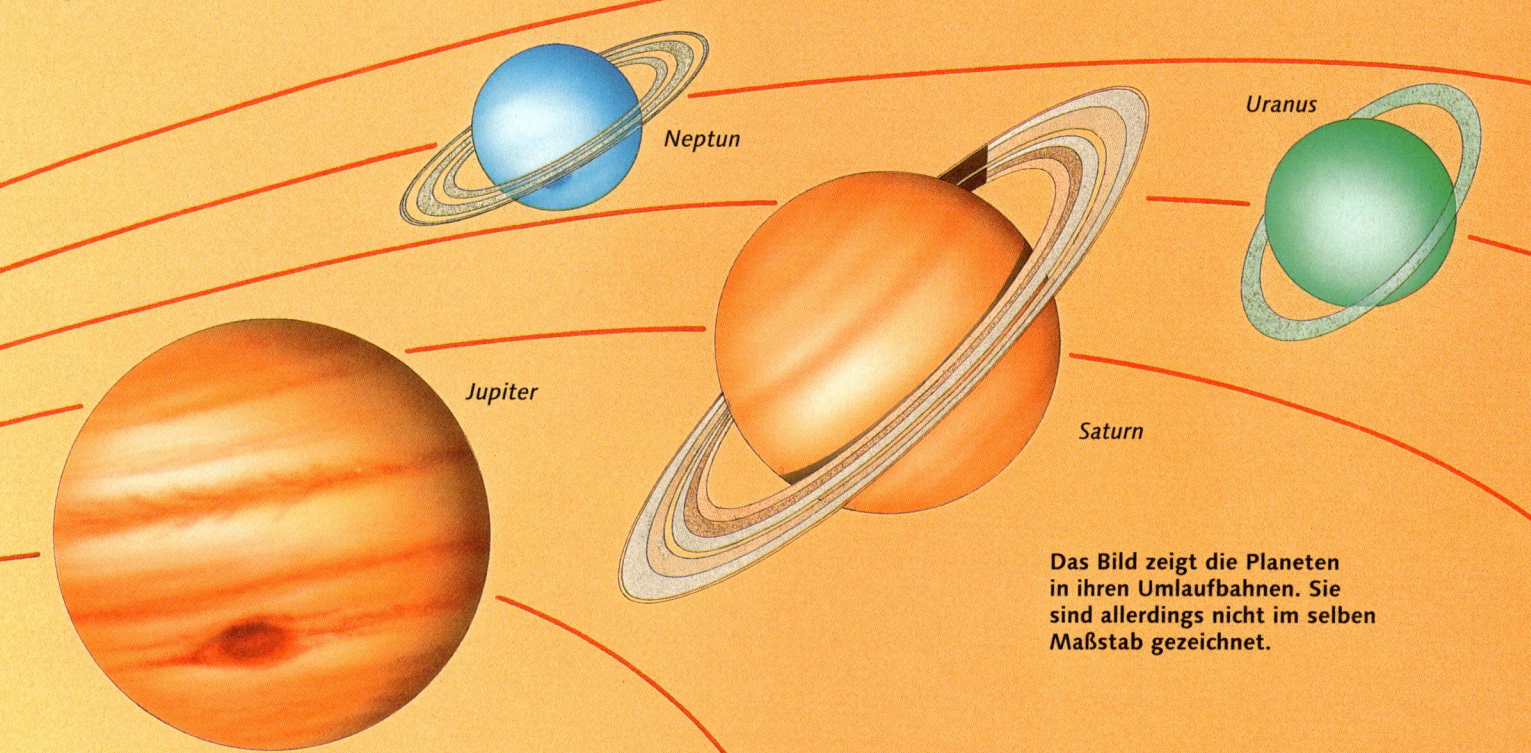

Pluto

Neptun

Uranus

Jupiter

Saturn

Das Bild zeigt die Planeten in ihren Umlaufbahnen. Sie sind allerdings nicht im selben Maßstab gezeichnet.

Asteroiden

Asteroiden sind große Brocken aus Gestein oder aus Gestein und Metall. Sie entstanden vor rund 5 Mrd. Jahren zusammen mit dem Sonnensystem. Auch sie kreisen, wie die Planeten, um die Sonne. Einige der Asteroiden bewegen sich auf weiten, elliptischen Bahnen und entfernen sich sehr weit von der Sonne, andere bewegen sich im näheren Umfeld der Planeten. Die meisten Asteroiden bilden jedoch einen Gürtel zwischen Mars und Jupiter.

Kometen

Kometen sind riesige Eisbrocken mit Staub- und Sandeinschlüssen. Meistens nähern sie sich der Sonne nur für kurze Zeit. In der Nähe der Sonne heizen sich die Kometen auf und beginnen zu schmelzen. Dabei lösen sich Gas und Staub aus dem Eis und bilden einen Kometenschweif.

Monde

Auch andere Planeten werden von einem oder mehreren Monden umkreist, so wie die Erde von unserem Mond. Um Jupiter beispielsweise kreisen mindestens 50 Monde. Es gibt verschiedene Arten von Monden. Einige bestehen aus Gestein, andere enthalten außerdem Eis und Flüssigkeit. Die meisten Mondoberflächen zeigen Landschaften mit Kratern, Bergen und Tälern. Auch unser Mond sieht so aus.

Meteoriten

Meteoriten sind Bruchstücke aus Gestein oder Metall, die mit hoher Geschwindigkeit durch das All rasen. Wenn sie auf die Erdatmosphäre treffen, verglühen sie mit weithin sichtbaren Feuerstreifen, die man als Meteore bezeichnet. Größere Meteoriten verglühen nicht, sondern schlagen auf der Erdoberfläche ein.

Die Sonne

Die Sonne strahlt Hitze und Licht auf die Planeten. Je weiter ein Planet von der Sonne entfernt ist, desto kälter ist es dort. Die Sonne brennt bereits seit 4 Mrd. Jahren und wird dies wahrscheinlich noch weitere 5 Mrd. Jahre tun. Die Temperatur im Inneren der Sonne ist mit 15 Mio. °C unvorstellbar hoch.

Wie groß ist die Sonne?

Die Sonne hat einen Durchmesser von rund 1,4 Mio. km. Die Masse unserer Erde würde eine Million Mal in die Sonne passen. Vergleicht man die Sonne jedoch mit anderen Sternen im Universum, erscheint sie eher klein. Die Abbildung rechts zeigt die Sonne im Vergleich mit einem der größten Sterne – Beteigeuze (auch α-Orionis). Sterne, die kleiner sind als unsere Sonne, heißen Zwergsterne, solche, die größer sind, Riesensterne. Die größten Sterne des Universums, wie Beteigeuze, werden Superriesen genannt.

Sonne ·   *Beteigeuze*

Sonnenflecken

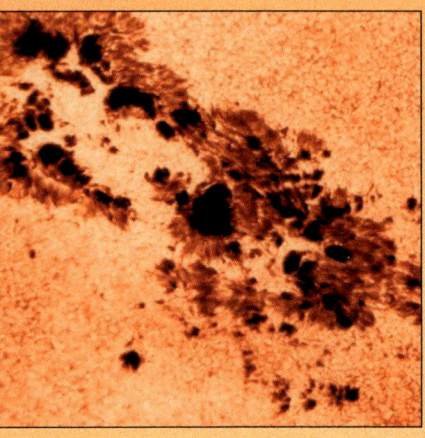

Dieser Sonnenfleck wurde mit einer Spezialkamera von der Erde aus fotografiert.

Manchmal sind auf der Sonnenoberfläche dunkle Flecken zu erkennen. In diesen so genannten Sonnenflecken ist die Temperatur der Sonne etwas geringer. Gelegentlich wachsen Sonnenflecken zusammen und bilden riesige Flächen. Der größte Sonnenfleck, den man bisher beobachtet hat, maß 18 Mrd. km².

Feurige Ausbrüche

Wenn sich in den äußeren Schichten der Sonne große Mengen an Energie aufspeichern, werden die Gase auf eine Temperatur von Millionen Grad Celsius aufgeheizt. Wird der Druck im Inneren schließlich zu groß, kommt es zu heftigen Explosionen, bei denen Gasströme nach außen entweichen. Manche dieser Sonneneruptionen (Flares) oder Protuberanzen sind so heftig, dass die Gase bis zu 50 000 km hoch in den Weltraum aufsteigen.

Der Aufbau der Sonne

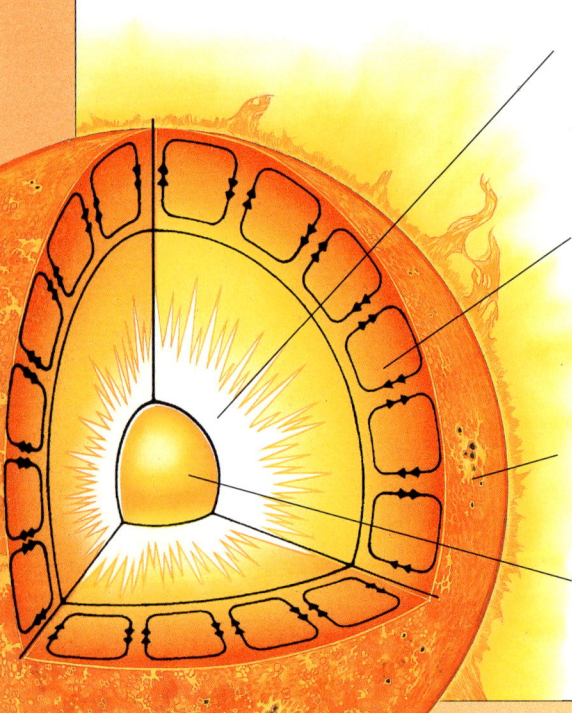

Die Hitzestrahlung aus dem Kern wird durch die Strahlungszone nach außen geleitet.

In der Konvektionszone übertragen heiße Gase die Sonnenenergie nach außen. Die Pfeile zeigen die Drehrichtung der Konvektionszellen.

Ganz außen liegt die Fotosphäre aus brodelnden Gasen.

Der Durchmesser des Sonnenkerns ist fast 14-mal größer als der der Erde.

Warnung!

Du darfst auf keinen Fall mit bloßem Auge, einem Fernglas oder Teleskop direkt in die Sonne schauen, denn durch das starke Licht würdest du erblinden! Selbst ein rußiges Stück Glas oder ein Sonnenfilter kann die gefährlichen Strahlen nicht herausfiltern und ungefährlich machen. Allerdings kannst du die Sonne indirekt beobachten. Dazu brauchst du ein Stück weiße Pappe und ein Fernglas. Decke eine der beiden Linsen ab. Lasse Sonnenstrahlen wie gezeigt durch die andere Linse hindurch auf die weiße Pappe fallen. Bewege das Fernglas nun, bis ein heller Kreis auf der Pappe sichtbar wird, und stelle scharf.

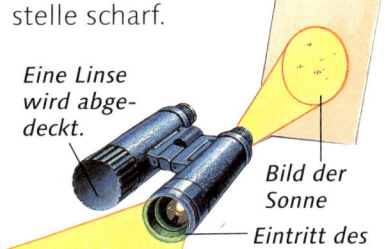

Eine Linse wird abgedeckt.

Bild der Sonne

Eintritt des Sonnenlichts

Merkwürdige Lichter

Das Nordlicht (Aurora borealis) wird durch den Sonnenwind verursacht. Man kann es gelegentlich im hohen Norden, in der Nähe des Nordpols, sehen.

Die Sonne erzeugt ständig einen Strom von unsichtbaren Teilchen, der in alle Richtungen abgestrahlt wird: den Sonnenwind. Auch die Erde wird von diesen Teilchen getroffen, wir bemerken sie aber nicht, weil die Erde von einem magnetischen Schild – der Magnetosphäre – umgeben ist. Die Magnetosphäre lenkt die Teilchen ab oder hält ihre Energie fest. In der Nähe von Nord- und Südpol reagieren die Teilchen mit der Magnetosphäre, und wunderbare Lichterscheinungen entstehen. In der Nähe des Nordpols nennt man sie Nordlicht (Aurora borealis), in der Nähe des Südpols Südlicht (Aurora australis).

Das Foto zeigt die glühende, brodelnde Oberfläche der Sonne.

Die Erde

Die Erde hat genau die Temperatur, bei der Wasser flüssig bleibt. Sie ist außerdem von einer Gashülle umgeben. Gas und Wasser sind die Voraussetzungen für Leben auf der Erde.

Leben auf der Erde

Auf keinem anderen Planeten des Sonnensystems konnte bisher Leben nachgewiesen werden. Pflanzen und Tiere brauchen Wasser. Auf dem Mars hat man inzwischen Eis und Hinweise auf ein früheres Vorkommen von Wasser entdeckt. Dort könnte also primitives Leben existieren oder existiert haben. Sicher ist dies allerdings keineswegs.

Die Atmosphäre

Die dünne Gasschicht um unsere Erde wird Atmosphäre genannt. Sie funktioniert wie ein Schutzschild, der schädliche Sonnenstrahlen ausfiltert. Unsere Atmosphäre besteht zu 78 % aus Stickstoff. Der Sauerstoff, den wir atmen, macht 21 % aus. Das restliche 1 % besteht aus kleineren Mengen unterschiedlichster Gase.

Die Rotation der Erde

Die Erde dreht sich mit einer Geschwindigkeit von 1600 km/h um ihre eigene Achse. Auf der Hälfte der Erde, die der Sonne zugewandt ist, ist Tag, auf der Schattenseite Nacht. Ein Tag ist die Zeit, die einer Erdumdrehung entspricht.

Hier wird dargestellt, wie es an einer bestimmten Stelle der Erde (markiert durch die grüne Flagge) zu Tag und Nacht kommt. Der blaue Pfeil zeigt die Bahn der Erde um die Sonne, der rote Pfeil die Rotation der Erde um ihre Achse.

Auf diesem Satellitenbild sieht das Wasser blau aus. Ohne Wasser hätten weder Wälder (hier rot und grün) noch andere Pflanzen und Tiere eine Lebensgrundlage.

Vom Weltraum aus erscheint die Erdatmosphäre wie eine sehr dünne blaue Hülle um den Planeten. Die blaue Farbe kommt durch die Filterwirkung der Gase zustande.

Auf diesem Satellitenbild der Erde sind unter den Wolken Teile von Europa erkennbar.

Die Jahreszeiten

Die Erde braucht genau 365,256 Tage, um die Sonne einmal zu umkreisen – ein Erdenjahr. Da die Erdachse schräg zur Umlaufbahn geneigt ist, werden die einzelnen Teile der Erde unterschiedlich stark von der Sonne bestrahlt. Jeweils eine Hälfte der Erde ist zur Sonne hin geneigt – hier herrscht Sommer. Die andere Hälfte weist von der Sonne weg – hier ist Winter. Wegen der Bewegung der Erde um die Sonne wechseln sich die Jahreszeiten ab.

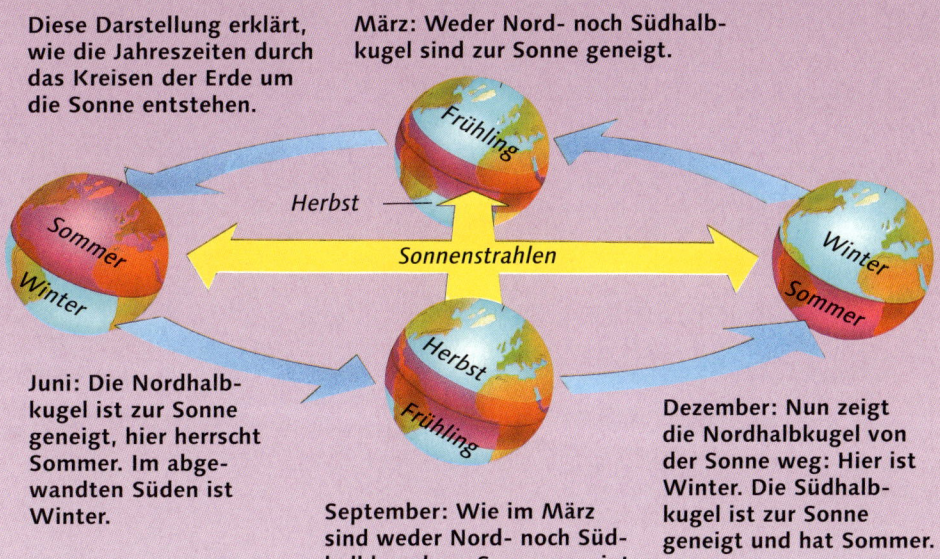

Diese Darstellung erklärt, wie die Jahreszeiten durch das Kreisen der Erde um die Sonne entstehen.

März: Weder Nord- noch Südhalbkugel sind zur Sonne geneigt.

Frühling

Herbst

Sommer
Winter

Sonnenstrahlen

Winter
Sommer

Herbst
Frühling

Juni: Die Nordhalbkugel ist zur Sonne geneigt, hier herrscht Sommer. Im abgewandten Süden ist Winter.

September: Wie im März sind weder Nord- noch Südhalbkugel zur Sonne geneigt.

Dezember: Nun zeigt die Nordhalbkugel von der Sonne weg: Hier ist Winter. Die Südhalbkugel ist zur Sonne geneigt und hat Sommer.

Die Erde, aus dem Weltraum gesehen

Mithilfe von Satelliten und der Weltraumstation lernen wir unsere Erde immer besser kennen. Satelliten senden Daten zur Erde, aus denen Forscher das Wetter der nächsten Tage berechnen können. Sie können die Menschen warnen, wenn irgendwo auf der Welt eine Unwetterkatastrophe droht. Die Satellitenbilder helfen auch dabei, den menschlichen Einfluss auf die Umwelt zu erforschen, z. B. die Zerstörung der Regenwälder in Südamerika.

Auf diesem Satellitenbild sieht man einen Wirbelsturm, der sich der Ostküste der USA nähert.

Der Mond

Der Mond ist etwa 384 000 km von der Erde entfernt. Fast alle Monde sind recht klein im Verhältnis zu dem Planeten, den sie umkreisen. Unser Mond ist dagegen mit einem Viertel der Erdgröße ziemlich groß. Der Mond hat keine Atmosphäre, und seine felsige, staubige Oberfläche erscheint grau in grau.

So sieht die Erde vom Mond gesehen aus.

Verborgene Rückseite

Der Mond dreht sich auf seiner Bahn um die Erde um sich selbst. Da seine Bahngeschwindigkeit genauso groß ist wie seine Umdrehungsgeschwindigkeit, sehen wir immer dieselbe Seite.

Der Mond braucht 27 Tage, um die Erde einmal zu umrunden.

Im Jahr 1969 brachte eine Rakete der US-amerikanischen Apollo-11-Mission den ersten Menschen auf den Mond.

Ein Astronaut erkundet die Mondoberfläche.

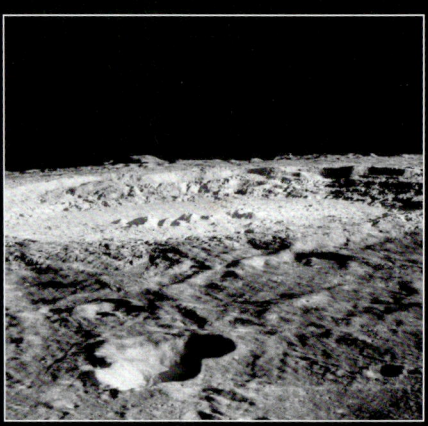

Das ist Kopernikus, einer der größten Krater des Mondes.

Krater an Krater

Die zahlreichen Krater auf der Mondoberfläche wurden von Kometen, Asteroiden oder Meteoriten verursacht. Einige davon sind so groß, dass eine Stadt darin Platz fände. Allerdings gibt es auch zahlreiche winzige Krater.

In einer klaren Vollmondnacht kann man die größten Krater mit bloßem Auge erkennen, aber mit einem Fernglas oder Teleskop sieht man noch viele weitere Krater.

Einige der Mondkrater sind von einem Kranz nach außen weisender Linien umgeben. Sie bestehen aus Staub, der z. B. beim Einschlag eines Meteoriten hochgeschleudert wurde.

Meere auf dem Mond?

Auf dem Mond gibt es viele dunkle Flecken, die von der Erde aus wie Meere aussehen. Tatsächlich glaubten die ersten Astronomen an Ozeane auf dem Mond und nannten sie Mares (lateinisch für Meere). In Wirklichkeit handelt es sich um Lava, die aus Vulkanen floss und zu Fels erstarrte.

Von der Erde aus sind einige der Mond-„Meere" gut zu sehen.

Gebirge

Die Mondoberfläche ist sehr bergig; einige der Gebirge tragen die Namen von Erdgebirgen. Die höchste Bergkette auf dem Mond sind die Apenninen. Einer der Berge darin ist fast so hoch wie der Mount Everest und damit der höchste Berg auf dem Mond.

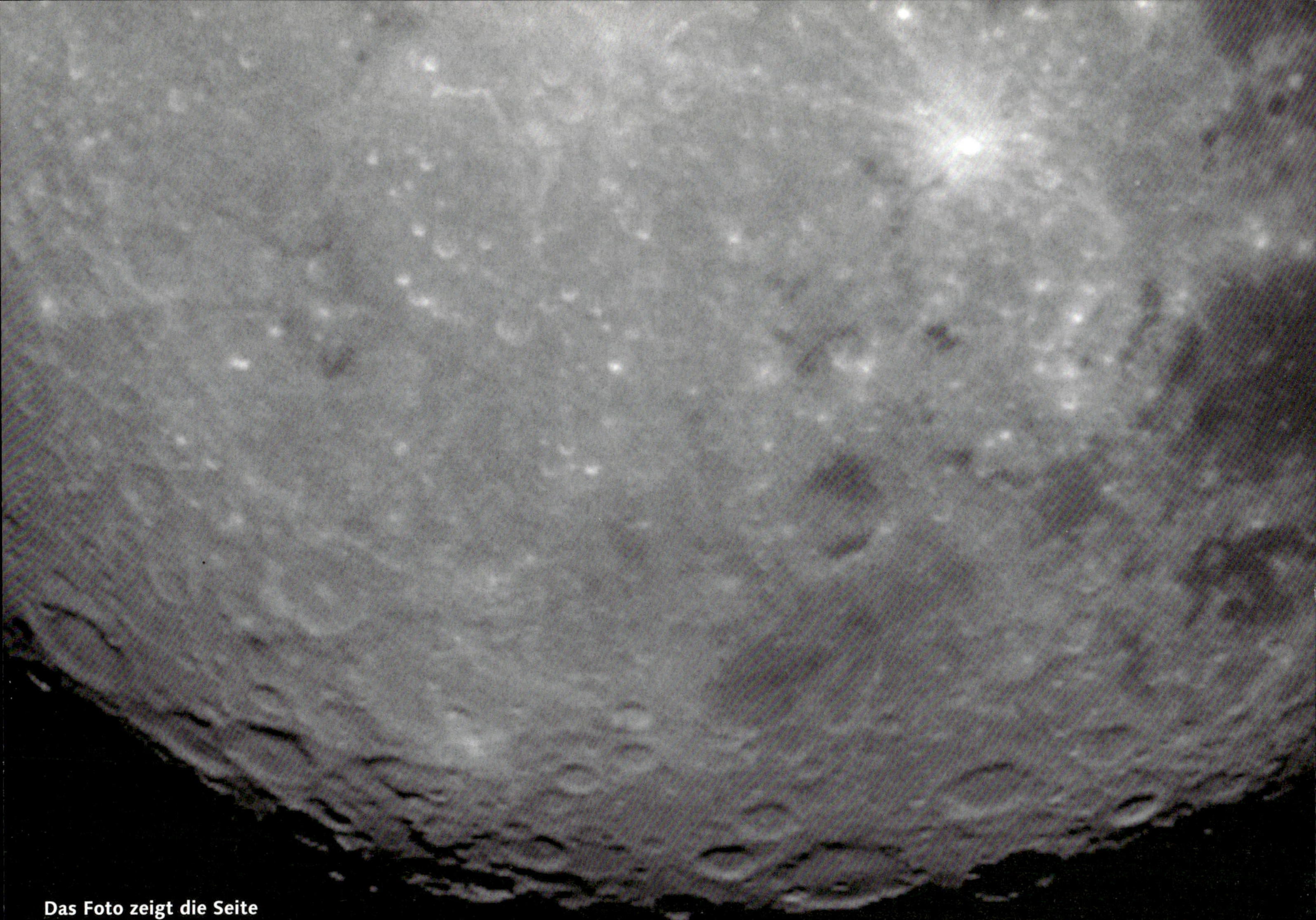

Das Foto zeigt die Seite des Mondes, die ständig der Erde zugewandt ist.

Temperaturen

Die Atmosphäre, die unsere Erde umgibt, gleicht in etwa einem Dach. Sie verhindert, dass die Sonne am Tag zu heiß brennt und hält nachts die Wärme der Erde zurück. Der Mond besitzt keine solche schützende Atmosphäre. Daher heizen die Strahlen der Sonne die Mondoberfläche bis zu 130 °C auf – heißer als kochendes Wasser. Wird die Mondoberfläche jedoch nicht von der Sonne beschienen, kann die Temperatur auf bis zu −160 °C absinken.

Die Mondphasen

Der Mond leuchtet nicht selbst, sondern er reflektiert nur Sonnenlicht. Bei Vollmond scheint er besonders hell vom Himmel. Die Form des Mondes scheint sich von Tag zu Tag zu ändern. Das liegt daran, dass nur jeweils die Hälfte des Mondes von der Sonne beleuchtet wird: Während seiner Umlaufbahn um die Erde sehen wir daher unterschiedliche Anteile der Mondoberfläche. Zu bestimmten Zeiten scheint er sogar ganz zu verschwinden. Diese scheinbaren Veränderungen des Mondes werden Mondphasen genannt. Die Abbildungen rechts zeigen die Stellung des Mondes und seine Phasen.

Umlaufbahn des Mondes

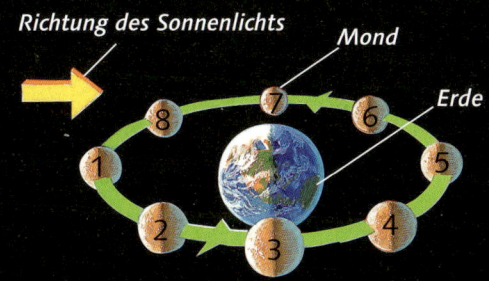

Richtung des Sonnenlichts — *Mond* — *Erde*

Hier werden die einzelnen Mondphasen gezeigt Die entsprechenden Zahlen finden sich auch in der oberen Abbildung.

1. Neumond
2. Mondsichel
3. Halbmond
4. Zunehmender Mond
5. Vollmond
6. Abnehmender Mond
7. Halbmond
8. Mondsichel

Finsternisse

Auf ihrer Reise durch den Weltraum können sich Erde und Mond gegenseitig beschatten. Da solche Ereignisse gelegentlich sehr spektakulär ausfallen, erscheinen sie sogar in den Nachrichten. Je nachdem, ob Sonne oder Mond im Schatten liegt, spricht man von Sonnen- oder Mondfinsternis.

Mondfinsternis

Wenn die Erde zwischen Sonne und Mond steht und der Mond in den Schatten der Erde eintritt, entsteht eine Mondfinsternis. Es gibt etwa eine Mondfinsternis pro Jahr; man sieht sie von der Nachtseite der Erde aus.

Während einer Mondfinsternis erscheint der Mond oft rötlich.

Totale Mondfinsternis

Wie bei jedem Schatten ist auch der Erdschatten an den Rändern heller als im Zentrum. Wenn der Mond in den inneren, den Kernschatten (Umbra) eintritt, entsteht eine totale Mondfinsternis; in diesem Fall erscheint der Mond sehr dunkel.

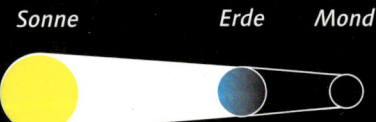

Sonne   Erde   Mond

Während einer totalen Mondfinsternis liegt der Mond im Kernschatten der Erde.

Partielle Mondfinsternis

Die Zeichnung zeigt, wie eine partielle Mondfinsternis entsteht.

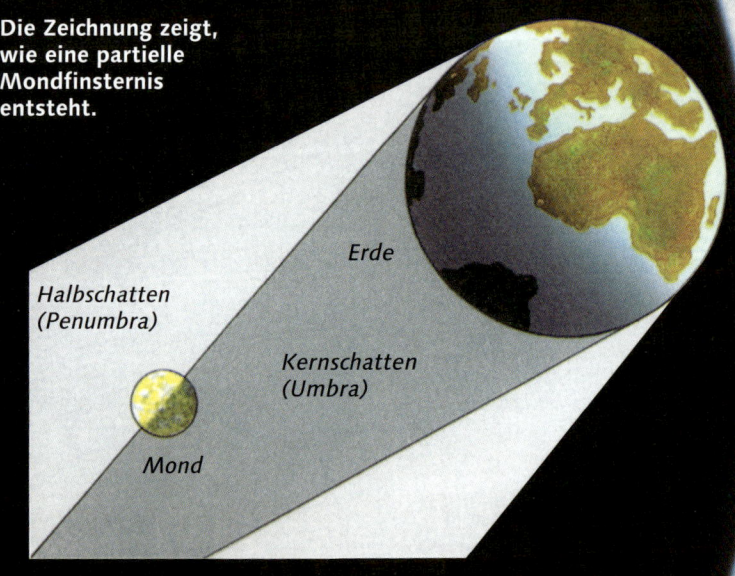

Halbschatten (Penumbra)

Erde

Kernschatten (Umbra)

Mond

Bei einer partiellen Mondfinsternis verbleibt ein Teil des Mondes im helleren Halbschatten (Penumbra). Bei diesem Ereignis sieht der Mond nicht so düster aus wie bei einer totalen Finsternis. Eine partielle Mondfinsternis ereignet sich auch dann, wenn der Mond nicht in den Kernschatten eintritt, sondern im Halbschatten bleibt. Allerdings ist dies nicht besonders auffällig.

Das Hintergrundbild dieser Seite zeigt eine totale Sonnenfinsternis: Der Mondschatten verdeckt die Sonne vollständig.

Sonnenfinsternis

Wenn sich der Mond zwischen Erde und Sonne schiebt, fällt sein Schatten auf einen Teil der Erde. Eine Sonnenfinsternis findet etwa alle drei bis vier Jahre statt und dauert nur zwei bis drei Minuten. Während einer totalen Sonnenfinsternis erscheint rund um den Mondschatten ein heller Lichtkranz. Das ist die Korona, der äußere Teil der Sonnenatmosphäre.

Bei einer ringförmigen Sonnenfinsternis steht der Mond direkt vor der Sonne, ohne dass sein Kernschatten auf die Erde fällt. Dann ist der schwarze Mond von einem hellen Ring aus Sonnenlicht umgeben. Es gibt auch Fälle, in denen eine Sonnenfinsternis sowohl total als auch ringförmig erscheinen kann – je nachdem, von wo aus man sie betrachtet.

Beobachtung

Eine totale Sonnenfinsternis kann man nur sehen, wenn man direkt im Kernschatten des Mondes steht. Diese total verfinsterte Zone ist nie breiter als etwa 270 km (Halbschatten fast 5000 km). Daher haben nur wenige Menschen die Gelegenheit, jemals eine totale Sonnenfinsternis zu sehen.

1. Der Mond nähert sich der Sonne.

Diese Bilderserie zeigt die Vorgänge während einer Sonnenfinsternis. Der rote Pfeil markiert die Wanderungsrichtung des Mondes.

2. Der Mond beginnt sich vor die Sonne zu schieben.

3. Das Sonnenlicht wird teilweise abgeschattet; das ist eine partielle Sonnenfinsternis.

4. Bei einer totalen Sonnenfinsternis ist die Sonne völlig verdeckt. Nur die Korona ist zu sehen.

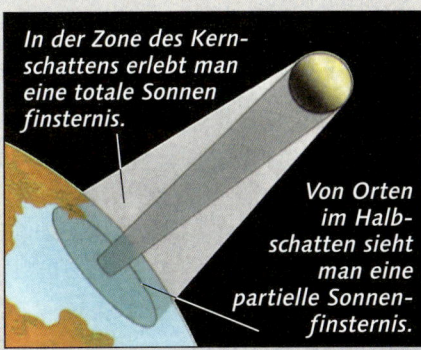

In der Zone des Kernschattens erlebt man eine totale Sonnenfinsternis.

Von Orten im Halbschatten sieht man eine partielle Sonnenfinsternis.

Sicher beobachten

Am besten beobachtet man eine Sonnenfinsternis mithilfe eines projizierten Bildes (s. Seite 13). Man darf auf keinen Fall direkt in die Finsternis blicken, denn man könnte erblinden! Auch dunkles Glas, Fernglas oder Teleskop sind ungeeignet.

Verblüffender Effekt

Unmittelbar bevor die Sonne hinter dem Mond verschwindet, blitzt ein heller Lichtstrahl auf. Dieser Effekt wird als „Diamantring" bezeichnet. Astronomen nennen ihn „Baily'sche Perlen", wenn mehrere dieser Blitze zu sehen sind. Das Gleiche geschieht, wenn die Sonne wieder auftaucht.

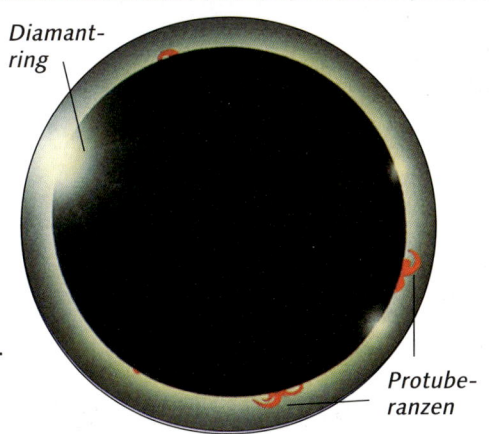

Diamantring

Protuberanzen

Sterngruppen

Galaxien sind unterschiedlich geformte Ansammlungen aus Milliarden von Sternen. Manche dieser Sterne vereinigen sich innerhalb einer Galaxie zu Sternhaufen. Es können auch mehrere Galaxien zu größeren Galaxiegruppen vereinigt sein.

Galaxien

Die vier Bilder rechts zeigen einige der häufigsten Galaxieformen: Spiralgalaxien, Balkenspiralen, elliptische und unregelmäßige Galaxien. Ein Drittel aller bekannten Galaxien gehört zu den Spiralgalaxien. Die meisten Wissenschaftler vermuten, dass unsere Milchstraße eine Balkenspirale ist.

Alle Sterne innerhalb einer Galaxie werden durch die Schwerkraft oder Gravitation zusammengehalten. Dieselbe Kraft sorgt auch dafür, dass die Planeten um die Sonne kreisen und die Sonne sich auf einer weiten Umlaufbahn um das Zentrum der Milchstraße befindet.

Eine Spiralgalaxie hat einen hellen Kern, von dem zwei oder mehr Spiralarme mit Sternen ausgehen.

Bei einer Balkenspirale setzt sich ein zentraler Balken in zwei gekrümmten Armen fort.

Die Form elliptischer Galaxien erscheint von fast kreisförmig bis oval.

Unregelmäßige Galaxien haben keine feste Form; sie gleichen einer Wolke aus Sternen.

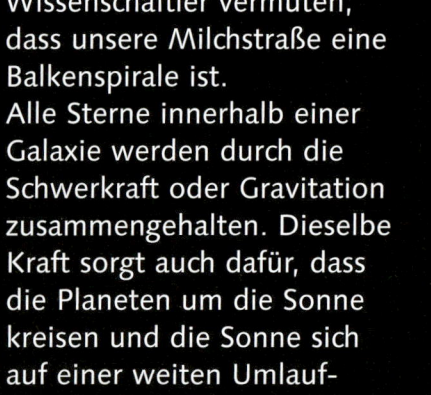

Die Spiralgalaxie M100 ist 30 Mio. Lichtjahre von der Erde entfernt.

Nachbargalaxien

Die Große und Kleine Magellan'sche Wolke (GMW und KMW) sind unsere Nachbargalaxien. Beide gehören zu den kleinen, unregelmäßigen Galaxien. Die nächste größere Galaxie ist der Andromeda-Nebel. Diese Spiralgalaxie ist das entfernteste Objekt, das noch mit bloßem Auge zu erkennen ist. Sie ist 2,9 Mio. Lichtjahre entfernt.

Die Große Magellan'sche Wolke

Galaxien beobachten

Wenn man eine Galaxie betrachtet, sieht man das Licht ihrer Milliarden von Sternen. In kleinen Teleskopen sind einzelne Sterne nicht zu unterscheiden – die Galaxien sehen wie leuchtende Nebel aus. Nur ein sehr gutes und teures Teleskop kann den „Nebel" in einzelne Sterne auflösen.

Galaktische Gruppen

Unsere Milchstraße bildet zusammen mit anderen Galaxien eine so genannte Lokale Gruppe. Sie ist mit 5 Mio. Lichtjahren Breite recht klein und besteht nur aus etwa 30 Galaxien. Andere Galaxienhaufen, wie der 60 Mio. Lichtjahre entfernte Virgo-Haufen, bestehen aus bis zu 2500 Galaxien.

Sternhaufen

Alle Sterne innerhalb eines Sternhaufens bewegen sich mit derselben Geschwindigkeit in dieselbe Richtung. Es gibt zwei Formen von Sternhaufen: Offene Haufen liegen in Regionen mit sehr viel Gas und Staub. Sie bestehen aus bis zu tausend hellen, jungen Sternen, die innerhalb des Haufens verteilt sind.

Die Plejaden im Sternbild Stier bilden einen lockeren Sternhaufen.

Kugelhaufen sind viel größer. Man findet sie häufig oberhalb und unterhalb vom Kern einer Spiralgalaxie. Sie bestehen aus bis zu einer Million Sternen, die dicht an dicht zu einem kugeligen Haufen zusammengeschlossen sind. Allein in der Milchstraße gibt es 150 Kugelhaufen.

So sieht ein Kugelhaufen im Teleskop aus. Mit dem bloßen Auge gleicht er einem schwach leuchtenden Einzelstern.

So sieht die Cartwheel-Galaxie („Wagenrad") durch das Weltraumteleskop Hubble aus. Sie ist 500 Mio. Lichtjahre entfernt.

Kollision im All

Die riesige Cartwheel-Galaxie hat einen Durchmesser von 150 000 Lichtjahren. Ihre merkwürdige Form entstand, als eine kleine in eine größere Galaxie raste. Der helle Ring außen besteht aus Milliarden neuer Sterne. Sie bildeten sich aus Gas und Staub, die ins All geschleudert wurden. Inzwischen bildet sich die ursprüngliche Spiralform erneut heraus.

Sternbilder

Seit frühester Zeit haben die Menschen versucht, Muster am Himmel zu erkennen. Solche zu Bildern zusammengesetzte helle Sterne werden Sternbilder genannt. Auf den ersten Blick scheinen alle Sterne eine Masse glitzernder Punkte zu bilden. Wenn man aber genauer hinsieht, kann man einzelne Sternbilder unterscheiden.

Die sieben Sterne vom Schwanz bis zu den Hüften des Großen Bären bilden den Großen Wagen.

Das ist der Große Bär (Ursa Major); die Umrisse um die Sterne wurden eingezeichnet, um die Gestalt deutlicher zu machen.

Sternkarten

Sternkarten, wie die auf den Seiten 24–31, helfen dabei, die Sternbilder zu identifizieren. Wegen der Bewegung der Erde um die Sonne sieht man je nach Jahreszeit einen anderen Sternhimmel – und auch andere Sternbilder. Außerdem stehen am Himmel der Nordhalbkugel andere Sternbilder als auf der Südhalbkugel, deshalb gibt es Karten für die Nord- und die Südhalbkugel.

Um die richtige Karte zu finden, musst du zunächst die jeweilige Jahreszeit und Halbkugel auswählen. Das Kartenpaar stellt dar, was in Richtung Norden und Süden zu sehen ist. Am genannten Tag zur angegebenen Uhrzeit deckt sich das Kartenbild genau mit dem Himmelsbild. Planeten und der Mond sind nicht enthalten, weil sich ihre Positionen monatlich ändern.

Riesige Entfernungen

Die Sternbilder werden von den hellsten Sternen gebildet. Obwohl die Sterne mancher Sternbilder scheinbar dicht beieinander liegen, sind sie in Wirklichkeit sehr weit voneinander entfernt. So sind die Sterne des Sternbildes Orion beispielsweise zwischen 500 und über 2000 Lichtjahre von der Erde entfernt. Unserem Auge erscheinen sie nur deshalb benachbart, weil sie in derselben Blickrichtung liegen.

Kleine Muster

Einige größere Sternbilder enthalten kleinere Untergruppen mit eigenen Namen, die Asterismen. Ein bekanntes Beispiel ist der „Große Wagen" im Sternbild „Großer Bär" (Ursa Major; siehe oben).

Leitsterne

In einigen Sternbildern gibt es besonders auffallende Sterne, mit deren Hilfe du weitere Sternbilder aufspüren kannst. Eine gedachte Linie, die durch die beiden Endsterne des Wagens im Großen Bären verläuft, zeigt genau auf den Nordstern (Polarstern) im Kleinen Bären.

Links sieht man den Orion am Himmel: Hier scheinen die Sterne dicht beieinander zu liegen. Rechts werden die echten Abstände gezeigt.

Eine Linie durch die Leitsterne im Großen Wagen zeigt auf den Polarstern.

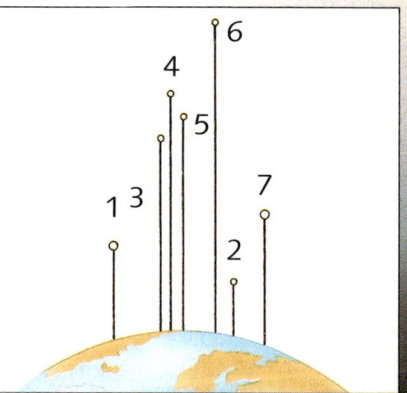

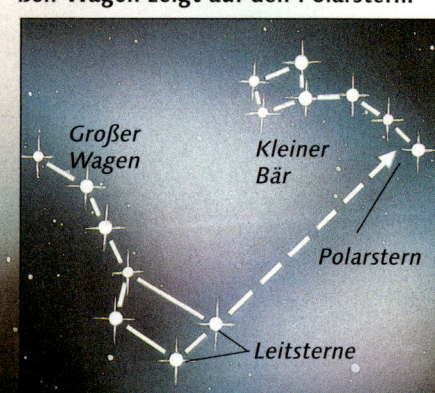

Bewegte Sterne

Die Sterne rasen mit ungeheurer Geschwindigkeit durch das Weltall. Aber sie sind so weit entfernt, dass man ihre Bewegung nur mit sehr empfindlichen Messinstrumenten aufzeichnen kann. Daher scheinen die Sternbilder völlig unverändert zu bleiben.

Vor 100 000 Jahren sah der Große Wagen so aus.

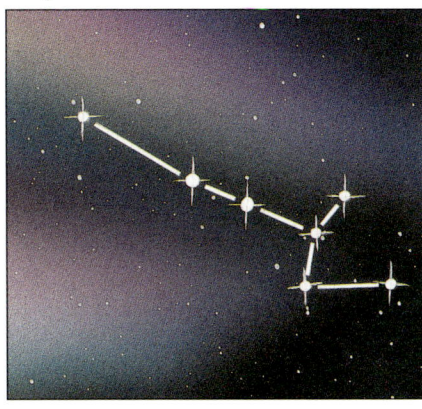

So sieht der Große Wagen heute aus.

Nach weiteren 100 000 Jahren wird sich seine Form völlig verändert haben.

Die Namen der Sterne

Viele der hellsten Sterne haben eigene Namen in Latein, Griechisch und zusätzlich in Deutsch. Der hellste Stern am Himmel ist der Sirius. Sein Name kommt aus dem Griechischen und bedeutet „sengend". Im Deutschen wird er „Hundsstern" genannt.

Gut geordnet

Astronomen benennen die Sterne nach dem Sternbild und einem griechischen Buchstaben. Gewöhnlich gibt man dem hellsten Stern den Buchstaben „α" (griech. Alpha); der zweithellste bekommt ein „β" (griech. Beta) usw. Da das griechische Alphabet nur 24 Buchstaben hat, bekommen Sterne in größeren Sternbildern 24 Buchstaben-Namen, der Rest wird durchnummeriert.

Griechische Buchstaben

α	Alpha	ν	Ny
β	Beta	ξ	Xi
γ	Gamma	ο	Omikron
δ	Delta	π	Pi
ε	Epsilon	ρ	Rho
ζ	Zeta	σ	Sigma
η	Eta	τ	Tau
θ	Theta	υ	Ypsilon
ι	Jota	φ	Phi
κ	Kappa	χ	Chi
λ	Lambda	ψ	Psi
μ	My	ω	Omega

So sind die fünf Hauptsterne der Kassiopeia angeordnet. Da sie ein W bilden, kannst du sie leicht auffinden. Jeder Stern trägt einen griechischen Buchstaben, geordnet nach der Helligkeit.

Der Nachthimmel im Frühling

Sternkarten der Nordhalbkugel

Der einzige Stern des Nordhimmels, der seine Position niemals zu ändern scheint, ist der Polarstern in der Mitte der oberen Karte. Auf seiner linken Seite liegen Capella und Aldebaran, auf seiner rechten Seite Deneb und Wega.

Suche zunächst nach dem Großen Bären (Ursa Major) und dem Stier (Taurus) im Westen. Der helle Streifen quer über den Himmel ist die Milchstraße.

15. März, 23.00 Uhr
15. April, 22.00 Uhr
15. Mai, 21.00 Uhr

GROSSER BÄR

FUHRMANN

Polarstern

NÖRDLICHE KRONE

Capella

KLEINER BÄR

PERSEUS

DRACHE

STIER

KEPHEUS

Algol

KASSIOPEIA

HERKULES

Aldebaran   Plejaden

Wega

Deneb   SCHWAN

SCHLANGENTRÄGER

ANDROMEDA

DREIECK

Ras Alhague

Westen   **Blick nach Norden**   **Osten**

Regulus ist der hellste Stern in der Mitte des Himmels. Er gehört zum Sternbild Löwe (Leo).

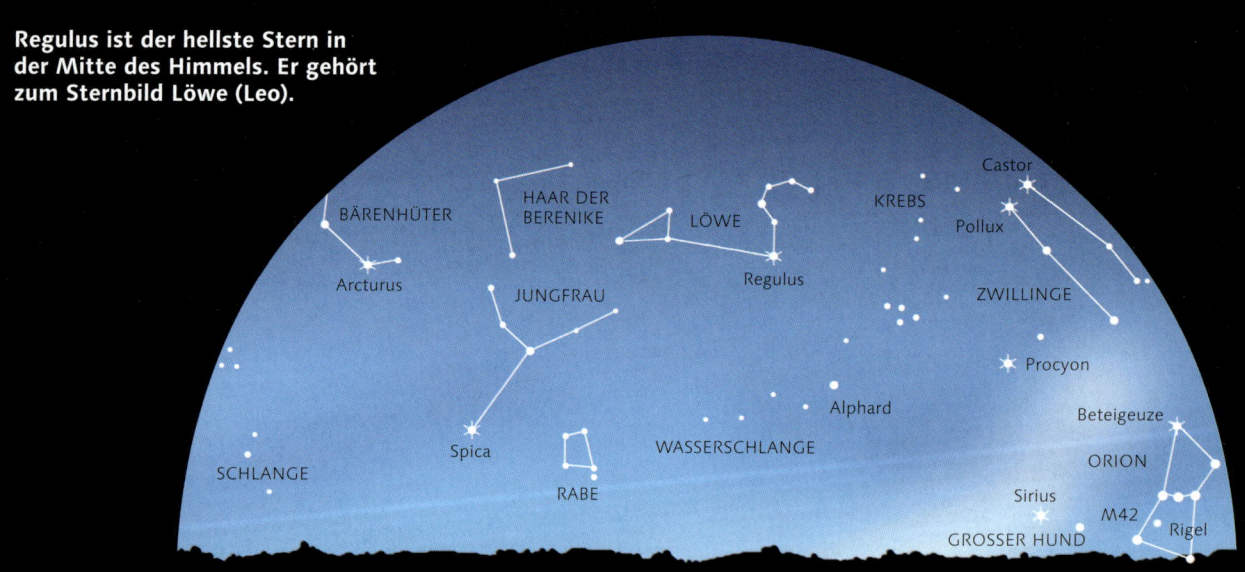

Castor

BÄRENHÜTER

HAAR DER BERENIKE

LÖWE

KREBS

Pollux

Arcturus

Regulus

ZWILLINGE

JUNGFRAU

Procyon

Alphard

Beteigeuze

Spica

WASSERSCHLANGE

ORION

SCHLANGE

RABE

Sirius

M42   Rigel

GROSSER HUND

Osten   **Blick nach Süden**   **Westen**

Sternkarten der Südhalbkugel

Das berühmteste Sternbild ist das „Kreuz des Südens". Es ist niemals am Nordhimmel zu sehen. Die Sternbilder Pegasus und Andromeda beherrschen den Himmel beim Blick nach Norden.

Die Spiralgalaxie M31 liegt dicht über dem Horizont.

15. September, 23.00 Uhr
15. Oktober, 22.00 Uhr
15. November, 21.00 Uhr

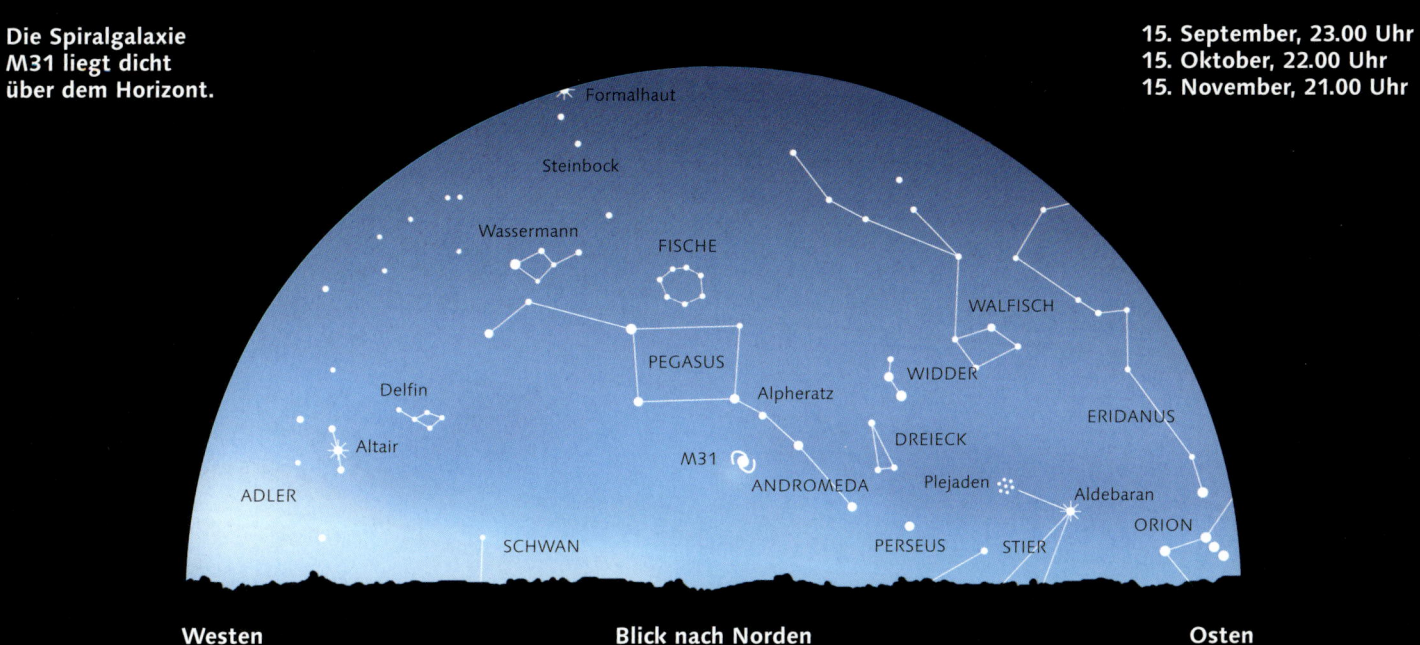

Formalhaut
Steinbock
Wassermann
FISCHE
WALFISCH
PEGASUS
Delfin
WIDDER
Alpheratz
ERIDANUS
Altair
DREIECK
M31
ADLER
ANDROMEDA
Plejaden
Aldebaran
ORION
SCHWAN
PERSEUS
STIER

Westen **Blick nach Norden** **Osten**

GMW und KMW sind die Abkürzungen für die Große und die Kleine Magellan'sche Wolke, zwei kleine Galaxien.

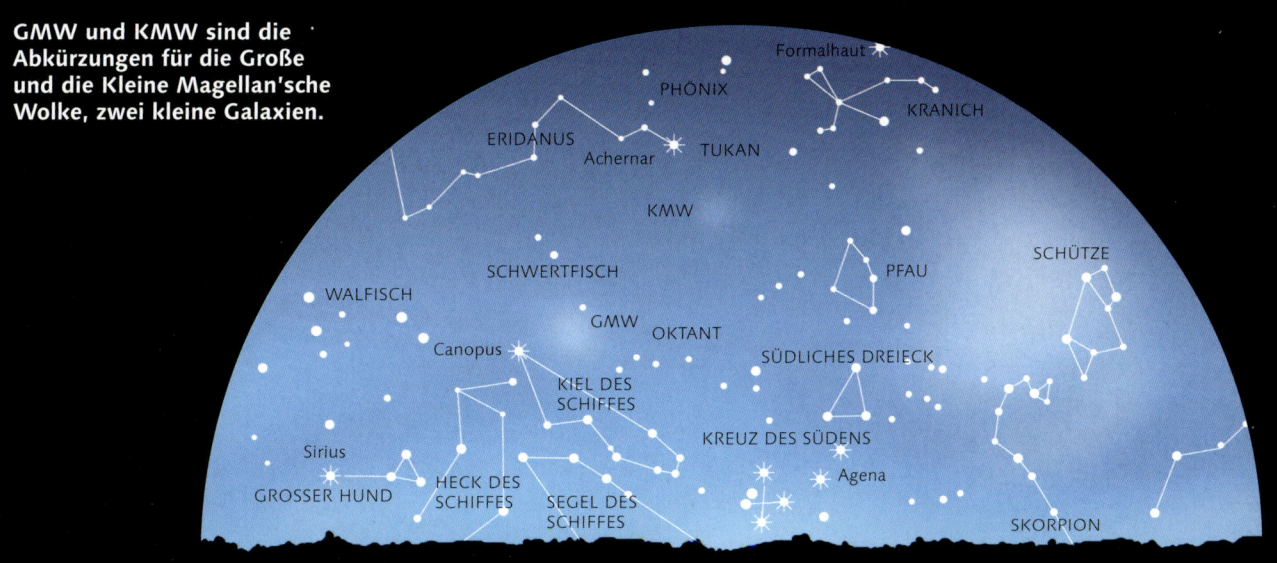

Formalhaut
PHÖNIX
KRANICH
ERIDANUS
Achernar
TUKAN
KMW
SCHÜTZE
SCHWERTFISCH
PFAU
WALFISCH
GMW
OKTANT
SÜDLICHES DREIECK
Canopus
KIEL DES SCHIFFES
KREUZ DES SÜDENS
Sirius
Agena
GROSSER HUND
HECK DES SCHIFFES
SEGEL DES SCHIFFES
SKORPION

Osten **Blick nach Süden** **Westen**

Der Nachthimmel im Sommer

Sternkarten der Nordhalbkugel

Im Sommer wird es niemals völlig dunkel, daher sind nur die hellsten
Sterne deutlich sichtbar. Bei klarem Himmel am 12. August lohnt es sich,
auf die Sternschnuppen aus Richtung Perseus zu achten (Perseiden).

Capella, Regulus und Deneb sind
zu dieser Jahreszeit die hellsten
Sterne des Nordhimmels.

15. Juni, 23.00 Uhr
15. Juli, 22.00 Uhr
15. August, 21.00 Uhr

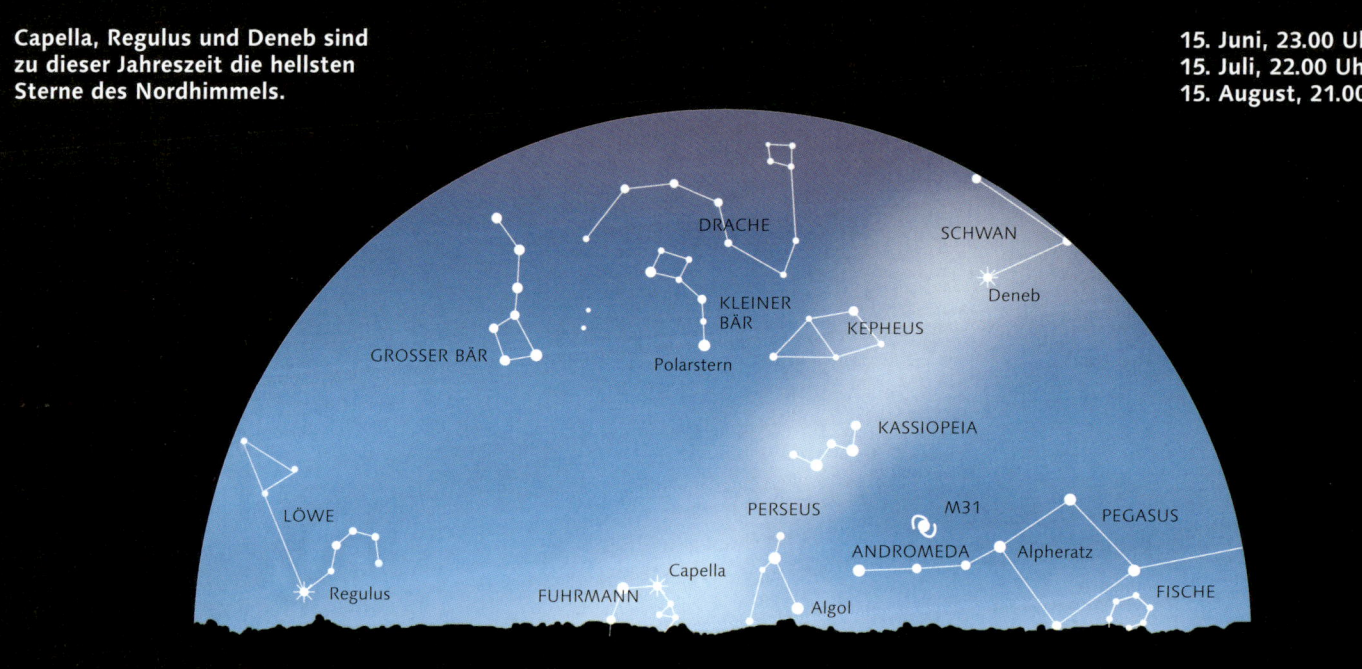

Westen

Blick nach Norden

Osten

Suche nach Antares,
der hell über dem süd-
lichen Horizont
erstrahlt.

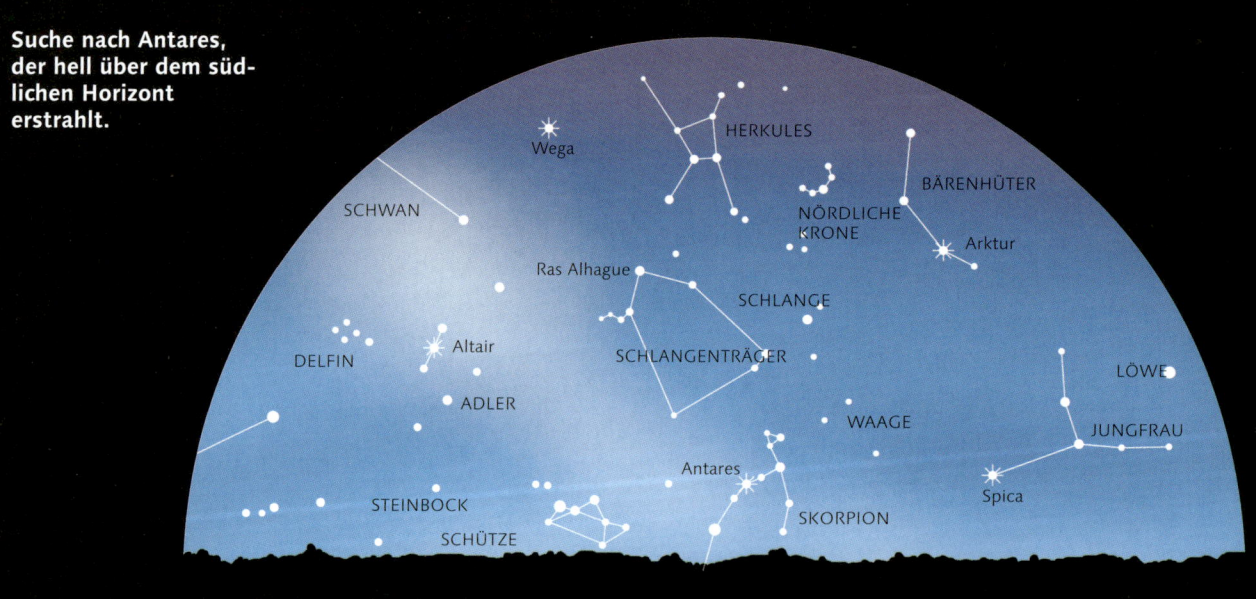

Osten

Blick nach Süden

Westen

Sternkarten der Südhalbkugel

Beim Blick nach Norden fallen sofort die Sternbilder des Orion und Großen Hundes auf, im Osten erscheinen der Löwe und der Sirius (Hundsstern), ein Stern im Großen Hund, gleichzeitig der hellste Stern des Himmels.

Versuche die Plejaden (Siebengestirn) im Sternbild des Stieres zu entdecken.

15. Dezember, 23.00 Uhr
15. Januar, 22.00 Uhr
15. Februar, 21.00 Uhr

Westen | **Blick nach Norden** | **Osten**

Das Südliche Dreieck ist deutlich über dem Horizont zu erkennen.

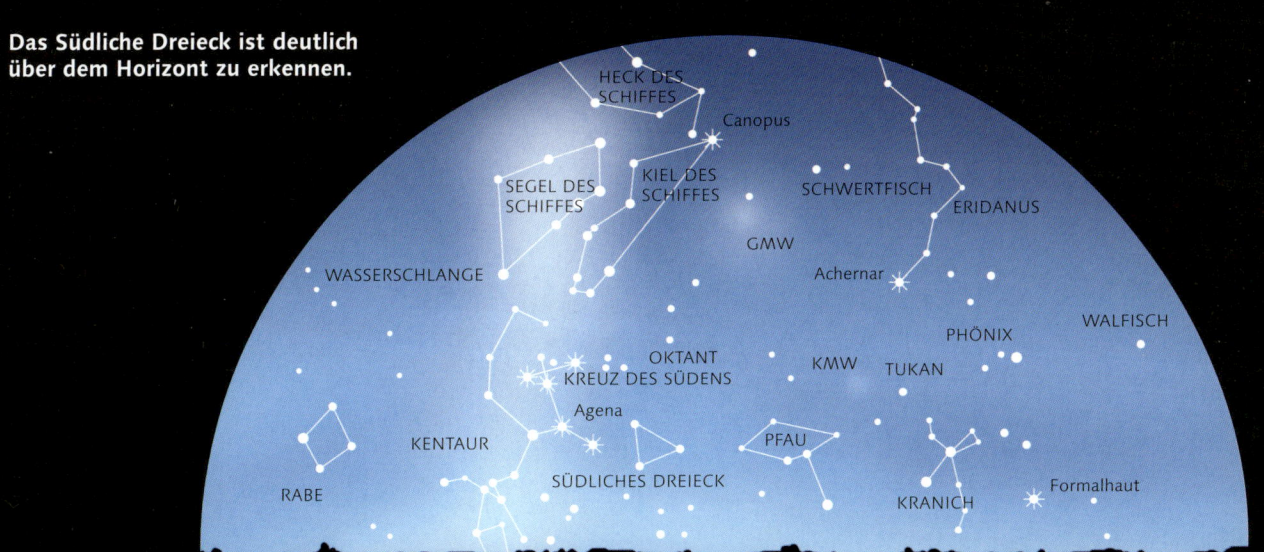

Osten | **Blick nach Süden** | **Westen**

Der Nachthimmel im Herbst

Sternkarten der Nordhalbkugel

Achte beim Blick nach Norden auf den Großen Bären, der unter dem Polarstern parallel zum Horizont liegt. Beim Blick nach Süden sollte dir Pegasus (das geflügelte Pferd) mit seinem Quadrat aus Sternen auffallen.

Im Osten beginnen die Wintersternbilder aufzusteigen, darunter auch der rote Stern Aldebaran.

15. September, 23.00 Uhr
15. Oktober, 22.00 Uhr
15. November, 21.00 Uhr

ANDROMEDA
KEPHEUS
KASSIOPEIA
Wega
Algol
PERSEUS
Polarstern
KLEINER BÄR
DRACHE
Capella
Plejaden
HERKULES
FUHRMANN
Aldebaran
NÖRDLICHE KRONE
GROSSER BÄR
STIER
BÄRENHÜTER

Westen   **Blick nach Norden**   **Osten**

Jetzt ist die beste Zeit, um M31 zu sehen, eine riesige, weit entfernte Galaxie. Mit dem bloßen Auge ist sie gerade noch zu erkennen, im Fernglas sieht sie wie ein ovaler Nebel aus.

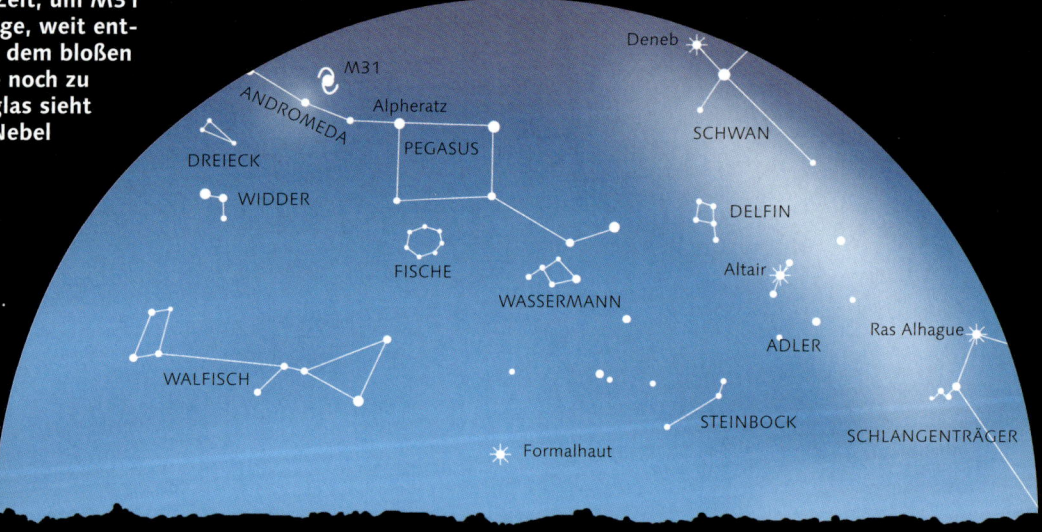

Deneb
M31
ANDROMEDA
Alpheratz
SCHWAN
DREIECK
PEGASUS
WIDDER
DELFIN
FISCHE
Altair
WASSERMANN
ADLER
Ras Alhague
WALFISCH
STEINBOCK
SCHLANGENTRÄGER
Formalhaut

Osten   **Blick nach Süden**   **Westen**

Sternkarten der Südhalbkugel

Beim Blick nach Norden beherrscht ein Sternendreieck den Himmel:
der blaue Regulus, der gelbe Arcturus und die blauweiße Spica.
Beim Blick nach Süden zeigt sich die Milchstraße als breites Band
quer über den Himmel.

Suche nach den Sternbildern der Jungfrau (Virgo) und des Löwen (Leo).

15. März, 23.00 Uhr
15. April, 22.00 Uhr
15. Mai, 21.00 Uhr

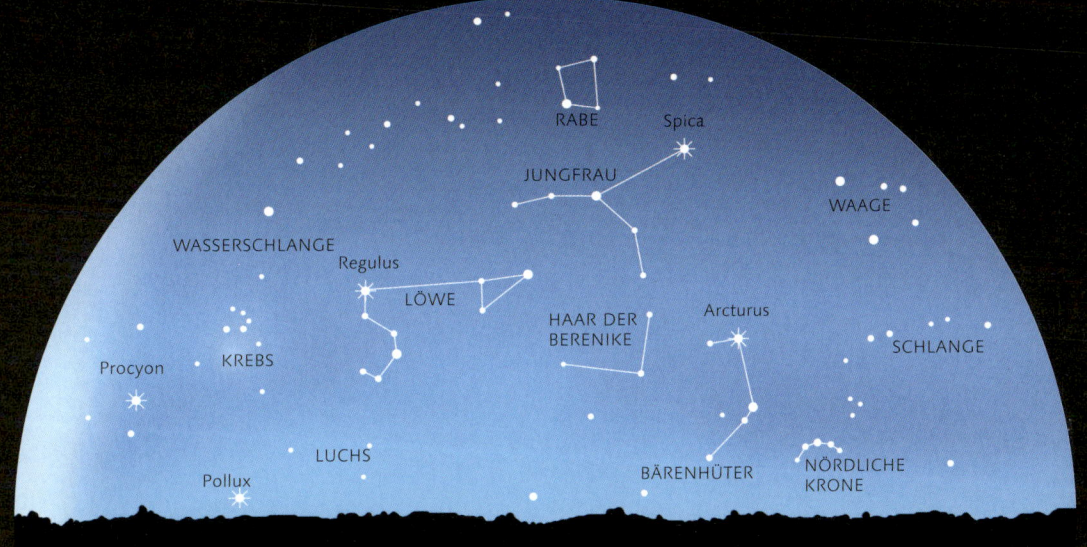

RABE · Spica · JUNGFRAU · WAAGE · WASSERSCHLANGE · Regulus · LÖWE · HAAR DER BERENIKE · Arcturus · SCHLANGE · Procyon · KREBS · NÖRDLICHE KRONE · LUCHS · BÄRENHÜTER · Pollux

Westen — **Blick nach Norden** — **Osten**

Über dem Kreuz des Südens taucht der Kentaur (Centaurus) auf. Kentauren waren mythologische Wesen mit Menschenkopf und -brust auf einem Pferdekörper.

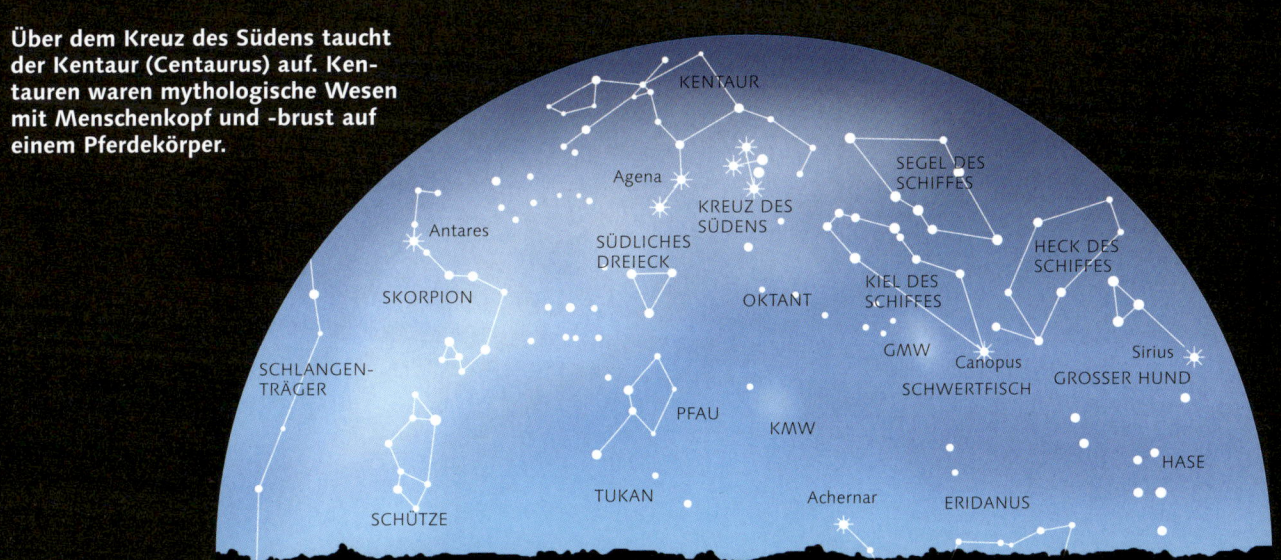

KENTAUR · Agena · SEGEL DES SCHIFFES · Antares · KREUZ DES SÜDENS · HECK DES SCHIFFES · SÜDLICHES DREIECK · SKORPION · OKTANT · KIEL DES SCHIFFES · Sirius · SCHLANGEN-TRÄGER · GMW · Canopus · GROSSER HUND · PFAU · SCHWERTFISCH · KMW · HASE · TUKAN · Achernar · ERIDANUS · SCHÜTZE

Osten — **Blick nach Süden** — **Westen**

Der Nachthimmel im Winter

Sternkarten der Nordhalbkugel

Im Winter lohnt es sich, nach Sternschnuppen Ausschau zu halten. Stelle deinen Wecker am 14. Dezember auf kurz vor Sonnenaufgang, dann kannst du in Richtung Zwillinge mit Sternschnuppen rechnen. Beim Blick nach Süden fällt vor allem der Orion auf, eines der hellsten Sternbilder.

Beim Blick nach Norden siehst du den Großen Bären, der auf seinem Schwanz steht, und den Schwan (Cygnus).

**15. Dezember, 23.00 Uhr
15. Januar, 22.00 Uhr
15. Februar, 21.00 Uhr**

PERSEUS

KASSIOPEIA

Polarstern

Alpheratz

KEPHEUS

KLEINER BÄR

GROSSER BÄR

PEGASUS

Deneb

DRACHE

LÖWE

SCHWAN

Wega

Westen　　　　**Blick nach Norden**　　　　**Osten**

Wenn du erst den hellen Orion entdeckt hast, wirst du auch die anderen Sternbilder finden. Suche außerdem nach M42, dem Orionnebel.

Capella

FUHRMANN

Algol

PERSEUS

ANDROMEDA

Castor

ZWILLINGE

STIER

Plejaden

DREIECK

Pollux

Aldebaran

WIDDER

Beteigeuze

KREBS

ORION

Procyon

M42

Rigel

Regulus

WASSER-SCHLANGE

Sirius

WALFISCH

ERIDANUS

FISCHE

GROSSER HUND

Alphard

Osten　　　　**Blick nach Süden**　　　　**Westen**

30

Sternkarten der Südhalbkugel

Zu dieser Jahreszeit leuchten viele helle Sterne. Versuche Deneb, Spica, Altair, Wega und Fomalhaut zu entdecken. Jetzt bietet die Milchstraße den besten Anblick – sie verläuft quer über den Himmel.

Suche nach dem Schlangenträger (Ophiuchus), einem sehr großen Sternbild, und nach Herkules, benannt nach dem antiken Helden.

15. Juni, 23.00 Uhr
15. Juli, 22.00 Uhr
15. August, 21.00 Uhr

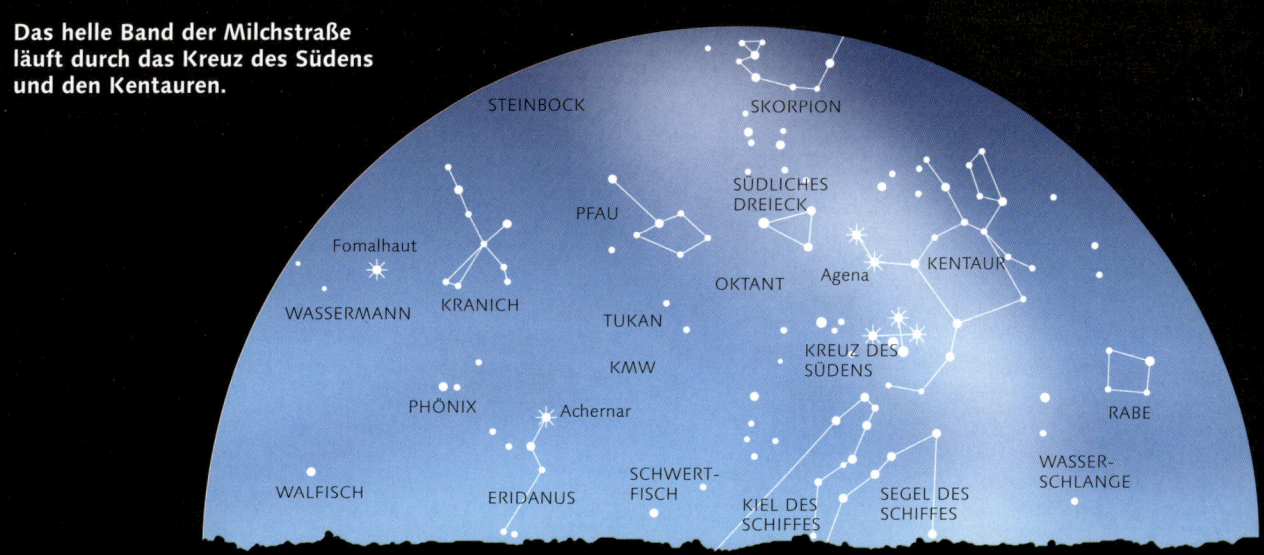

Antares
SKORPION
SCHÜTZE
STEINBOCK
WAAGE
SCHLANGEN-TRÄGER
ADLER
SCHLANGE
Altair
WASSERMANN
Spica
HERKULES
Wega
DELFIN
Plejaden
NÖRDLICHE KRONE
SCHWAN
JUNGFRAU
BÄRENHÜTER
DRACHE
Deneb

Westen   **Blick nach Norden**   **Osten**

Das helle Band der Milchstraße läuft durch das Kreuz des Südens und den Kentauren.

STEINBOCK
SKORPION
SÜDLICHES DREIECK
PFAU
Fomalhaut
KENTAUR
OKTANT
Agena
WASSERMANN
KRANICH
TUKAN
KREUZ DES SÜDENS
KMW
RABE
PHÖNIX
Achernar
WASSER-SCHLANGE
WALFISCH
ERIDANUS
SCHWERT-FISCH
KIEL DES SCHIFFES
SEGEL DES SCHIFFES

Osten   **Blick nach Süden**   **Westen**

Bekannte Sternbilder

Die Zeichnungen auf dieser Seite stellen einige
der bekanntesten Sternbilder vor. Die Linien ver-
deutlichen, was sich die Menschen unter den
Sternmustern vorgestellt haben. Wenn du die
Verteilung der Sterne mit diesen Zeichnungen
vergleichst, wird dir auffallen, dass manche der
Gestalten nicht viel Ähnlichkeit mit den
echten Mustern haben.

Orion, der Jäger

In der Zeichnung rechts ist Orion dargestellt,
ein großer Jäger in der griechischen Mytholo-
gie. Er ist mit einer Keule bewaffnet und hält
einen mit Löwenfell bespannten Schild. Orion wird
von einem Stier angegriffen. Besonders leicht sind
die drei Gürtelsterne des Orion zu erkennen; die
beiden Sterne darunter sollen sein Schwert darstellen. Die beiden treuen Hunde Orions, der Große
und der Kleine, stehen hinter ihm. Der Hase zu
seinen Füßen war die Lieblingsbeute des Jägers.

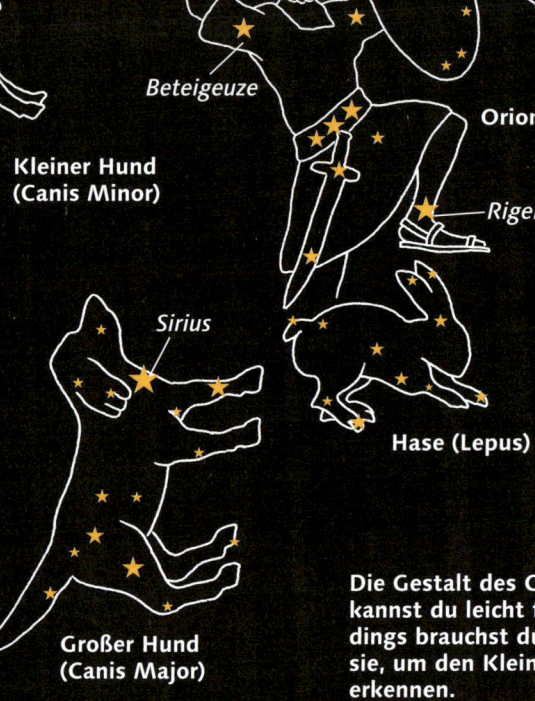

Procyon

Kleiner Hund
(Canis Minor)

Aldebaran

Stier (Taurus)

Beteigeuze

Orion

Rigel

Sirius

Hase (Lepus)

Großer Hund
(Canis Major)

Die Gestalt des Großen Hundes
kannst du leicht finden. Allerdings brauchst du mehr Fanta-
sie, um den Kleinen Hund zu
erkennen.

Pegasus

Enif

Andromeda

Algol

Die Geschichte von Perseus

Für die antiken griechischen Astronomen stellten
die links gezeigten Sterne den Mythos von Perseus
dar. Dieser tötete die schreckliche Medusa, deren
Blick jeden zu Stein erstarren ließ. Auf seinem
Heimweg traf er Andromeda, die
Tochter von Kassiopeia und
Kepheus. Man hatte sie an
einen Felsen gekettet, als
Opfer für ein Meerungeheuer.
Als Perseus dem Monster
den Kopf der Medusa zeigte,
erstarrte es zu Stein, und
Andromeda war frei.

Der schlaue Perseus
benutzte seinen Schild als
Spiegel, um Medusa töten
zu können – so musste er
ihr nicht in die Augen sehen.
Als er ihr den Kopf abschlug,
sprang aus ihrem Hals das
geflügelte Pferd Pegasus hervor.

Kassiopeia

Perseus

Mondkarte

Die Karte zeigt die der Erde zugewandte Seite des Mondes. Betrachte den Mond in einer klaren Nacht und versuche, möglichst viele dieser Strukturen zu sehen.

Die meisten astronomischen Fernrohre bilden alles auf dem Kopf stehend ab. Bei einem Blick durch ein Teleskop musst du diese Karte also andersherum lesen.

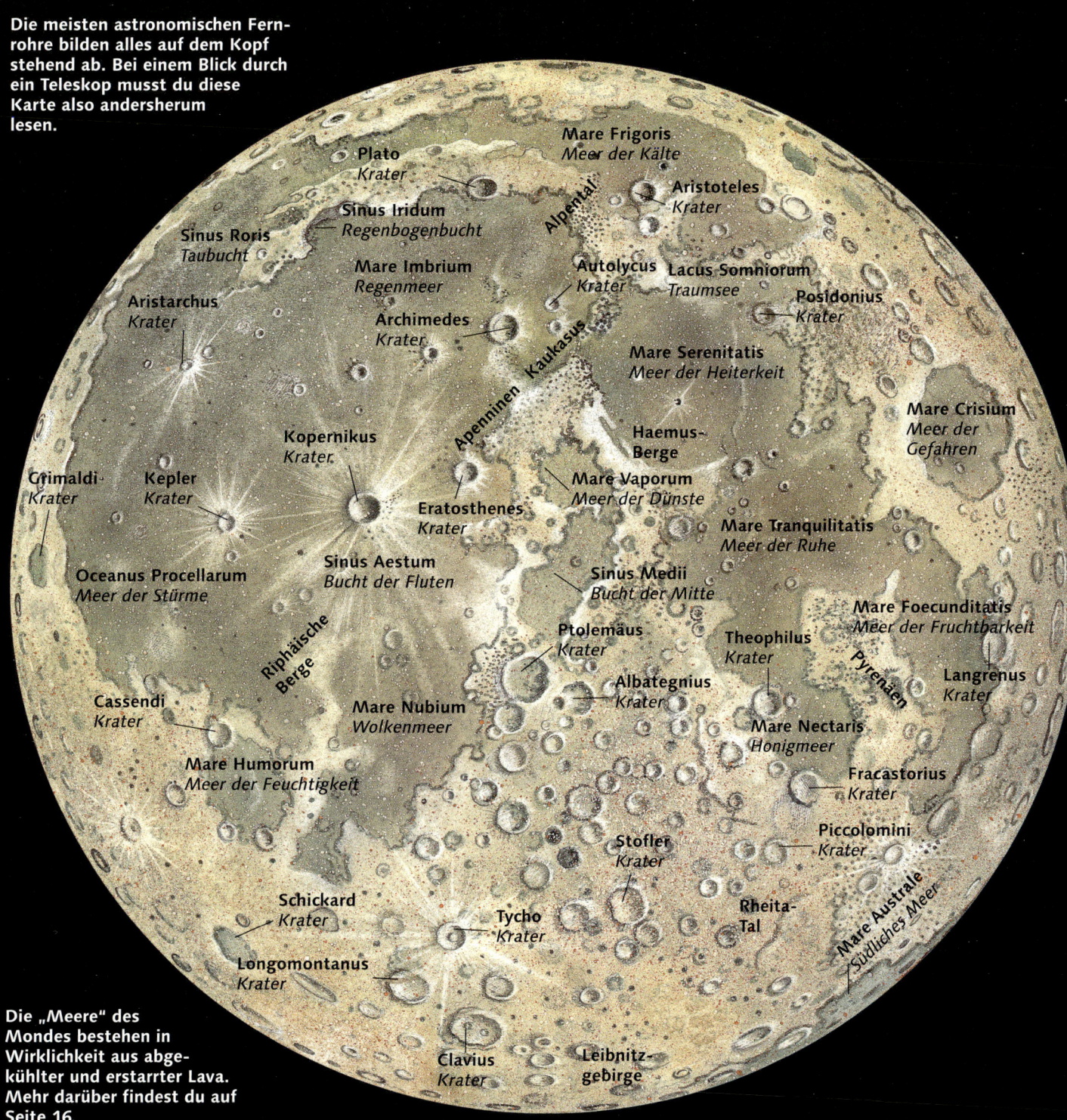

Plato
Krater

Mare Frigoris
Meer der Kälte

Aristoteles
Krater

Sinus Iridum
Regenbogenbucht

Alpental

Sinus Roris
Taubucht

Autolycus
Krater

Lacus Somniorum
Traumsee

Mare Imbrium
Regenmeer

Posidonius
Krater

Aristarchus
Krater

Archimedes
Krater

Mare Serenitatis
Meer der Heiterkeit

Apenninen Kaukasus

Mare Crisium
Meer der
Gefahren

Kopernikus
Krater

Haemus-
Berge

Grimaldi
Krater

Kepler
Krater

Mare Vaporum
Meer der Dünste

Eratosthenes
Krater

Mare Tranquilitatis
Meer der Ruhe

Sinus Aestum
Bucht der Fluten

Sinus Medii
Bucht der Mitte

Oceanus Procellarum
Meer der Stürme

Mare Foecunditatis
Meer der Fruchtbarkeit

Riphäische
Berge

Ptolemäus
Krater

Theophilus
Krater

Pyrenäen

Langrenus
Krater

Cassendi
Krater

Albategnius
Krater

Mare Nubium
Wolkenmeer

Mare Nectaris
Honigmeer

Mare Humorum
Meer der Feuchtigkeit

Fracastorius
Krater

Piccolomini
Krater

Stofler
Krater

Schickard
Krater

Rheita-
Tal

Tycho
Krater

Mare Australe
Südliches Meer

Longomontanus
Krater

Die „Meere" des Mondes bestehen in Wirklichkeit aus abgekühlter und erstarrter Lava. Mehr darüber findest du auf Seite 16.

Clavius
Krater

Leibnitz-
gebirge

Das ist der Wonder-See im Denali-
Nationalpark in Alaska. Der Berg im
Hintergrund ist der Mount McKinley,
der höchste Berg Nordamerikas.

Unsere Erde

Das Innere der Erde

Nur die dünne Oberfläche der Erde besteht aus festem Gestein. Das Erdinnere setzt sich aus mehreren Schichten zusammen, einige davon sind teilweise flüssig (geschmolzen). Ein Schnitt durch die Erde zeigt, dass sie aus vier Lagen besteht: Kruste, Mantel, äußerer und innerer Kern.

Ein Teilschnitt durch die Erde zeigt die unterschiedlichen Erdschichten; sie sind nicht im selben Maßstab gezeichnet.

Kruste und Mantel

Die äußerste, feste Schicht der Erde besteht aus Gestein. Sie wird Erdkruste oder Kruste genannt und ist die dünnste Schicht (zwischen 5 km und 70 km dick).

Darunter liegt der Mantel. Er besteht hauptsächlich aus Silikat und Magnesium. Im äußeren Bereich des Mantels befindet sich die Asthenosphäre; sie bildet die Grenze zwischen dem fes-ten Außen- und flüssigen Innenteil des Mantels. Erdkruste und der feste, äußere Teil des Mantels heißen Lithosphäre. Sie schwimmen auf der halb flüssigen Asthenosphäre.

Im Kern der Erde

Das Innere der Erde wird von einem unvorstellbar heißen Kern (bis zu etwa 5000 °C) aus Eisen und Nickel gebildet. Der äußere, geschmolzene Kern ist etwa 2200 km dick. Der innere, feste Kern hat einen Durchmesser von rund 1300 km.

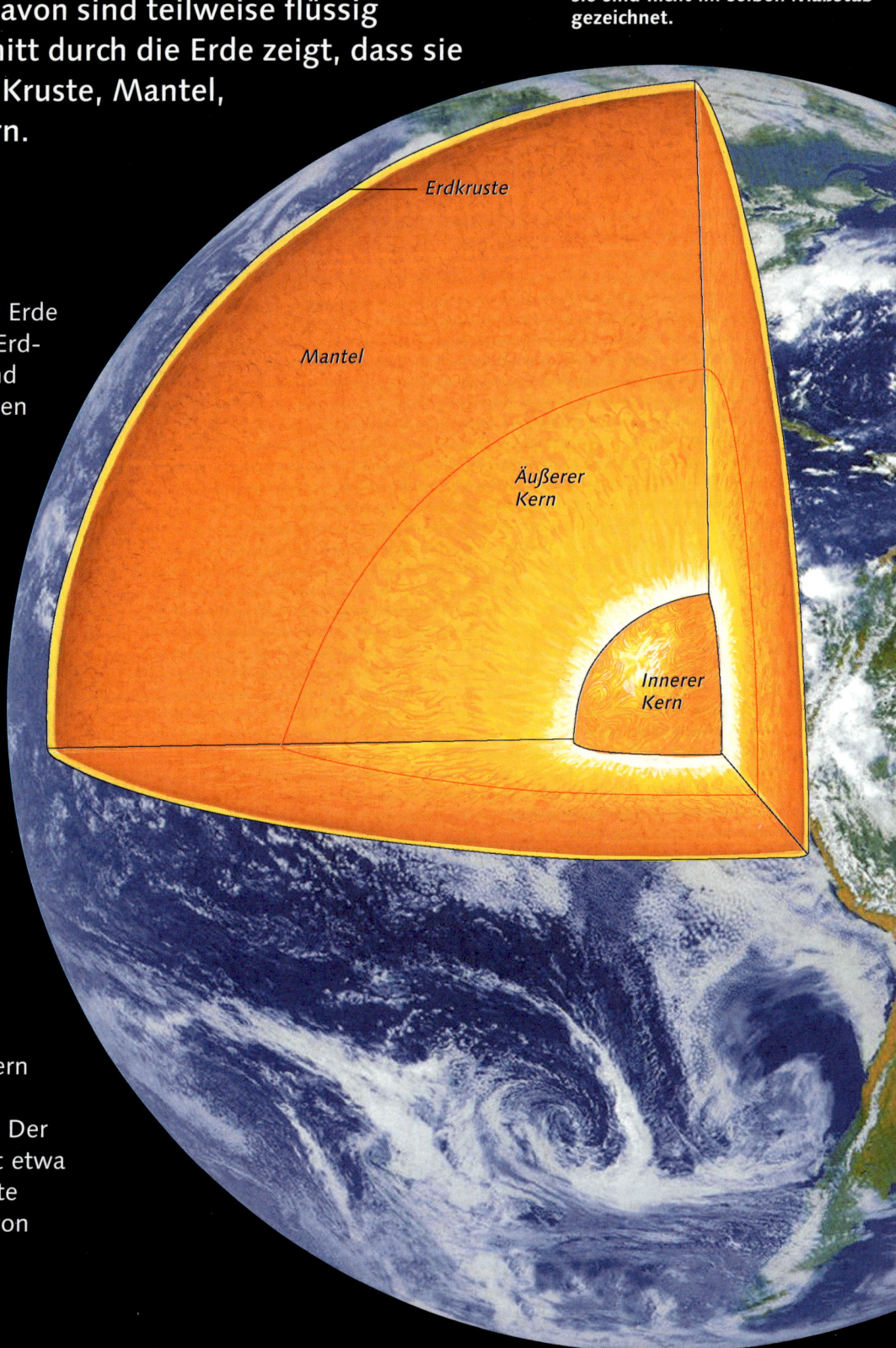

Erdkruste

Mantel

Äußerer Kern

Innerer Kern

Die Erdkruste

Es gibt zwei Formen von Erdkruste: Die dicke kontinentale Kruste bildet das Land, die viel dünnere ozeanische Kruste den Meeresboden. Die Kontinentalkruste besteht vorwiegend aus leichteren Gesteinen wie Granit, Sandstein oder Kalk, die ozeanische Kruste aus schweren Gesteinen wie Basalt und Gabbro.

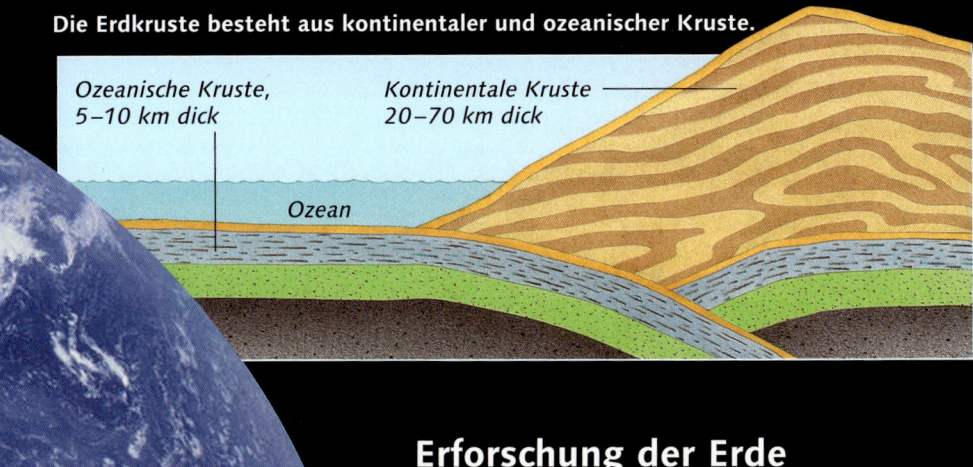

Die Erdkruste besteht aus kontinentaler und ozeanischer Kruste.

Ozeanische Kruste, 5–10 km dick

Kontinentale Kruste 20–70 km dick

Ozean

Erforschung der Erde

Wie es im Innern der Erde aussieht, ist schwierig zu erforschen. Geologen, die das Gestein untersuchen, bohren tiefe Löcher an besonders dünnen Stellen in der Erdkruste, um an Gesteinsproben zu gelangen. Dennoch bleiben sie stets sehr nahe an der Oberfläche.

In die Tiefe

Vulkanausbrüche liefern wichtige Informationen über das Innere der Erde. Die besten Daten zur Erforschung des Erdaufbaus erhalten die Geologen jedoch aus Erdbeben. Während eines Erdbebens laufen Erdbebenwellen (seismische Wellen) durch die Erde. Je nachdem, welches Material sie passieren, ändern sie Geschwindigkeit und Richtung. Geologen untersuchen die Aufzeichnungen der seismischen Wellen und analysieren, welche Gesteine die Erdbebenwellen passiert haben könnten.

Erdbeben

Weg der Erdbebenwellen

Das Bild zeigt den Weg der seismischen Wellen durch die Erde.

Magnetische Erde

Wahrscheinlich ist die Erde magnetisch, weil flüssiges Eisen in ihrem Innern rotiert. Stell dir einen gewaltigen Stabmagneten vor, der durch die ganze Erde läuft. Die Enden dieses „Magnetes" bilden die magnetischen Pole. Sie sind leicht gegen den geografischen Nord- und Südpol verschoben.

Das Bild zeigt das magnetische Feld der Erde – die Zone, die durch den Erdmagnetismus beeinflusst wird. Die Linien geben die Richtung des Magnetfeldes an.

Magnetischer Nordpol

Magnetischer Südpol

Du kannst das Magnetfeld indirekt sehen, wenn du einen Kompass benutzt, denn die Kompassnadel richtet sich genau entlang der Feldlinien aus. Die Spitze der Nadel zeigt dabei auf den magnetischen Nordpol.

Eine Kompassnadel zeigt immer auf den magnetischen Nordpol.

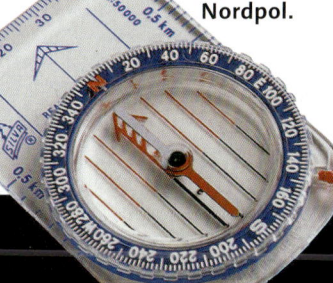

Die Erdkruste

Die Lithosphäre bildet keine Einheit, sondern ist in große Platten zerbrochen. Da sich die Platten langsam und kontinuierlich bewegen, sind sie für zahlreiche spektakuläre Erscheinungen an der Erdoberfläche verantwortlich.

Eine bewegte Oberfläche

Es gibt sieben große und viele kleine Platten. Sie bestehen entweder aus kontinentaler oder ozeanischer Kruste, manche sogar aus beiden. Die Bereiche, an denen sie aneinander stoßen, nennt man Plattengrenzen. Alle Platten gleiten mit einer Geschwindigkeit von 5 cm pro Jahr über die Asthenosphäre. Da die Platten nahtlos aneinander stoßen, beeinflussen sie sich alle gegenseitig. Die Plattenbewegung und die daraus folgenden Ereignisse in der Erdgeschichte nennt man Plattentektonik.

Ozeanische Rücken

In der Mitte der Ozeane gleiten die Platten auseinander. In die Lücke fließt heiße Lava aus dem Mantel ein, erhärtet und baut sich zu langen Gebirgen auf, den so genannten mittelozeanischen Rücken. Da die Platten kontinuierlich auseinander driften, verbreitet sich der Bereich der Rückengebirge immer mehr. In solchen Grenzbereichen entsteht ständig neue Erdkruste.

Ozeangräben

Wo eine ozeanische auf eine kontinentale Platte trifft, wird die schwerere ozeanische unter die leichtere Kontinentalplatte ins Erdinnere

Das Bild zeigt, wie Rücken und Gräben entstehen

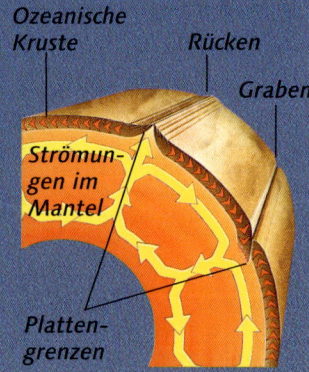

gedrückt. Dabei bildet sich ein tiefer ozeanischer Graben. Ein Teil der versinkenden Platte schmilzt zu Lava. Der tiefste dieser Gräben, der Marianen-Graben im Pazifik, ist tiefer als der Mount Everest hoch ist.

Kontinentalverschiebung

Durch die Plattenbewegung verschieben sich Kontinente und Meere. Dabei verändert sich die Oberfläche der Erde. Die Karten rechts zeigen drei Stationen aus der Entwicklung der Erde.

Geologen glauben, dass es einst einen einzigen Superkontinent gab. Sie nennen ihn Pangäa.

Ausfließende Lava drückte die Platten auseinander, der Atlantische Ozean (hier: rot) bildete sich.

Noch heute weichen Afrika und Südamerika um 3,5 cm pro Jahr auseinander.

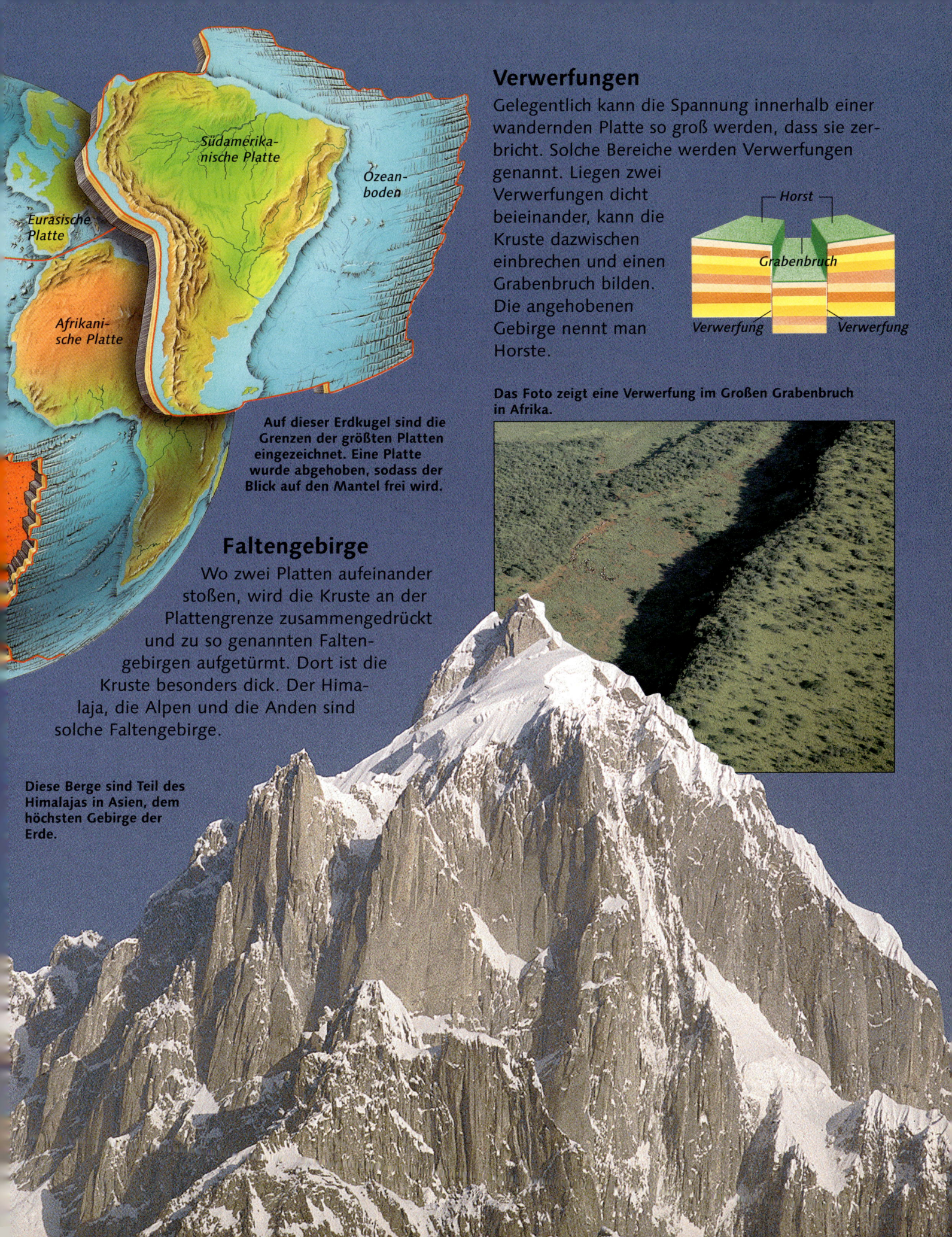

Südamerikanische Platte

Ozeanboden

Eurasische Platte

Afrikanische Platte

Auf dieser Erdkugel sind die Grenzen der größten Platten eingezeichnet. Eine Platte wurde abgehoben, sodass der Blick auf den Mantel frei wird.

Verwerfungen

Gelegentlich kann die Spannung innerhalb einer wandernden Platte so groß werden, dass sie zerbricht. Solche Bereiche werden Verwerfungen genannt. Liegen zwei Verwerfungen dicht beieinander, kann die Kruste dazwischen einbrechen und einen Grabenbruch bilden. Die angehobenen Gebirge nennt man Horste.

Horst

Grabenbruch

Verwerfung   Verwerfung

Das Foto zeigt eine Verwerfung im Großen Grabenbruch in Afrika.

Faltengebirge

Wo zwei Platten aufeinander stoßen, wird die Kruste an der Plattengrenze zusammengedrückt und zu so genannten Faltengebirgen aufgetürmt. Dort ist die Kruste besonders dick. Der Himalaja, die Alpen und die Anden sind solche Faltengebirge.

Diese Berge sind Teil des Himalajas in Asien, dem höchsten Gebirge der Erde.

Gesteine, Mineralien und Fossilien

Die Erdkruste besteht aus Gesteinen. Deren Grundbausteine sind die Mineralien (chemische Verbindungen). Es gibt drei Arten von Gesteinen: Erstarrungs-, Sediment- und metamorphe Gesteine. Über viele Millionen Jahre kann sich eine Gesteinsart in eine andere verwandeln.

Sedimentgesteine

Sedimentgesteine bestehen aus verwittertem älterem Gestein oder den teilweise zersetzten Resten sehr alter Pflanzen und Tiere. Die Stücke werden von Regen, Wind, Erdrutschen oder Gletschern weiter zerkleinert, abtransportiert und gelangen über Flüsse bis ins Meer, wo sie sich ablagern. Der Druck des Wassers und neuer Sedimente kann die Schichten so stark verdichten, dass ein Sedimentgestein entsteht.

Kalk ist ein Sedimentgestein aus winzigen Meerestieren.

Erstarrungsgesteine

Diese Gesteine bestehen aus erkaltetem Magma. Das Magma kann bereits im Innern der Kruste erstarren – zu so genannten Intrusivgesteinen oder Plutoniten. Erstarrungsgesteine erscheinen nur dann an der Erdoberfläche, wenn alle Schichten über ihnen verwittert sind. Dringt das Magma bei einem Vulkanausbruch nach außen, nennt man die Erstarrungsgesteine Effusivgesteine oder Vulkanite.

Tuff ist ein Effusivgestein aus zusammengepresstem vulkanischem Gestein und Kristallen.

Auch der glänzende Obsidian ist ein Erstarrungsgestein; er entstand aus sehr schnell abgekühlter Lava.

Das Sedimentgestein Sandstein besteht aus zusammengepressten Sandteilchen.

Der Grand Canyon in den USA wurde vom Fluss Colorado in den Felsen eingeschnitten. Die einzelnen Gesteinsschichten sind sehr gut zu erkennen!

Metamorphe Gesteine

Wenn Gesteine der Hitze von Magma, dem Druck von Plattenbewegungen oder Druck und Hitze in sehr großer Tiefe ausgesetzt sind, entsteht ein metamorphes Gestein. Ausgangsgesteine können Erstarrungs-, Sediment- oder andere metamorphe Gesteine sein.

Marmor ist ein metamorphes Gestein aus Sandstein.

Glimmer ist ein metamorphes Gestein, das sich zu dünnen Plättchen spalten lässt.

Mineralien

Mineralien sind stabile chemische Verbindungen zwischen bestimmten Elementen. Die meisten Gesteinsmineralien bestehen aus zwei oder mehr Elementen. Einige Mineralien sind selten und sehr wertvoll und werden zu Edelsteinen geschliffen.

Die Bilder zeigen Mineralien im Gestein und als geschliffene Edelsteine.

Opale können milchweiß, grün, rot, blau, schwarz oder braun sein.

Türkis durchzieht das Gestein als Adern.

Karneol ist ein dunkelroter Stein.

Fossilien

Manchmal erhalten sich die Formen ausgestorbener Pflanzen und Tiere eingeschlossen in Gestein. Man nennt sie Fossilien. Wenn sie zwischen die Schichten eines Sedimentes gelangen, verwandeln sie sich zu Stein. Gelegentlich bleiben harte Teile wie Zähne, Schalen oder Knochen erhalten, in den meisten Fällen bilden sich aber Hohlräume, in die Mineralien eindringen und die Form erhalten.

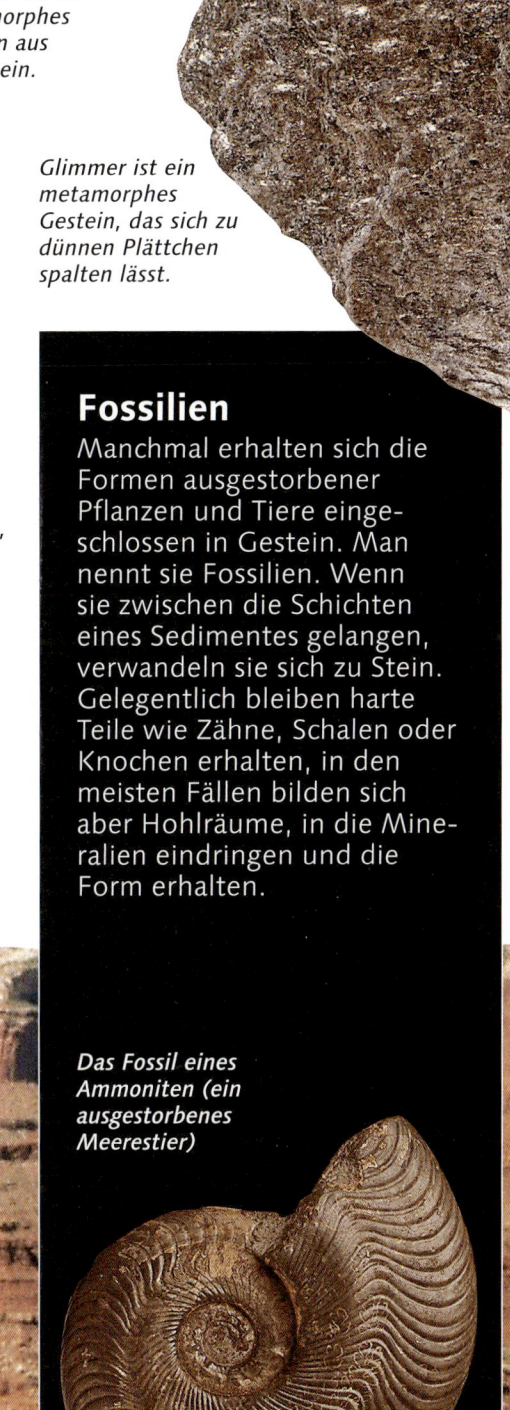

Das Fossil eines Ammoniten (ein ausgestorbenes Meerestier)

Flüsse

Das Wasser der Flüsse stammt aus Niederschlägen, geschmolzenem Schnee und Eis und aus dem unterirdischen Grundwasser. Flüsse fließen immer bergab in Richtung Seen und Ozeane. Dabei reißen sie große Mengen Steine, Sand, Schlamm und Boden mit sich. Flüsse können sich tief in den Felsen einschneiden und Schluchten und Wasserfälle bilden.

Dieses Satellitenfoto zeigt die Mündung des Mahakam in Borneo. Das Delta aus Sandinseln und verzweigten Flussläufen ist gut zu erkennen.

Ein Flusslauf

Jeder Fluss verändert auf seinem Weg talwärts sein Aussehen. Viele Wasserläufe beginnen mit einer Quelle, manche in Gebirgen, wo sich das Wasser aus Regen und schmelzendem Eis in klaren Bächen sammelt. Sie schneiden enge, tiefe Schluchten in die Landschaft und vereinen sich mit anderen Nebenflüssen zu immer breiteren Flüssen. In größerer Entfernung vom Gebirge, wo die Landschaft flacher wird, werden Flüsse und Täler breiter. Schließlich fließt der Fluss in weiten Schleifen (Mäander) einem See oder dem Meer zu. An manchen Flussmündungen spaltet sich der Flusslauf in zahlreiche verzweigte Kanäle auf und bildet ein Delta.

Das Wasser dieses Flusses hat die Steine geglättet und abgerundet.

Flüsse bei der Arbeit

Das Wasser eines fließenden Flusses bewegt kleine Steine oder reißt sie mit sich. Die Steine gleiten und springen, schaben am Boden entlang und vertiefen und verbreitern den Flusslauf. Außerdem stoßen und reiben sie aneinander und werden dabei kleiner oder zerbrechen.

Weiter flussabwärts wird das Flussbett breiter und glatter. Wenn das Wasser langsamer fließt, lagern sich Sand, Schlamm und Schlick auf dem Grund ab. Daher ist das Flussbett im Unterlauf der Flüsse verschlammt. Kurz vor der Flussmündung können diese Ablagerungen Inseln bilden, sodass ein Delta entsteht.

Änderung des Flusslaufes

An der Außenseite eines Mäanderbogens fließt das Wasser schneller als innen. Daher schneidet sich ein Fluss außen stärker ein, während innen Sand und Schlamm abgelagert werden. Im Laufe der Zeit wird der Bogen immer länger und schmaler. Schließlich treffen Anfang und Ende des Bogens an der schmalsten Stelle aufeinander, der Fluss bricht durch und fließt geradeaus weiter. Der alte Zufluss in den Bogen verschlammt und kann sich sogar ganz schließen, bis ein abgeschlossener Altarm entsteht.

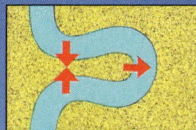

Der Fluss schneidet sich auf der Außenseite ein und lagert innen Schlamm ab, bis ein Bogen entsteht.

Der Bogen wird länger und enger, bis der Fluss schließlich durchbricht.

Da der Fluss nun am Bogen vorbeifließt, verschlammen die Zuflüsse.

Schließlich wird der Bogen vollständig abgeschnitten; ein Altarm entsteht.

Wasserfälle

Wasserfälle entstehen überall dort, wo ein Fluss von hartem in weiches Gestein fließt. Da das weiche Gestein schneller abgetragen wird, entsteht eine Kante. Das Wasser, das über die Kante abstürzt, höhlt am Boden einen Kolk (eine Unterspülung) aus. Je höher die Fallhöhe, desto stärker ist die Kraft des Wassers.

Durch die Wirbel (Grundwalze) und die mahlende Kraft von Steinen kann sich der Kolk tiefer einschneiden, bis ein Überhang entsteht. Schließlich bricht das Gestein ein und der Wasserfall rückt ein Stück weiter flussaufwärts, bis im Verlauf von hunderten von Jahren eine Schlucht entsteht.

Das Bild zeigt die Entstehung eines Wasserfalls.

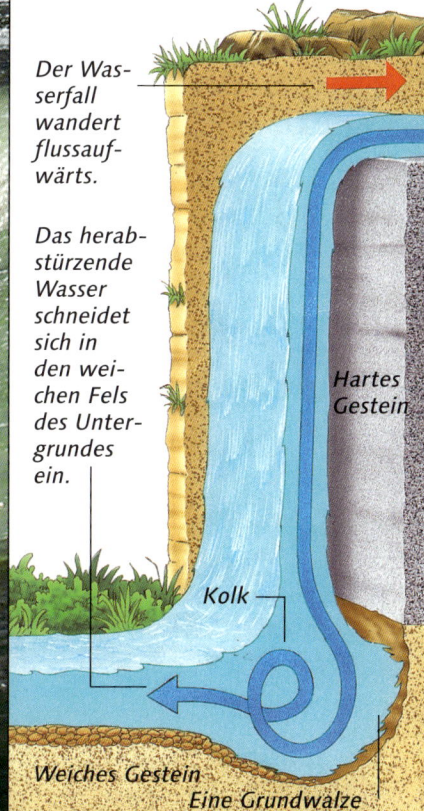

Der Wasserfall wandert flussaufwärts.

Das herabstürzende Wasser schneidet sich in den weichen Fels des Untergrundes ein.

Hartes Gestein

Kolk

Weiches Gestein

Eine Grundwalze höhlt den Fels aus.

Die Horseshoe-Fälle liegen auf der kanadischen Seite der Niagarafälle an der Grenze zwischen Kanada und den USA. Sie wandern jährlich um 3 m flussaufwärts.

Meere und Ozeane

Über zwei Drittel der Erdoberfläche sind von Salzwasser bedeckt. Da die fünf Ozeane und ihre Meere untereinander verbunden sind, ist ein freier Wasseraustausch möglich. Ozeane sind sehr wichtig für das Leben auf der Erde; sie bilden die Heimat zahlreicher Tiere und Pflanzen. Seit tausenden von Jahren liefert das Meer Nahrung für die Menschen, und auf Schiffen werden Passagiere und Waren transportiert.

Dieser Gefleckte Lippfisch kommt vorwiegend an den Felsenküsten Europas vor.

Erforschung der Meere

Meeresforscher dringen in kleinen Unterseebooten bis in die Tiefsee vor oder senden ferngesteuerte Tauchboote hinab. Der Meeresboden wird mit Echoloten erkundet: Aus den zurückgeworfenen Wellen lassen sich Karten des Meeresbodens erstellen.

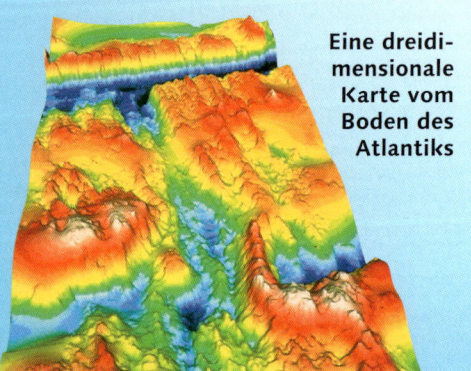

Eine dreidimensionale Karte vom Boden des Atlantiks

Unter dem Meer

Direkt vor einer Küste sinkt der Meeresboden nur sanft ab – dieser Bereich ist der Kontinentalschelf. Dann fällt der Meeresboden steil zu den Tiefsee-Ebenen ab. Dort gibt es Berge und Täler, Hügel und sogar Vulkane wie auf der Erdoberfläche.

Veränderliche Küsten

Die Wucht der Meereswellen verändert die Küsten ständig. Daher sehen heutige Küstenlinien ganz anders aus als vor vielen Jahren.

Wenn Wellen gegen eine Felsküste schlagen, nagen sie ständig am Gestein und tragen es ab. Im Laufe der Jahrhunderte bilden sich schließlich weit ins Land reichende Buchten. An flacheren Küsten laufen die Wellen langsamer an Land. Dabei lagern sich Schwemmteilchen ab, bis weite Strände entstehen.

Auch Veränderungen der Meereshöhe haben Einfluss auf den Küstenverlauf. Zurzeit steigt der Meeresspiegel jährlich um 1 mm an (mehr dazu auf Seite 53).

Der Taucher nimmt im flacheren Wasser einen Stein in Empfang, den das ferngesteuerte Tauchboot vom Meeresboden heraufgeholt hat.

Leben im Meer

In den Meeren leben unzählige Pflanzen und Tiere – von den obersten Schichten bis hinab zu den Tiefseegräben.

Unechte Karettschild-kröten leben in war-men, flachen Meeren und kommen nur an Land, um ihre Eier zu legen.

Die wichtigste Nahrungsgrund-lage ist das Phytoplankton, das sind mikroskopisch kleine Pflan-zen (Algen). In den obersten Schichten des Meeres treiben Milliarden dieser Plankton-algen umher. Algen ernäh-ren sich nur von Sonne, Gas, Wasser und Mineralien.

Korallenriffe

Korallenriffe sind bemerkens-werte Strukturen; sie entstehen in warmen, flachen Meeren. Obwohl die Korallen an Pflanzen erinnern, sind es Tiere (Polypen), die in festen Hüllen aus Kalk leben. Stirbt ein Korallen-polyp, baut der nächste sein Kalkskelett auf dessen leerer Hülle. Auf diese Weise werden die Riffe immer größer und können im Lauf der Zeit riesige Ausmaße annehmen.

Ein Korallenriff im Roten Meer zwischen Ägypten und Saudi-Arabien

Tiefenzonen

Je tiefer man taucht, desto dunkler und kälter wird es; die Zahl der Pflanzen und Tiere nimmt ab. In jeder Tiefenzone leben andere Arten:

Zone des Sonnenlichtes
Hier leben viele Pflanzen und Tiere.

Bis 200 m

Zwielichtzone
Dort leben verschiedene Fischarten.

Bis 1000 m

Dunkle Zone
Die wenigen Tiere fressen absinkende, tote Überreste.

Bis 4000 m

Tiefseezone
In der düste-ren Kälte leben nur wenige Tiere, z. B. der Tiefsee-Anglerfisch

Bis 5000 m

Die Erdatmosphäre

Die Atmosphäre der Erde ist etwa 800 km dick; sie beeinflusst unser Wetter und auch das Klima. Wenn die Sonnenstrahlen auf die Atmosphäre treffen, werden Teile der Strahlung reflektiert, aber ein Teil gelangt hindurch. Unsere Atmosphäre besteht aus fünf Schichten: Troposphäre, Stratosphäre, Mesosphäre, Thermosphäre und schließlich der Exosphäre, die bis ins Weltall reicht.

Der Aufbau der Atmosphäre

Die Anziehungskraft der Erde hält die Gase in der Atmosphäre fest. Die einzelnen Schichten werden aufgrund der Temperatur ihrer Gase unterteilt. Die Gase sind nahe der Erdoberfläche am dichtesten.

Die Bilder zeigen die untersten Schichten der Atmosphäre. Die rund 500 km oberhalb der Erde beginnende Exosphäre ist nicht dargestellt.

Höhe (in km)

100 —
90 —
80 —
70 —
60 —
50 —
40 —
30 —
20 —
10 —

Thermosphäre
Elektrische Teilchen von der Sonne verursachen die Nordlichter.

— *Mesopause*

Mesosphäre
In dieser Schicht verglühen die Sternschnuppen.

— *Stratopause*

Stratosphäre
In dieser Höhe fliegen die meisten Flugzeuge.

— *Tropopause*

Troposphäre
In dieser Zone findet das Wettergeschehen statt.

Die Troposphäre

Die Troposphäre ist die unterste Schicht direkt oberhalb der Erde; in ihr findet das Wettergeschehen statt. Der Name leitet sich vom griechischen tropos (Drehung) ab, weil sich die Luft ständig bewegt.

Die Troposphäre enthält 80 % aller Gase der Atmosphäre, Wolken, Staub und Umweltgifte. Über den Polen reicht sie von der Erdoberfläche 10 km, am Äquator 20 km hoch. In Erdnähe ist die Temperatur am höchsten: Die Sonne erwärmt die Erde und diese strahlt Wärme an die Troposphäre zurück. In größerer Höhe ist die Luft dünner; sie kann nicht so viel Hitze speichern, daher nimmt die Temperatur ab.

Vom Flugzeug aus sieht man die Wolken in der Troposphäre von oben.

Die Stratosphäre

Die Stratosphäre endet rund 50 km über der Erde mit der Stratopause. Da die Luft in der Stratosphäre sehr ruhig ist, fliegen hier die meisten Verkehrsflugzeuge.

Die Stratosphäre enthält etwa 19 % aller Gase der Atmosphäre. Die Temperatur ist hoch, denn hier liegt die wichtige Ozonschicht. Ozon ist ein Gas, das die schädlichen Ultraviolett-strahlen der Sonne ausfiltert. Wenn diese bis zur Erdoberfläche durchdringen, können sie Hautkrebs verursachen und die Augen schädigen.

Die Mesosphäre

Die Mesosphäre reicht etwa 80 km hoch hinauf. Sie ist die kälteste Schicht der Atmosphäre, denn hier gibt es nur wenig Ozon und kaum Staub oder Wolken, die sich in der Sonne erwärmen könnten. Im unteren Bereich, nahe der Ozonschicht, ist es am wärmsten.

Die Thermosphäre

In der Thermosphäre umkreist der Spaceshuttle die Erde. Hier können die Temperaturen bis über 1700 °C ansteigen, weil die Sonnenenergie den hier vorhandenen atomaren Sauerstoff erhitzt.

Die Ozonschicht

Die Ozonschicht wird vom Fluorchlorkohlenwasserstoff (FCKW) zerstört, ein Gas, das in Spraydosen und Kühlschränken enthalten ist. Zu bestimmten Zeiten des Jahres bildet sich über der Antarktis ein Ozonloch, in anderen Bereichen wird die Ozonschicht sehr dünn. Wenn dies geschieht, gelangen mehr schädliche ultraviolette Strahlen bis auf die Erdoberfläche.

Das dunkle Rosa über der Antarktis zeigt die Größe des Ozonlochs an.

Wie entsteht das Wetter?

Zum Wetter gehört alles, was in der Atmosphäre oberhalb der Erde geschieht: Hitze oder Kälte, Stürme oder Windstille, Regen, Schnee oder Hagel. Das Wetter beeinflusst uns auf vielerlei Weise.

Auswirkungen des Wetters

Wenn sich das Wetter anders verhält als üblich, können Ernte oder Sommerurlaub verdorben sein. Das Wetter ist auch für viele Naturkatastrophen verantwortlich wie Überschwemmungen, Erdrutsche, Dürren und Hungersnöte. Deshalb haben die Menschen seit tausenden von Jahren die Wettergötter um gutes Wetter angefleht. Selbst mit unserer modernsten Technik können wir das Wetter nicht beeinflussen.

Wettervorhersage

Wir können das Wetter zwar nicht verändern, aber die Meteorologen (Wetter-Wissenschaftler) können das Wetter vorhersagen. Sie messen Temperatur, Luftdruck und die Niederschläge in Stationen auf der ganzen Erde, und die Satelliten im Weltraum senden Daten über die Verteilung der Wolken.

Obwohl man inzwischen das Wetter der nächsten Tage recht genau vorhersagen kann, ändert es sich manchmal so rasch, dass der Wetterbericht dennoch falsch ist.

Dieser japanische Tänzer trägt ein historisches Kostüm; er bittet den Wettergott um Regen.

Wettersysteme

Das Wetter ist von drei Bestandteilen abhängig: der Temperatur, der Bewegung der Luftmassen und dem Wassergehalt der Luft (s. Seiten 50–51). Daraus entwickeln sich die so genannten Wettersysteme.

Die Rolle der Sonne

Die Sonne spielt die wichtigste Rolle im Wettergeschehen. Sie erwärmt das Land, das seine Wärme an die Atmosphäre abgibt. Wird die Sonne durch Wolken verdeckt oder weht ein kalter Wind, sinkt die Temperatur.

Am Äquator brennt die Sonne am stärksten, weil dort die Strahlen senkrecht auftreffen. Weiter nördlich oder südlich fallen die Strahlen schräg ein und sind schwächer.

Luft und Wind

Die Sonne ist auch die Ursache für den Wind: Heiße Luft ist leicht und steigt auf; wenn kühle Luft nachströmt, entsteht Wind. In der feuchten, warmen Luft über dem Meer am Äquator bilden sich manchmal Wirbelstürme (Hurrikane).

Mit solchen Papierschirmen schützen sich die Menschen in Asien seit vielen hundert Jahren vor der Sonne.

Wetterzeichen

Solche Wolken stehen bei warmem, sonnigem Wetter am Himmel.

Früher beobachteten die Menschen natürliche Zeichen des Wetters, wie die Form der Wolken oder das Verhalten von Tieren. So deuten lockere weiße Wolken (Kumuluswolken) auf sonniges Wetter hin. Wenn Tiere plötzlich unruhig werden, wird das Wetter schlecht.

Wetterrekorde

Das schwerste jemals gewogene Hagelkorn fiel 1986 in Gopalganj (Bangladesch) vom Himmel; es wog 1 kg.

Der feuchteste Ort der Erde ist Mawssynrma (Indien); dort fallen jährlich 12 m Niederschläge (in Mitteleuropa 70–80 cm).

Die größte jemals gemessene Schneeflocke fiel in Montana (USA) und hatte einen Durchmesser von 38 cm.

Der trockenste Ort der Erde ist die Wüste Atacama (Chile); an manchen Stellen hat es seit 500 Jahren nicht mehr geregnet.

Der heißeste Ort der Erde liegt in der Libyschen Wüste; in Al Azizia wurden 58 °C im Schatten gemessen.

Wasser und Wolken

Die Gesamtmenge des Wassers auf der Erde ändert sich nicht, wohl aber seine Verteilung im Wasserkreislauf. In Seen, Flüssen und im Meer ist das Wasser flüssig; es kann zu Eis, Schnee oder Hagel gefrieren oder als unsichtbares Gas in der Luft gelöst sein.

Wenn Wassertröpfchen gefrieren, bilden sich Schneeflocken. Diese hier wurden gefärbt, damit ihre sechsstrahlige Form leichter zu erkennen ist.

Der Wasserkreislauf

Wenn die Sonne das Wasser in Seen, Flüssen oder Meeren stark erwärmt, verdunstet es zu Gas (Wasserdampf). Dieses steigt auf, kühlt ab und kondensiert wieder zu kleinen Tröpfchen flüssigen Wassers, die von der Erde aus als Wolken sichtbar werden. Stoßen die Tröpfchen innerhalb einer Wolke zusammen, verbinden sie sich und werden dabei immer größer. Wenn sie schwer genug sind, fallen sie als Regen zurück auf die Erde, in Seen, Flüsse und ins Meer.

Pflanzen nehmen das Wasser aus der Erde auf und geben es ebenfalls als Wasserdampf an die Luft ab. Auch Menschen atmen feinste Wassertröpfchen aus. Wenn du kräftig gegen einen Spiegel atmest, kannst du sie sehen: Da der Spiegel kühl ist, kondensiert das gasförmige Wasser zu Tröpfchen.

Das Schema zeigt den Weg des Wassers zwischen Erde und Atmosphäre.

Wenn die Tröpfchen in den Wolken schwer genug sind, fallen sie als Regen, Schnee oder Hagel zur Erde.

Wasser fließt in Flüssen zum Meer.

Aufsteigender Wasserdampf kühlt sich ab und bildet Wolken.

In der heißen Sonne verdunstet Wasser aus Flüssen und Meeren.

Pflanzen und Tiere nehmen das Wasser auf, das als Regen gefallen ist.

Wolken

Das Aussehen einer Wolke richtet sich nach ihrem Wassergehalt und der Auf- und Abwärtsbewegung der Luft. Bei windstillem Wetter breiten sich die Wolken flach aus. An heißen Tagen bilden sie in der aufsteigenden Luft lockere Türme. Dicht mit Wassertröpfchen gefüllte Wolken sehen dunkel aus.

Diese hoch aufgetürmten Kumulonimbuswolken wurden über dem Golf von Mexiko fotografiert. Solche Wolkentürme sind an der Basis relativ warm und an der Spitze gefroren.

Bei warmem, sonnigem Wetter türmen sich solche hohen, lockeren Kumuluswolken auf.

Stratuswolken bestehen aus flach verlaufenden Wolkenschichten, die manchmal die Sonne verdecken.

Zirruswolken bilden sich in großer Höhe; sie sind faserig oder schleierartig.

Regen, Hagel und Schnee

Wasser, das auf die Erde fällt, wird Niederschlag genannt. Normalerweise fällt es als Regen, der von leichtem Nieseln bis zu schweren Monsunregen viele Formen annehmen kann, herab.

Bei Frost gefriert das Wasser zu Schnee, Hagel oder Eisregen. Bei einem Eisregen beginnen die fallenden Schneeflocken auf ihrem Weg abwärts zu schmelzen.

Hagel entsteht aus Eiskristallen in großen Kumulonimbuswolken.

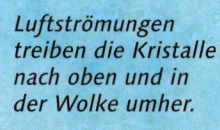
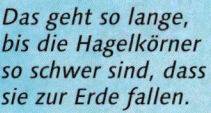

Luftströmungen treiben die Kristalle nach oben und in der Wolke umher.

Bei ihrer Bewegung treffen sie auf Wassertröpfchen, die Schicht um Schicht um den Kristall anfrieren.

Das geht so lange, bis die Hagelkörner so schwer sind, dass sie zur Erde fallen.

Das Klima

Das typische Wetter und die Temperaturen, die über längere Zeit herrschen, bestimmen das Klima einer Region. Neben dem Klima eines großen Gebietes gibt es noch das Mikroklima, das nur örtlich von Bedeutung ist. Das Klima einer Region ist abhängig vom Breitenkreis, ihrer Entfernung vom Meer und der Höhe über dem Meeresspiegel.

In den Zonen um den Äquator wachsen Bananenstauden.

Klimazonen

Eine größere Region auf der Erde, in der ein bestimmtes Klima herrscht, wird Klimazone genannt.

Das Klima an den Polen ist rau und ändert sich kaum im Verlauf eines Jahres. Es ist kalt dort und es fällt nur wenig Schnee oder Regen. Im polaren Klima wachsen kaum Pflanzen. In der Tundra bläst ein kalter Wind; die Wintertemperatur fällt im Durchschnitt auf –20 bis –30 °C. Die Sommer können recht warm werden.

Der Eisbär ist durch ein dickes Fell vor der Kälte geschützt.

Widerstandfähige, niedrige Landpflanzen wie diese Flechte sind typisch für die Tundra.

In den gemäßigten Klimazonen kann es das ganze Jahr über regnen, und die Temperatur ändert sich mit den Jahreszeiten. Typisch für die gemäßigte Zone ist das sehr veränderliche Wetter.

Die Laubbäume der gemäßigten Klimazonen werfen im Herbst ihre Blätter ab.

In den Tropen ist es immer warm. Es gibt Regionen mit zwei Jahreszeiten: Trocken- und Regenzeit. Die Temperaturen schwanken zwischen 21 °C und 30 °C.

In den tropischen Savannen wachsen vereinzelte Bäume und hohe Gräser, die in der Trockenzeit absterben.

Im Mittelmeerklima ist es im Winter warm und feucht, im Sommer heiß und trocken. Das Klima wird durch Winde beeinflusst, die zwischen Meer und Land wehen.

Im Mittelmeerklima wachsen viele Zitrusfrüchte. Ihre dicke Schale schützt sie im Sommer vor dem Austrocknen.

Im Innern der Kontinente, z. B. in Zentralasien und Nordamerika, sind die Sommer heiß und die Winter kalt.

Die Klimazone um den Äquator ist dauerhaft feucht und heiß, daher wachsen hier an vielen Stellen Regenwälder. Da die Temperaturen niemals unter 17 °C fallen, herrschen ideale Bedingungen für viele Pflanzen.

In Wüsten ist es sehr heiß und es fallen weniger als 250 mm Niederschlag jährlich. Am Tag steigen die Temperaturen auf über 38 °C, nachts und im Winter ist es viel kälter.

Kakteen und andere Wüstenpflanzen speichern in ihren dicken, fleischigen Teilen große Mengen Wasser.

Gebirgsklima

Im Gebirge nimmt die Temperatur mit steigender Höhe ab, und mit der Höhe verändern sich auch das Klima und der Pflanzenwuchs. Im Hochgebirge wachsen keine Bäume; sie können dort nicht wurzeln, weil der Boden gefroren ist und stürmische, eisige Winde wehen.

Auch die Himmelsrichtung eines Berghanges (seine Exposition) beeinflusst das dort herrschende Klima. Auf der Sonnenseite können z. B. mehr Pflanzen wachsen.

Auf den höchsten Gipfeln wachsen nur kleine, niedrige Pflanzen wie Moose und Flechten.

Oberhalb der so genannten Baumgrenze wachsen keine Bäume mehr.

Bäume

Küstenklima

An der Küste heizt sich das Land am Tag stärker auf als das Meer, in der Nacht ist es über dem Wasser wärmer. Daher weht zwischen Land und Meer ein ständig wechselnder Wind. Das Meeresklima ist mild und feucht.

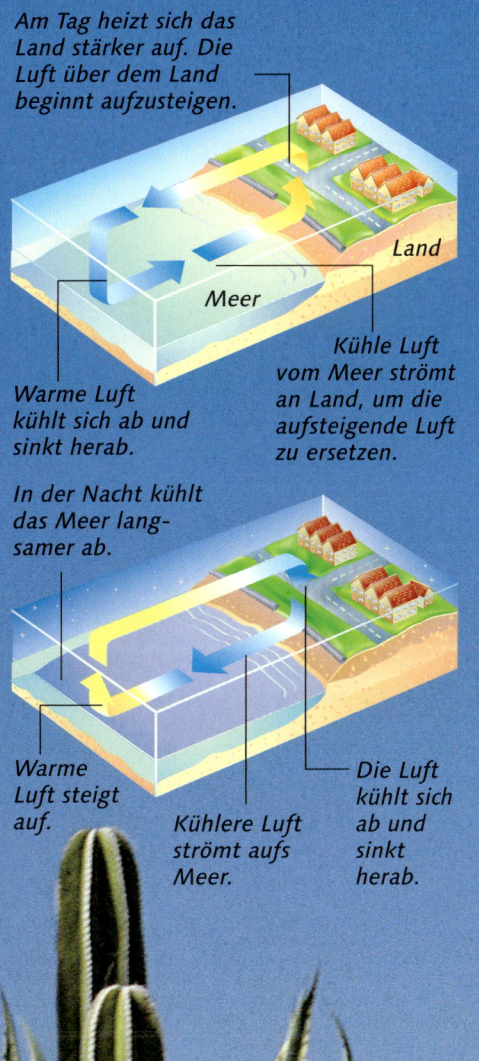

Am Tag heizt sich das Land stärker auf. Die Luft über dem Land beginnt aufzusteigen.

Land

Meer

Kühle Luft vom Meer strömt an Land, um die aufsteigende Luft zu ersetzen.

Warme Luft kühlt sich ab und sinkt herab.

In der Nacht kühlt das Meer langsamer ab.

Warme Luft steigt auf.

Kühlere Luft strömt aufs Meer.

Die Luft kühlt sich ab und sinkt herab.

Stadtklima

In den Städten ist es gewöhnlich wärmer als auf dem Land, da sich Beton stärker aufheizt als Pflanzen; außerdem halten die Mauern der Häuser die Wärme länger fest. Da Straßen und Pflastersteine das Wasser am Versickern hindern, ist die Erde unter Städten trockener.

Globale Erwärmung

Die meisten Wissenschaftler glauben, dass sich die Erde erwärmt. Durch die Abgase aus der Industrie und anderen Quellen nimmt die Menge der so genannten Treibhausgase zu. Sie halten die Hitze der Sonne in der Atmosphäre zurück und lassen so die Temperatur ansteigen.

Nach Computerberechnungen soll sich die Temperatur im nächsten Jahrhundert um 2 °C erhöhen. Damit wird sich das Klima auf der gesamten Erde verändern: In einigen Regionen wird es wärmer und trockener, in anderen feuchter. Außerdem könnten Wetterkatastrophen wie Stürme und Unwetter zunehmen.

Wegen der höheren Temperatur werden die Eiskappen an den Polen immer weiter schmelzen und der Meeresspiegel ansteigen. Damit verändern sich die Küstenlinien und weite Landstriche werden überflutet.

Der Jaguar ist eine wilde Großkatze. Jaguare sind den Leoparden ähnlich, haben aber kürzere Beine, einen größeren Kopf und einen kräftigeren Körper.

Pflanzen und Tiere

Pflanzen

Auf der Erde leben Millionen der unterschiedlichsten Lebewesen. Die meisten gehören zu zwei großen Gruppen: Pflanzen und Tiere. Fast alle Pflanzen nutzen die Energie der Sonne, um Nahrung herzustellen; Tiere fressen Pflanzen oder andere Tiere, die sich von Pflanzen ernähren.

Aus dem Weltraum betrachtet, erscheint das Land mit seinen Milliarden von Pflanzen grün.

Pflanzenernährung

Pflanzen stellen ihre Nahrung in der Fotosynthese her – das Wort bedeutet „Aufbau mit Licht". Dafür braucht eine Pflanze Wasser, Mineralien, Kohlendioxid und Sonnenlicht. Pflanzen nehmen Wasser und Mineralien über ihre Wurzeln aus der Erde auf und transportieren es durch den ganzen Pflanzenkörper. Über winzige Öffnungen in den Blättern – genannt Spaltöffnungen – nehmen sie Kohlendioxid auf.

Die Fotosynthese findet in allen grünen Pflanzenteilen statt, vor allem also in den Blättern. Die grüne Farbe stammt vom Blattgrün (Chlorophyll). Das Chlorophyll kann das Sonnenlicht aufnehmen und in eine nutzbare Form von Energie umwandeln. Diese Energie verwendet die Pflanze, um aus Wasser und Kohlendioxid Zucker (Glukose) herzustellen. Bei diesem Umwandlungsprozess entsteht Sauerstoff.

Die Sonne liefert Energie in Form von Licht.

In den Blüten stellen Pflanzen Samen her, aus denen neue Pflanzen heranwachsen.

In ihren Blättern erzeugen sie Zucker und Sauerstoff aus Wasser und Kohlendioxid.

Die stark vergrößerte Unterseite eines Blattes:

Im Stängel wird Wasser aus den Wurzeln in Blätter und Blüte transportiert.

Die winzigen Spaltöffnungen leiten Kohlendioxid nach innen und Wasserdampf und Sauerstoff nach außen.

Warum wir Pflanzen brauchen

Ohne Pflanzen gäbe es kein Leben auf der Erde. Tiere können keine eigene Nahrung herstellen, deshalb müssen sie Pflanzen fressen oder andere Tiere, die sich von Pflanzen ernähren. Außerdem geben Pflanzen den lebenswichtigen Sauerstoff ab, den alle Tiere und Menschen einatmen. Auch wir ernähren uns von Pflanzen. Außerdem stellen wir Medizin, Stoffe und Parfüm aus ihnen her und verarbeiten das Holz der Bäume. Pflanzenwurzeln halten die Erde fest und verhindern, dass sie weggeschwemmt wird.

Die Aloe ist nur eine der zahlreichen Pflanzen, aus denen Kosmetik und Naturheilmittel hergestellt werden.

Die Evolution der Pflanzen

Vor mehr als 500 Mio. Jahren entstanden die ersten Formen von Pflanzen – lange bevor die Dinosaurier erstmals auftauchten. Diese ersten Pflanzen wuchsen ausschließlich im Wasser. Einige der heutigen Algen, einfache Pflanzen ohne richtige Wurzeln, Stängel und Blätter, sind noch mit ihnen verwandt.

Vor rund 400 Mio. Jahren eroberten die Pflanzen das Land. Die ersten Formen waren moosartige Gewächse. Dann entwickelten sich riesige Baumfarne, von denen sich manche Dinosaurier ernährten. Blütenpflanzen gibt es erst seit rund 135 Mio. Jahren.

Pflanzenformen

Die unterschiedlichen Lebensformen werden Arten genannt. Es gibt etwa eine Million Pflanzenarten, von winzigen Kräutern bis zu den gewaltigen Mammutbäumen, den größten Lebewesen der Erde. Jede Art ist an einen bestimmten Lebensraum auf der Erde angepasst. So haben Wüstenpflanzen nur winzige, nadelartige Blätter oder Dornen, die kaum Wasser verlieren. Das ermöglicht ihnen, trotz der seltenen Regenfälle zu überleben.

Die größten Mammutbäume wachsen in Kalifornien (USA). Einige sind schon 2500 Jahre alt.

Blütenpflanzen

Viele Pflanzen vermehren sich, indem sie erst Blüten und dann Samen bilden. Es gibt mehr als 250 000 Arten von Blütenpflanzen, darunter auch Gräser, Sträucher und Bäume.

Geschlossene Kronblätter

Kelchblatt

Die Knospe eines Hahnenfußes

Von der Knospe zur Blüte

Jede Blüte beginnt ihr Leben als Knospe, die sich am Ende eines Blütenstiels befindet. Eine dichte Knospenhülle aus Kelchblättern schützt die empfindlichen Blüten- oder Kronblätter. Wenn sich die Knospe zur Blüte öffnet, bleiben die Kelchblätter als Blattring um die Kronblätter stehen oder fallen ab. Beim Hahnenfuß beispielsweise bleiben die Kelchblätter erhalten, beim Klatschmohn fallen sie ab.

Eine Blüte besteht aus mehreren spezialisierten Teilen: Es gibt die männlichen Staubblätter und die weiblichen Fruchtblätter (Stempel). Die Kronblätter sind oft bunt oder duften. In manchen Blüten wird am Grund der Blüte zuckerhaltiger Saft (Nektar) gebildet, um Insekten oder andere Tiere anzulocken.

Das Bild zeigt die einzelnen Teile einer Blüte.

Kronblatt

Kelchblatt

Blütenstiel

Stempel (weiblich)

Staubblatt (männlich)

Männliche und weibliche Teile

Viele Blüten enthalten männliche und weibliche Teile, andere Blüten sind entweder männlich oder weiblich. Es gibt sogar Pflanzen, bei denen männliche und weibliche Blüten auf verschiedenen Exemplaren sitzen. Ein Staubblatt besteht aus einem Stiel, der mit den dickeren Staubgefäßen (Antheren) endet. In den Antheren werden die männlichen Pollenkörner gebildet. Die weiblichen Stempel bestehen aus einem oder mehr Fruchtblättern, die am Ende eine klebrige Narbe tragen. Darauf setzt sich der Pollen fest. Jede Narbe ist über den Griffel mit den Fruchtknoten verbunden. Manche Arten haben einen langen, andere einen kurzen Griffel. Im Innern des Fruchtknotens liegen die Samenanlagen mit den Eiern, aus denen sich nach der Befruchtung die Samen entwickeln.

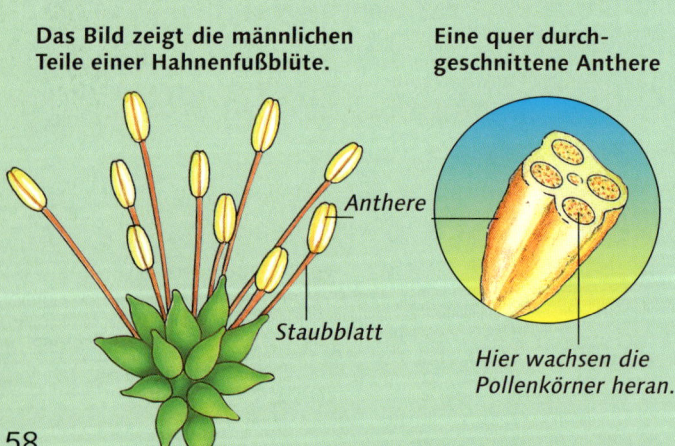

Das Bild zeigt die männlichen Teile einer Hahnenfußblüte.

Anthere

Staubblatt

Eine quer durchgeschnittene Anthere

Hier wachsen die Pollenkörner heran.

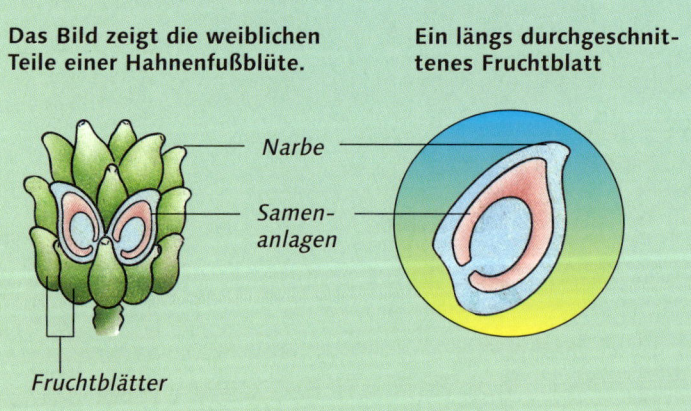

Das Bild zeigt die weiblichen Teile einer Hahnenfußblüte.

Fruchtblätter

Ein längs durchgeschnittenes Fruchtblatt

Narbe

Samenanlagen

Der Kolibri trinkt Blütennektar. Dabei bleibt Pollen an seinem Schnabel kleben. An der Narbe der nächsten Blüte streift er den Pollen wieder ab.

Samen und Früchte

Alle Samen haben eine harte Hülle, die ein winziges Pflänzchen umgibt. Die meisten Samen entwickeln sich im Innern von Früchten. Reife Früchte sind entweder fleischig oder trocken.

Fleischige Früchte haben eine dicke, saftige Schicht, die oft sehr gut schmeckt. Dazu gehören Äpfel, Beeren oder Pflaumen. Trockene Früchte sind von einer festen, trockenen Schale umgeben. Nüsse gehören dazu; innerhalb der harten Schale enthalten sie nur einen Samen. In manchen Trockenfrüchten, z. B. den Hülsen, hängen mehrere Samen innen am Fruchtblatt. Erbsenfrüchte sind Hülsen, die essbaren Erbsen die Samen.

Das sind die Samen einer Sonnenblume. Wenn sich die harte Samenschale öffnet, ist die neue Pflanze schon erkennbar.

Samenverbreitung

Damit eine neue Pflanze nicht mit anderen um Raum, Licht und Wasser konkurriert, muss sie möglichst weit verbreitet werden. Manche Früchte explodieren und schleudern die Samen fort, andere Samen werden von Wasser, Wind oder Tieren verbreitet. Sie bleiben am Fell haften oder werden gefressen und mit dem Kot wieder ausgeschieden.

Kokosnüsse sind große Samenkörner im Innern einer wasserdichten Schale. Sie treiben so lange auf dem Meer, bis sie an ein Ufer geschwemmt werden.

Bestäubung

Wenn der Pollen auf die Narbe einer anderen Pflanze derselben Art gelangt, setzt die Samenbildung ein (Bestäubung). Pollen werden vom Wind, durch Wasser oder Tiere transportiert. Sobald ein Pollenkorn auf der Narbe gelandet ist, wächst ein Pollenschlauch durch den Griffel bis zu den Eiern des Fruchtknotens. Pollenkorn und Ei verschmelzen – nun entwickelt sich ein Samen.

Tiere

Es gibt Millionen von Tierarten. Dazu gehören Insekten, Fische, Vögel, Kriechtiere, Lurche und Säugetiere, zu denen wir Menschen zählen. Im Unterschied zu den Pflanzen können sich Tiere bewegen und nach Nahrung suchen.

Der Weißkopfseeadler ist ein Raubtier; er ernährt sich vorwiegend von Fisch. Dabei stößt er auf das Wasser und packt seine Beute mit spitzen Krallen.

Nahrungssuche

Jedes Tier braucht ganz spezielle Nahrung. Pflanzenfresser ernähren sich von Pflanzen, Fleischfresser von anderen Tieren. Allesfresser wie die Braunbären suchen nach beidem. Menschen sind von Natur aus Allesfresser. Bei manchen Tieren hängen die Nahrungsgewohnheiten von den örtlichen Gegebenheiten ab: Obwohl ein Braunbär normalerweise vorwiegend Pflanzen frisst, fängt er, wenn er an einem Fluss lebt, auch Fische.

Honigfresser sind Pflanzenfresser; sie ernähren sich von Blütennektar.

Raubtiere

Die meisten Tiere nehmen sich vor Raubtieren in Acht, denn Fleischfresser suchen ständig nach Beute. Diese Beutetiere können entweder schnell rennen oder sind getarnt. Vor allem viele Jungtiere, wie z. B. die gefleckten Rehkitze, heben sich kaum vom Untergrund ab und sind nur schwer zu entdecken. Allerdings sind auch manche Raubtiere getarnt, um sich unbemerkt anschleichen zu können.

Fresswerkzeuge

Die Zähne der Tiere müssen an ihre wichtigste Nahrung angepasst sein. Pflanzenfresser zermahlen ihre Nahrung mit breiten, flachen Backenzähnen, während Raubtiere scharfe, spitze Zähne haben, um ihre Beute zu packen und zu zerreißen. In den Kiefern von Allesfressern sitzen beide Zahnformen.

Zwergseebären sind Fleischfresser. Der Schädel unten zeigt die langen, spitzen Zähne, mit denen der Seebär Fische packt und zerreißt.

Pferde sind Pflanzenfresser. In den Kiefern des Schädels (oben) fallen die großen, flachen Backenzähne auf, mit denen die Pflanzen zermahlen werden.

Tiersprache

Tiere verständigen sich untereinander auf unterschiedliche Weise. Die meisten Botschaften dienen dazu, einen Paarungspartner zu finden oder andere Tiere zu warnen.

Viele Tiere verständigen sich durch Laute. Vögel singen, um ein Weibchen anzulocken oder um Rivalen zu vertreiben. Männliche Grillen reiben ihre Flügel aneinander. Dabei entsteht ein schriller, zirpender Ton, auf den weibliche Grillen reagieren.

Tiere, die in Gruppen leben, benutzen die Körpersprache. Bienen teilen ihren Stockgenossen durch Tänze mit, wo Nektar zu finden ist.

Viele Gifttiere warnen durch grelle Körperfarben. Raubtiere lernen schnell, dass man solche Tiere besser in Ruhe lässt. Stinktiere verteidigen sich mit einer übel riechenden Flüssigkeit.

Bestimmte Insektenweibchen geben Duftstoffe (Pheromone) ab, um ein Männchen anzulocken.

Weißkopfseeadler haben hervorragende Augen und kräftige, spitze Krallen, um ihre Beute zu packen.

Atmung

Auch Tiere müssen Sauerstoff einatmen. Dieses Gas kommt in der Luft und im Wasser vor. Es gibt verschiedene Möglichkeiten, Sauerstoff aufzunehmen.

Kiemen

Fische filtern den Sauerstoff aus dem Wasser, das durch ihre Kiemen strömt.

Tracheenöffnung

Insekten atmen die Luft durch winzige Öffnungen, die so genannten Tracheen, ein.

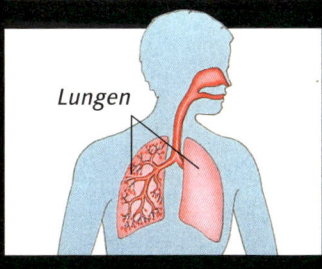

Lungen

Menschen und andere Tiere haben Lungen, um Sauerstoff aus der Luft einzuatmen.

Bedrohung durch Menschen

Viele Tiere dienen den Menschen als Nutztiere: Wir nutzen von ihnen Fleisch, Milch, Eier, Wolle, Seide, Leder oder stellen Medizin aus ihnen her. Während manche Tiere auf Farmen gehalten und gepflegt werden, stehen andere kurz vor dem Aussterben. Menschen töten sie in großer Zahl oder zerstören ihren Lebensraum und die Nahrung, wenn sie z. B. Wälder abholzen.

Guanakos werden wegen ihrer dichten, warmen Wolle gejagt.

Ökosysteme

Wissenschaftler untergliedern die Erde in Großräume (Biome) mit bestimmtem Klima, Tieren und Pflanzen. Die Biome setzen sich aus kleineren Einheiten zusammen, den Ökosystemen, in denen Gemeinschaften aus Pflanzen und Tieren leben. Darin besetzt jedes Lebewesen einen eigenen Lebensraum.

Schnee-Eulen und Lemminge leben im arktischen Biom. Das Klima dort ist kalt und frostig.

Fleischfresser leben von anderen Tieren in ihrem Lebensraum. Diese Geparde jagen eine Thomsongazelle.

Biome

Manche Biome bieten Raum für eine enorme Vielzahl von Pflanzen und Tieren, in anderen leben nur wenige Arten. Die tropischen Regenwälder beispielsweise wachsen in warmem, feuchtem Klima, in dem es zahlreiche Pflanzen und Tiere gibt.
In den Tundren leben dagegen nur wenige Tier- und Pflanzenarten. In dem dort herrschenden kalten, rauen Klima überleben nur besonders angepasste Arten.

Das Diagramm zeigt ein Nahrungsnetz in einem Bergwald des Nordens, z. B. in Kanada.

Die blauen Pfeile zeigen jeweils von der Nahrung auf das Tier, von dem sie gefressen wird.

Nahrungsketten

Die Tiere und Pflanzen eines Ökosystems sind in einer oder mehreren Nahrungsketten voneinander abhängig: Eine Art frisst eine andere und wird ihrerseits gefressen. Am Beginn jeder Nahrungskette stehen die Pflanzen, da sie ihre Nahrung selbst herstellen. Die Pflanzenfresser ernähren sich von Pflanzen und sind Nahrung für Fleischfresser, die ihrerseits zur Beute anderer Fleischfresser werden.

Nahrungsebenen

Die Stellung eines Lebewesens in der Nahrungskette wird Nahrungsebene genannt. Zu jeder Ebene gehören verschiedene Arten.

Die Sonne liefert die Energie für die Pflanzen.

Tertiäre Konsumenten
Tiere, die andere Fleischfresser jagen und fressen.

Sekundäre Konsumenten
Tiere, die Pflanzenfresser jagen und fressen.

Primäre Konsumenten
Tiere, die Pflanzen fressen.

Produzenten
Pflanzen, die mit Sonnenenergie Nahrung herstellen.

Zersetzer
Lebewesen, die von toten Pflanzen und Tieren leben und sie zu Humus umwandeln.

Energie

Nur sehr wenig Energie aus der Nahrung wird gespeichert, das meiste wird vom Körper verbraucht. Wenn ein Tier gefressen wird, kann der Fressende aber nur die gespeicherte Energie nutzen. Daher nimmt die Energiemenge von Nahrungsebene zu Nahrungsebene ab – auf jeder höheren Ebene leben weniger Tiere als auf der darunter.

Wettbewerb

Jedes Lebewesen besetzt den Lebensraum innerhalb eines Ökosystems, in den es genau hineinpasst – seine ökologische Nische. Wenn sich zwei Fleisch fressende Arten um dieselbe Nahrung streiten, wird das stärkere oder klügere Raubtier überleben. Das andere muss entweder eine neue Nahrungsquelle finden, abwandern oder wird aussterben.

Allerdings können unterschiedliche Arten auch direkt nebeneinander leben, wenn sich ihre Nahrung nur geringfügig unterscheidet: In den afrikanischen Savannen rupfen Giraffen und Elefanten die Blätter der höchsten Zweige ab, die Giraffengazelle frisst von mittelhohen Sträuchern und die Warzenschweine finden ihre Nahrung am Boden.

Gleichgewicht

In einem Ökosystem leben Produzenten und Konsumenten in einem Gleichgewicht, in dem alle Arten Nahrung finden. Wenn allerdings eine Krankheit alle primären Konsumenten töten sollte, hätte dies Auswirkungen auf die übrigen Glieder der Nahrungskette: Die Pflanzen würden zwar besser wachsen, aber die sekundären Konsumenten fänden keine Beute mehr.

Mit seinem langen Rüssel kann ein Elefant die Blätter höherer Bäume fressen; andere Tiere nehmen mit den unteren Blättern vorlieb.

Lebenszyklen

Zwischen der Geburt und dem Tod eines Tieres finden viele Veränderungen statt: Es wächst, entwickelt sich und bekommt Nachwuchs. Dieses Muster von Wachstum und Verhalten heißt Lebenszyklus oder Individualentwicklung. Bei manchen Tieren dauert die Individualentwicklung viele Jahre lang, während einige Insekten sie innerhalb weniger Tage abschließen.

Die Weibchen legen Eier, aus denen Nymphen schlüpfen.

Eine erwachsene Heuschrecke

Eine Heuschreckennymphe

Sie streift die Haut mehrmals ab.

Der Lebenszyklus einer Heuschrecke (unvollständige Metamorphose)

Veränderung der Form

Einige Tiergruppen wie Insekten und Frösche machen in ihrem Lebenslauf eine Verwandlung durch, die Metamorphose genannt wird. Bei der vollständigen Metamorphose sehen die Jungtiere völlig anders aus als die ausgewachsenen Formen. Insekten wie Schmetterlinge, Motten oder Marienkäfer beginnen ihre vollständige Metamorphose als Ei; daraus schlüpfen Larven, die fressen und wachsen und sich dann verpuppen.

Ei

Larve (Raupe)

Puppe

Die Imago schlüpft aus der Puppenhülle.

Der Lebenszyklus eines Schmetterlings (vollständige Metamorphose)

In der Puppe mit harter Schale verwandeln sie sich in ein ausgewachsenes Insekt. Andere Insekten wie die Heuschrecken machen eine unvollständige Verwandlung durch: Ihre Jungen, die Nymphen, sehen schon so ähnlich aus wie die erwachsenen Tiere. Allerdings fehlen ihnen wichtige Körperteile wie die Flügel. Während des Wachstums häuten sich die Nymphen mehrfach; dabei wachsen ihnen nach und nach Flügel und Geschlechtsorgane. Ein erwachsenes Insekt, das alle Stufen der vollständigen oder unvollständigen Metamorphose durchlaufen hat, wird Imago genannt.

Weibliche Frösche legen ihre Eier (Laich) ins Wasser.

Der junge Frosch verlässt das Wasser und wächst endgültig heran.

Aus den Eiern schlüpfen Kaulquappen.

Vorderbeine wachsen, der Schwanz wird zurückgebildet.

Lungen und Hinterbeine wachsen.

Der Lebenszyklus eines Frosches (vollständige Metamorphose)

Wie fast alle Gänse fliegen auch die Kanadagänse jedes Jahr in ihre Brutgebiete.

Auf Wanderschaft

Einige Tierarten unternehmen von Zeit zu Zeit weite Wanderungen. Sie ziehen in großen Gruppen und suchen nach guten Futterplätzen oder Orten, wo sie sich paaren. Viele Vögel wandern zweimal jährlich (zu Nahrungs- oder Brutplätzen und zurück). Sie orientieren sich an der Sonne, den Sternen und der Landschaft. Viele Landtiere wandern mit den Jahreszeiten.

Gnus wandern in gewaltigen Herden. Dabei müssen sie Flüsse und gefährliche Gebiete durchqueren.

Wanderungen im Wasser

Manche Tierarten wie Lachse und Aale gehen nur zur Paarung auf Wanderschaft. Die Reise ist lang und beschwerlich. Nur wenige Tiere erreichen ihr Ziel.

Lachse wandern aus dem Meer flussaufwärts in die Laichgebiete, wo sie selbst aus dem Ei geschlüpft sind.

Dort angekommen, legen die Weibchen ihre Eier in flache Mulden, die von den Männchen mit Schwanzschlägen in den Bachboden gefegt wurden.

Junglachse bleiben etwa drei Jahre in ihrem Fluss, dann wandern sie ins Meer, bis sie selbst geschlechtsreif sind.

Eine lange Pause

Es gibt auch Tiere, die ungünstige Jahreszeiten (Kälte und Trockenheit) im Schlaf überstehen. Im hohen Norden halten sie Winterschlaf, in den trockenen Regionen der Tropen verfallen sie in einen Trockenschlaf.

Bevor sie sich zurückziehen, fressen sie sich eine dicke Fettschicht an, von der sie im Winter zehren können. Andere legen Vorratslager an und wachen gelegentlich auf, um zu fressen. Im Ruhezustand werden Herzschlag und Atmung langsamer und die Körpertemperatur sinkt.

Für den Winterschlaf suchen sich Tiere wie diese Haselmaus ein sicheres Versteck.

Natürliche Kreisläufe

Einige chemische Elemente wie Stickstoff und Kohlenstoff treten in ständig neuen Verbindungen auf. Dies geschieht nicht etwa zufällig, sondern in regelmäßigen, natürlichen Kreisläufen, ohne die es kein Leben auf der Erde gäbe. Luft, Land, Wasser, Pflanzen, Tiere und der menschliche Körper sind Teil dieser Kreisläufe. Allerdings können natürliche Kreisläufe leicht gestört werden, vor allem durch den Menschen.

In diesem Knöllchen auf einer Erbsenwurzel (stark vergrößert) leben Bakterien. Sie wandeln den Stickstoff aus der Luft in eine Form um, die von der Pflanze genutzt werden kann.

Im Gleichgewicht

Alle Lebewesen nehmen Sauerstoff, Stickstoff, Kohlenstoff, Wasser und andere Substanzen aus dem Boden, der Luft und der Nahrung auf, sonst würden sie nicht überleben. Wenn eine Pflanze oder ein Tier stirbt, zerfällt der Körper und alle Stoffe und Gase werden wieder frei. Sie fließen in natürliche Kreisläufe ein, die sich immer wieder erneuern. Das ist nur möglich, wenn sich die Gase in der Luft im Gleichgewicht befinden.

Dieser Mistkäfer frisst tierischen Dung. Solche Insekten helfen, die Rückstände von Tieren und Pflanzen zu beseitigen.

Der Stickstoffkreislauf

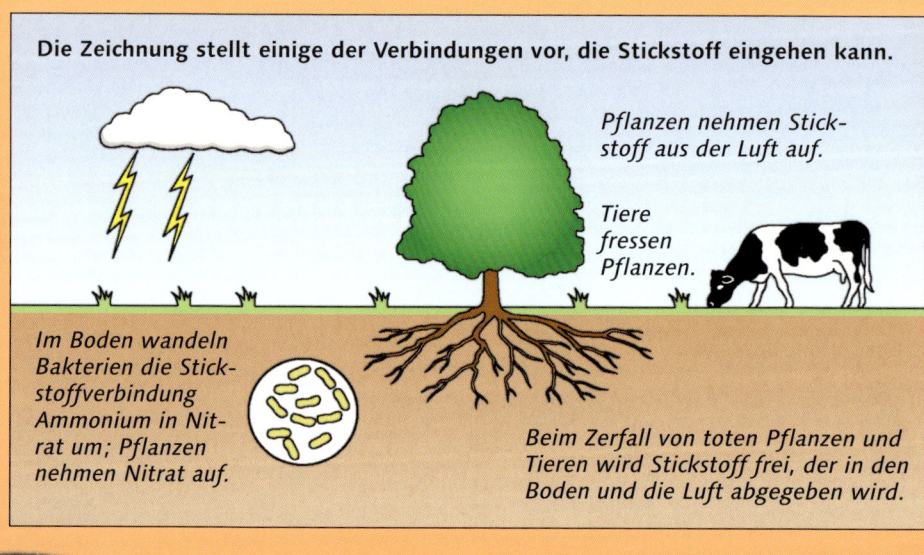

Die Zeichnung stellt einige der Verbindungen vor, die Stickstoff eingehen kann.

Pflanzen nehmen Stickstoff aus der Luft auf.

Tiere fressen Pflanzen.

Im Boden wandeln Bakterien die Stickstoffverbindung Ammonium in Nitrat um; Pflanzen nehmen Nitrat auf.

Beim Zerfall von toten Pflanzen und Tieren wird Stickstoff frei, der in den Boden und die Luft abgegeben wird.

Alle Lebewesen brauchen Stickstoff, denn er ist ein wesentlicher Bestandteil von Eiweißen (Proteinen). Allerdings muss sich der Stickstoff zuvor mit Sauerstoff zu Nitraten verbinden – dies übernehmen bestimmte Bakterien. Sie leben z. B. im Innern der Wurzeln von Hülsenfrüchten wie Erbsen und Bohnen.

Tiere nehmen Nitrat auf, wenn sie Pflanzen fressen. Abgestorbene Pflanzen und Tiere werden von Pilzen und Bakterien zersetzt; dabei wird wieder Stickstoff frei, der in den Boden und in die Luft gelangt.

Kohlenstoff kann sich auch, wie hier, in Holzkohle verwandeln. Wenn man sie als Brennstoff nutzt, entsteht das Gas Kohlendioxid.

Der Kohlenstoff-kreislauf

Alle Lebewesen brauchen Kohlenstoff zum Leben. Pflanzen nehmen ihn tagsüber als Gas (Kohlendioxid) aus der Luft auf, um eigene Nahrung (Kohlenhydrate) herzustellen. Nachts stellen Pflanzen keine Nahrung her, sondern geben Kohlendioxid ab. Tiere nehmen Kohlenstoff auf, wenn sie Pflanzen oder Pflanzenfresser verspeisen. Sie geben ihn in den Ausscheidungen und mit dem Atem wieder ab. Auch tote Pflanzen und Tiere setzen Kohlenstoff frei. Fossile Rohstoffe wie Kohle oder Erdöl enthalten tierischen oder pflanzlichen Kohlenstoff, der als Kohlendioxid beim Verbrennen freigesetzt wird.

Kreisläufe außer Kontrolle

Wenn der Mensch eingreift, geraten die natürlichen Kreisläufe leicht außer Kontrolle. Wo Regenwälder verbrannt werden, um Platz für Häuser und Felder zu schaffen, wird durch das Feuer Kohlendioxid frei; es reichert sich in der Atmosphäre an, wo es als Treibhausgas die Hitze der Sonne festhält. Dies ist vermutlich einer der Gründe für die globale Erwärmung (siehe S. 53).

Auch die Landwirtschaft kann den Stickstoffkreislauf stören. Bei der Ernte entfernt der Bauer mit den Pflanzen das Nitrat, das die Pflanzen dem Boden entzogen haben. Da die Pflanzen nicht natürlich zerfallen können, gelangt kein Stickstoff zurück in den Boden: Der Kreislauf wird

In diesem Kanal gedeihen unnatürlich viele Algen, weil das Wasser durch die Dünger der Landwirtschaft viel Nitrat enthält.

gestört. Viele Bauern streuen deswegen Nitratdünger aus. Wenn sie zu viel davon auf das Feld geben, wird er vom Regen in die Flüsse geschwemmt, wo Nitrat das Leben von Pflanzen und Tieren beeinflusst.

Die Zeichnung stellt einige der Verbindungen vor, die Kohlenstoff eingehen kann.

Pflanzen nehmen Kohlendioxid auf, aus dem sie Nahrung herstellen. Nachts geben sie Kohlendioxid ab.

Beim Verbrennen fossiler Brennstoffe wird Kohlendioxid frei.

Wenn tote Pflanzen und Tiere zerfallen, wird Kohlendioxid frei, das in die Luft entweicht.

Tiere nehmen Kohlenstoff mit ihrer Nahrung auf. Beim Atmen geben sie Kohlendioxid ab.

Die Evolution

Das Leben auf der Erde begann mit sehr einfachen Formen und entwickelte sich immer weiter. Dieser Prozess der andauernden Veränderungen wird Evolution genannt. Wenn Wissenschaftler heutige Pflanzen und Tiere mit den Fossilien ausgestorbener Arten vergleichen, versuchen sie zu erklären, wie sich die Lebewesen entwickelten.

Fossilien wie diese Ammonitenschale verraten den Wissenschaftlern etwas über das Leben ausgestorbener Tierarten.

Evolution

Die meisten Wissenschaftler glauben, dass die ersten Lebewesen vor rund 3,5 Mrd. Jahren Bakterien waren. Aus ihnen entstanden nach vielen Millionen von Jahren die ersten Tiere. Einige davon werden hier vorgestellt.

Vor 500 Mio. Jahren entstanden die ersten Fische. Sie hatten eine dicke Haut, aber noch keine Kiefer. Etwa 150 Mio. Jahre später entwickelten sich die ersten Knochenfische.

Sacabambaspis

Vor 410 Mio. Jahren tauchten die ersten flügellosen Insekten auf, wieder 110 Mio. Jahre später die geflügelten Insekten.

Meganeura

Vor 370 Mio. Jahren entwickelten sich Wassertiere, die Luft atmeten; aus ihnen entstanden die ersten Lurche.

Ichthyostega

Vor 250 Mio. Jahren erschienen die ersten Kriechtiere. 50 Mio. Jahre später entstanden die ersten Dinosaurier und bevölkerten die Erde 135 Mio. Jahre lang, bis sie plötzlich ausstarben.

Riojasaurus

Vor 200 Mio. Jahren gab es erste kleine Säugetiere. Nachdem die Dinosaurier ausgestorben waren, entwickelten sich größere Säugetiere.

Megazostrodon

Vor 150 Mio. Jahren entstanden aus einer Gruppe von kleinen Dinosauriern die ersten Vögel.

Archaeopteryx

Fossile Zeugen

Durch die Untersuchung von Fossilien erhalten die Wissenschaftler Erkenntnisse über Pflanzen und Tiere, die vor Millionen von Jahren lebten. Viele der bisher gefundenen Fossilien lassen sich in ein System von Verwandtschaften einordnen. Daraus kann man erschließen, wie sich die einzelnen Tierarten veränderten und wann sie ausstarben.

Wie entsteht ein Fossil?

Wenn ein Tier stirbt, verwest sein Körper.

Das Skelett wird von Schlamm und Sand bedeckt und in Stein verwandelt. Dabei bleibt die Form der Knochen erhalten.

Natürliche Selektion

Mitte des 19. Jahrhunderts formulierte der englische Naturforscher Charles Darwin die Theorie der natürlichen Selektion, um die Evolution zu erklären. Er ging davon aus, dass jedes Lebewesen – ob Tier oder Pflanze – spezielle Eigenschaften besitzt, um zu überleben.

Ein grüner Käfer würde in einem grünen Wald vermutlich länger überleben als ein brauner: Er wäre auf den Blättern besser getarnt und fiele weniger auf, während der braune eher gefressen würde.

Wer länger lebt, hat auch mehr Nachkommen mit all den günstigen Eigenschaften. Auf diese Weise würden in einem Lebensraum die am besten angepassten Arten überleben.

Als Darwin seine Ideen in einem Buch beschrieb, wurden sie von den meisten Menschen abgelehnt. Heute glauben fast alle Wissenschaftler, dass er Recht hatte.

Birkenspanner (dunkle Form)

Ein gutes Beispiel, um die natürliche Selektion zu erklären, ist die Geschichte des englischen Birkenspanners. Im 19. Jahrhundert ruhten sich viele Birkenspanner auf Birken

Dunkle und helle Formen des Birkenspanners ruhen sich auf einer rußigen Rinde aus.

aus, die durch Kohlenruß dunkel geworden waren. Die Vögel fraßen vor allem die auffälligen hellen Formen. Die damals seltenen dunklen Formen überlebten und vermehrten sich stark.

Birkenspanner (helle Form)

Massenaussterben

Viele Wissenschaftler gehen davon aus, dass es mindestens fünfmal in der Erdgeschichte Ereignisse gab, bei denen eine riesige Anzahl von Lebewesen ausstarb.

Wahrscheinlich kam es immer dann zu einem Massenaussterben, wenn sich das Klima der Erde plötzlich dramatisch änderte und viele Lebewesen sich nicht an die neue Situation anpassen konnten. Die Dinosaurier sind vermutlich ausgestorben, weil ein großer Asteroid auf der Erde einschlug und sich das Klima grundsätzlich veränderte.

Erst nachdem die Dinosaurier ausgestorben waren, entwickelten sich die Säugetiere.

Große Kriechtiere, wie dieser Baryonyx, starben zusammen mit vielen anderen Arten vor rund 65 Mio. Jahren aus.

Die Klassifizierung

Biologen untergliedern die enorme Vielfalt aller Lebewesen in Gruppen mit ähnlichen Eigenschaften. Diese Vorgehensweise wird als Klassifizierung bezeichnet. So gehören beispielsweise Elefant und Maus in die Gruppe der Säugetiere, weil sie behaart sind und ihren Babys Milch geben.

Obwohl Mäuse und Elefanten sehr unterschiedlich aussehen, gehören beide zu den Säugetieren.

Bestimmungsschlüssel

Ein Biologe kann fremde Organismen bestimmen, indem er nach speziellen Merkmalen sucht und sie mit denen ähnlicher Arten vergleicht. Dabei hilft ihm ein so genannter Bestimmungsschlüssel. Unten wird ein einfacher, aber typischer Bestimmungsschlüssel gezeigt. An jeder Verzweigung fragt der Biologe: „Hat das Tier …?" Dann entscheidet er sich und geht weiter. Schließlich kommt er ans Ende des Schlüssels und hat das Tier erkannt.

Dieser Bestimmungsschlüssel gliedert einige Tiergruppen nach gemeinsamen Merkmalen.

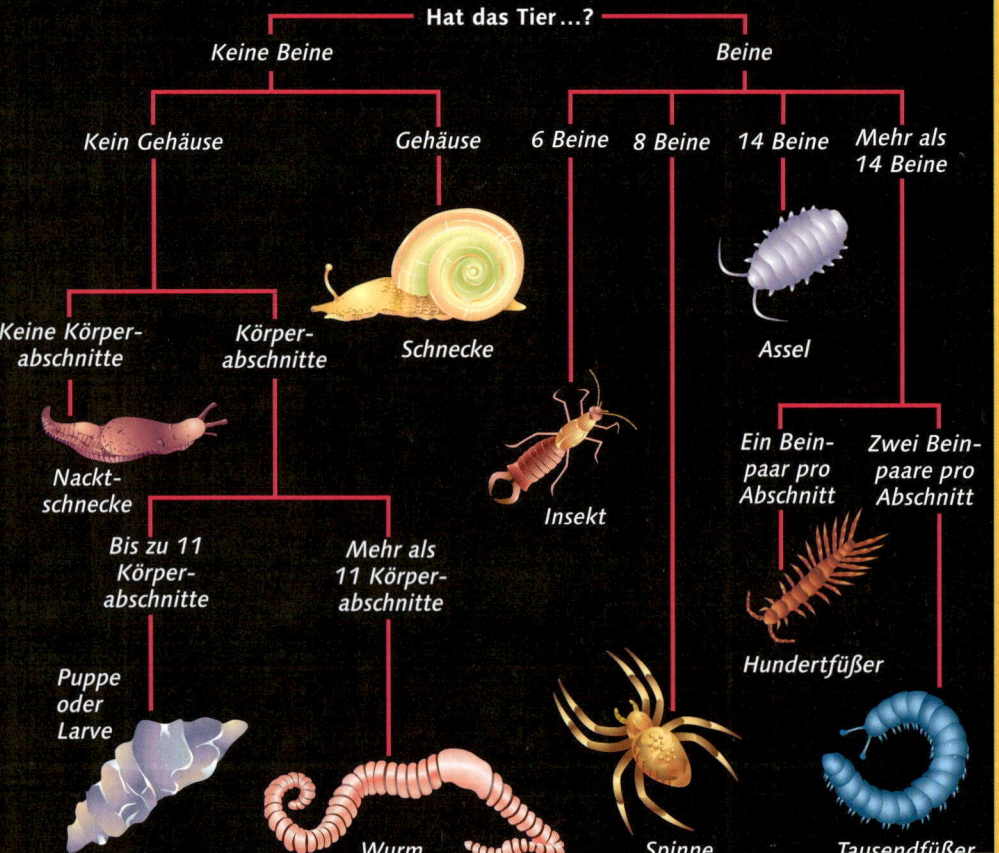

Hat das Tier…?

Keine Beine — Beine

Kein Gehäuse — Gehäuse — 6 Beine — 8 Beine — 14 Beine — Mehr als 14 Beine

Keine Körperabschnitte — Körperabschnitte — Schnecke — Assel

Nacktschnecke

Bis zu 11 Körperabschnitte — Mehr als 11 Körperabschnitte

Insekt

Ein Beinpaar pro Abschnitt — Zwei Beinpaare pro Abschnitt

Puppe oder Larve

Hundertfüßer

Wurm — Spinne — Tausendfüßer

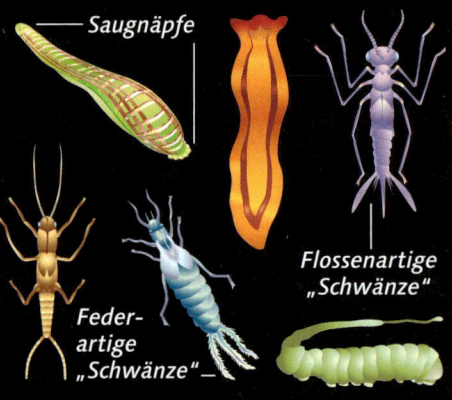

Die fünf Reiche

Die größten Gruppen, in die sich Lebewesen eingliedern lassen, sind die so genannten Reiche. Viele Wissenschaftler gehen heute von fünf solchen Reichen aus, andere vertreten eine abweichende Meinung. Die hier gezeigten fünf Reiche sind: Pflanzen, Pilze, Tiere, Einzeller, Bakterien. Die Methode der Klassifizierung wird Taxonomie genannt. Viren gehören keinem dieser Reiche an. Sie können zwar frei überleben, brauchen zur Vermehrung aber die Zelle eines anderen Lebewesens.

Pflanzen

Zu den Pflanzen gehören z. B. Bäume, Gräser und Blumen; sie alle nutzen das Sonnenlicht, um eigene Nahrung zu produzieren.

Madagaskar-Immer-grün

Pilze

Zu den Pilzen gehören Hefen und Hutpilze. Sie sehen zwar wie Pflanzen aus, können aber keine Fotosynthese betreiben. Pilze leben von toten Pflanzen und Tieren.

Fliegenpilz

Tiere

Zu den Tieren gehören z. B. Fische und Vögel. Alle bestehen aus mehr als einer Zelle, der kleinsten Einheit des Lebens. Fast alle Tiere können sich bewegen. Sie fressen Pflanzen oder andere Tiere.

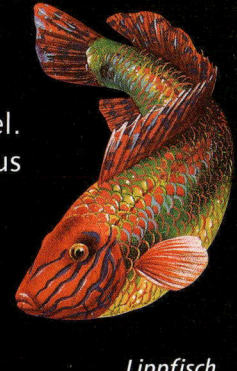

Lippfisch

Einzeller

Zu den Einzellern gehören sowohl pflanzliche als auch tierische Lebewesen. Euglena ist eine Alge.

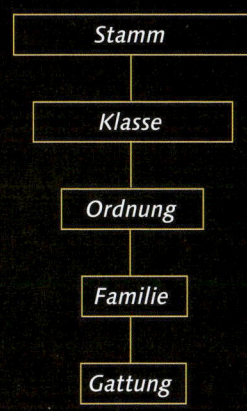

Euglena

Bakterien

Bakterien sind mikroskopisch kleine, einzellige Organismen. Sie sind einfacher gebaut als Einzeller und vermehren sich durch Teilung.

Dieses Salmonella-Bakterium wurde mehrere tausendmal vergrößert.

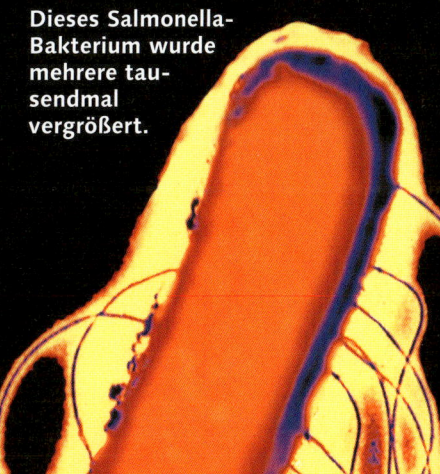

Gliederung der Reiche

Jedes Reich wird nach dem Grad der Verwandtschaft weiter unterteilt. Die erste Teilungs-stufe sind die Stämme, die weiter in Klassen gegliedert werden. Jede Klasse besteht aus Ordnungen, diese wieder aus Familien. Eine Familie setzt sich aus mehreren Gattungen zusammen und Gattungen aus Arten. Nur die Arten sind so nahe miteinander verwandt, dass sie miteinander Nach-kommen zeugen können.

Stamm
Klasse
Ordnung
Familie
Gattung

In einigen Fällen werden feinere Gliederungen wie Unterreiche oder Unter-stämme gebildet.

Es gibt einige Stämme mit so wenigen Mitgliedern, dass manche Teilungsstufen übersprungen werden. So gelangt man vom Stamm gleich zur Ordnung, Familie oder Gattung. Am Ende jeder Gliederung steht aber immer die Art.

Das Tierreich

Die Abbildung stellt die acht wichtigsten Stämme des Tierreichs vor. Sie werden weiter in Klassen, Ordnungen, Familien, Gattungen und Arten untergliedert (siehe vorige Seite). Die Abbildung zeigt, wie sich eine bestimmte Art (Wolf) in das System der Verwandtschaft eingliedern lässt. Mit jeder Stufe nach unten enthält die Gruppe weniger Tiere, die sich aber immer ähnlicher werden.

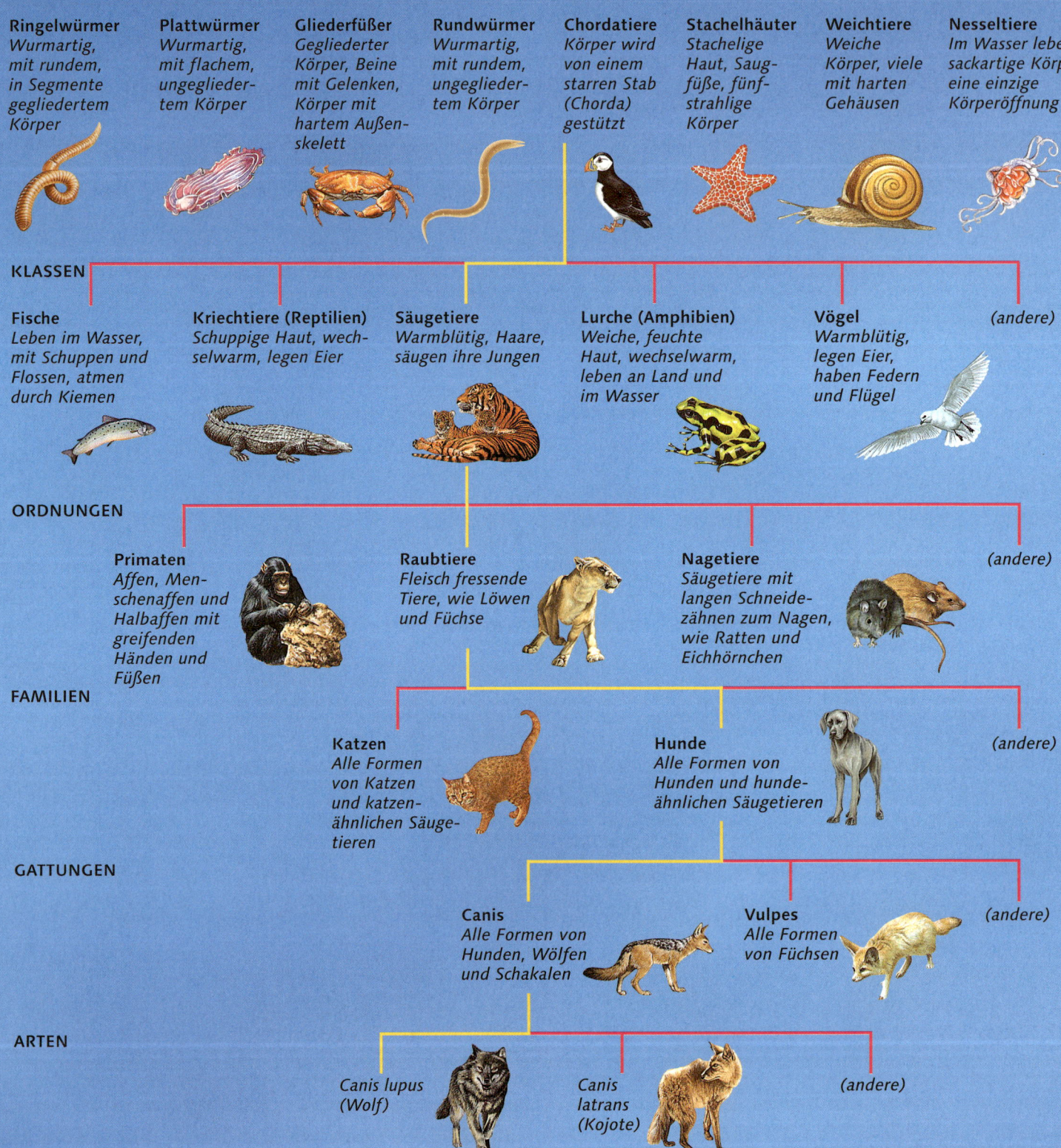

STÄMME

Ringelwürmer
Wurmartig, mit rundem, in Segmente gegliedertem Körper

Plattwürmer
Wurmartig, mit flachem, ungegliedertem Körper

Gliederfüßer
Gegliederter Körper, Beine mit Gelenken, Körper mit hartem Außenskelett

Rundwürmer
Wurmartig, mit rundem, ungegliedertem Körper

Chordatiere
Körper wird von einem starren Stab (Chorda) gestützt

Stachelhäuter
Stachelige Haut, Saugfüße, fünfstrahlige Körper

Weichtiere
Weiche Körper, viele mit harten Gehäusen

Nesseltiere
Im Wasser lebend, sackartige Körper, eine einzige Körperöffnung

KLASSEN

Fische
Leben im Wasser, mit Schuppen und Flossen, atmen durch Kiemen

Kriechtiere (Reptilien)
Schuppige Haut, wechselwarm, legen Eier

Säugetiere
Warmblütig, Haare, säugen ihre Jungen

Lurche (Amphibien)
Weiche, feuchte Haut, wechselwarm, leben an Land und im Wasser

Vögel
Warmblütig, legen Eier, haben Federn und Flügel

(andere)

ORDNUNGEN

Primaten
Affen, Menschenaffen und Halbaffen mit greifenden Händen und Füßen

Raubtiere
Fleisch fressende Tiere, wie Löwen und Füchse

Nagetiere
Säugetiere mit langen Schneidezähnen zum Nagen, wie Ratten und Eichhörnchen

(andere)

FAMILIEN

Katzen
Alle Formen von Katzen und katzenähnlichen Säugetieren

Hunde
Alle Formen von Hunden und hundeähnlichen Säugetieren

(andere)

GATTUNGEN

Canis
Alle Formen von Hunden, Wölfen und Schakalen

Vulpes
Alle Formen von Füchsen

(andere)

ARTEN

Canis lupus
(Wolf)

Canis latrans
(Kojote)

(andere)

Wissenschaftliche Namen

Die meisten Lebewesen haben einen deutschen (Trivial-) und alle einen wissenschaftlichen Namen. Wissenschaftliche Namen sind üblicherweise lateinisch, daher werden sie von Wissenschaftlern auf der ganzen Welt verstanden.

Diese Schmetterlinge sind so selten, dass sie nur einen wissenschaftlichen Namen haben.

Callicore cyllene

Agrias claudina

Callicore mengeli

Wissenschaftliche Namen bestehen aus zwei Teilen. Der erste Teil bezeichnet die Gattung des Lebewesens. Der zweite Teil des Namens dient dazu, die Art zu kennzeichnen.

In einigen Fällen beschreibt der wissenschaftliche Name das Aussehen, den Lebensraum oder ein körperliches Merkmal des Tieres. So heißen die Giraffen Giraffa camelopardalis. Giraffa bedeutet „schneller Läufer", camelo steht für „kamelartig" und pardalis für „gemustert wie ein Leopard". Eine Giraffe ist also ein rasch laufendes, kamelartiges Tier mit einem Leoparden-muster.

Unterarten

Manchmal unterscheiden sich die Tiere einer Art, sodass ein dritter Name, die Unterart, angefügt wird. Er kann den Lebensraum oder ein Merkmal der Unterart beschreiben.

Dieser Tiger heißt Panthera tigris sumatrae. Der dritte Namensteil kennzeichnet ihn als Unterart, die auf Sumatra lebt.

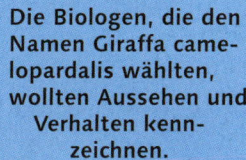

Die Biologen, die den Namen Giraffa camelopardalis wählten, wollten Aussehen und Verhalten kennzeichnen.

Informelle Gruppen

Manchmal werden Arten, die bestimmte Merkmale gemeinsam haben, auch in andere Gruppen gestellt, die nichts mit Verwandtschaft zu tun haben. Ein typisches Beispiel dafür wären „soziale" oder „nacht-aktive" Tiere oder eines der unten genannten Beispiele. Tiere oder Pflanzen, die auf und von einem anderen Lebewesen (dem Wirt) leben, werden Parasiten genannt. Einige Parasiten können ihren Wirten schaden.

Tiere und Pflanzen, die zusammenleben und sich gegenseitig helfen, werden Mutualisten (besonders eng verbundene: Symbionten) genannt.

Flöhe sind häufig vorkommende Parasiten, die vom Blut ihrer Wirte leben.

So sammeln die Madenhacker die Parasiten aus dem Fell von weidenden Großtieren, wie Büffeln oder Zebras, und helfen damit ihren Wirten. Zwei Arten, die zusammen-leben, ohne sich zu helfen, heißen Kommensalen. Haus-mäuse, die von den Abfällen der Menschen leben, sind Kommensalen.

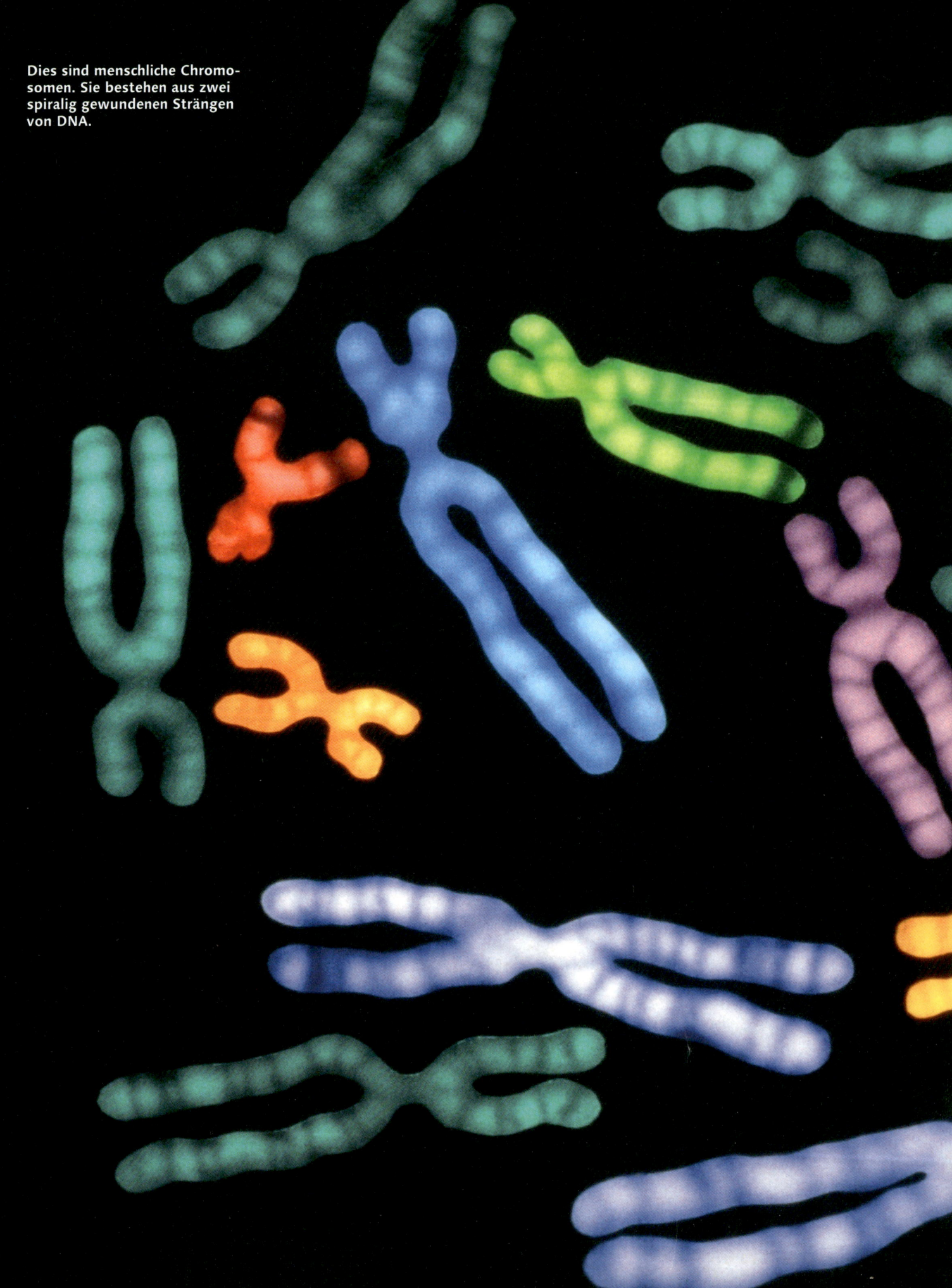

Dies sind menschliche Chromosomen. Sie bestehen aus zwei spiralig gewundenen Strängen von DNA.

Der menschliche Körper

Das Skelett

Das Skelett ist ein Gerüst aus Knochen, das den Körper stützt und ihm Form gibt. Es schützt empfindliche Körperteile wie das Herz. Außerdem setzen die Muskeln an den Knochen an.

Knochentypen

Nach ihrer Form gliedert man die Knochen des Körpers in vier Typen.

Flache Knochen schützen die inneren Organe. An ihnen setzen Muskeln an. Rippen sind flache Knochen.

Als kurze oder würfelförmige Knochen werden die Knochen im Hand- und Fußgelenk bezeichnet.

Röhrenknochen sind länger als breit. Zur Verstärkung sind sie leicht gekrümmt. Die Knochen in den Fingern, Armen und Beinen sind Röhrenknochen.

Irreguläre Knochen haben komplizierte, unregelmäßige Formen. Zu dieser Gruppe gehören die Wirbel.

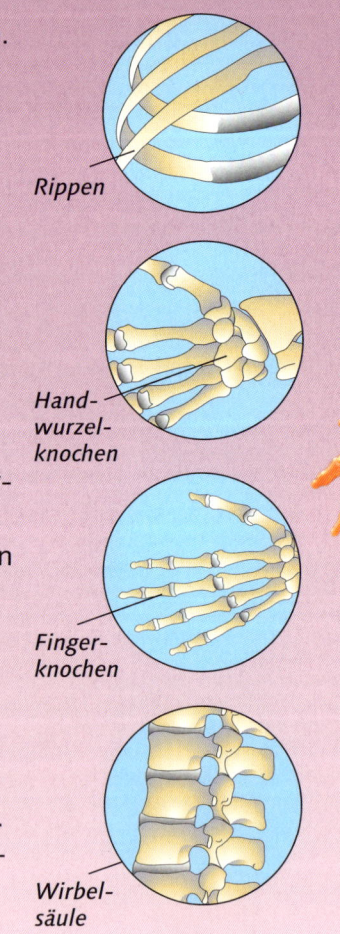

Rippen

Handwurzelknochen

Fingerknochen

Wirbelsäule

Skelettmuskeln

Der Körper hat 640 Skelettmuskeln. Sie sind über Sehnen mit den Knochen verbunden. Wenn ein Muskel kontrahiert, d.h. wenn er sich zusammenzieht, bewegt er den Knochen, an dem er befestigt ist.

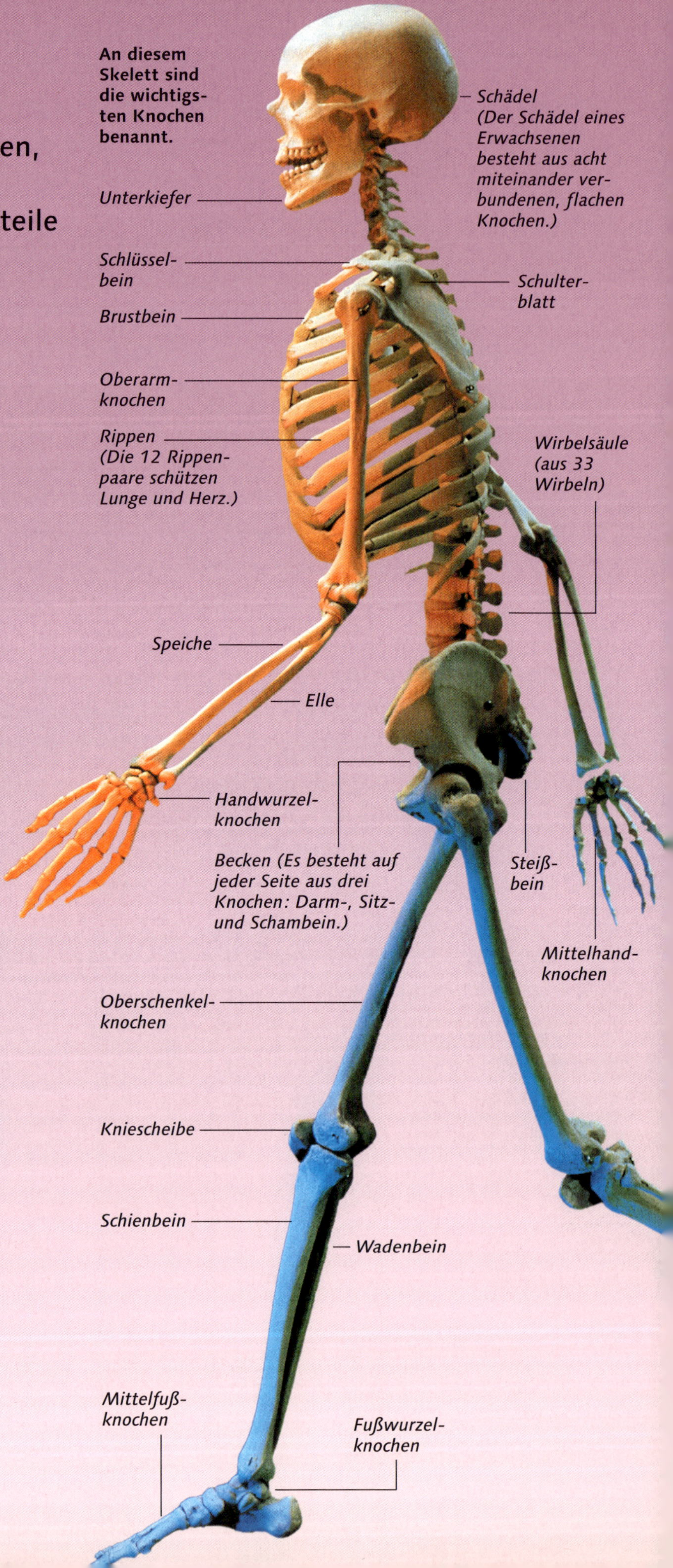

An diesem Skelett sind die wichtigsten Knochen benannt.

Schädel (Der Schädel eines Erwachsenen besteht aus acht miteinander verbundenen, flachen Knochen.)

Unterkiefer

Schlüsselbein

Brustbein

Oberarmknochen

Rippen (Die 12 Rippenpaare schützen Lunge und Herz.)

Schulterblatt

Wirbelsäule (aus 33 Wirbeln)

Speiche

Elle

Handwurzelknochen

Becken (Es besteht auf jeder Seite aus drei Knochen: Darm-, Sitz- und Schambein.)

Steißbein

Mittelhandknochen

Oberschenkelknochen

Kniescheibe

Schienbein

Wadenbein

Mittelfußknochen

Fußwurzelknochen

Gelenke

In einem Gelenk sind zwei Knochen beweglich miteinander verbunden. Dadurch kann man den Körper bewegen. Die Knochen werden durch starke elastische Bänder festgehalten. Die Gelenkflüssigkeit zwischen den Knochen wirkt wie ein Schmiermittel.

Das Hüftgelenk ist ein so genanntes Kugelgelenk. Der Oberschenkel endet in einer kugeligen Verdickung, die genau in eine höhlenartige Vertiefung des Beckens passt. Dadurch kann das Bein in viele Richtungen bewegt werden.

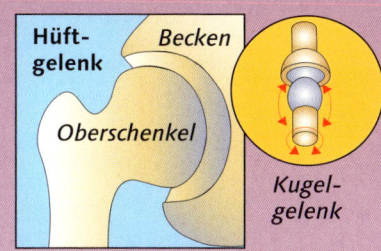

Hüftgelenk
Becken
Oberschenkel
Kugelgelenk

Das Kniegelenk ist ein Scharniergelenk, das es ermöglicht, den Unterschenkel auf und ab zu bewegen.

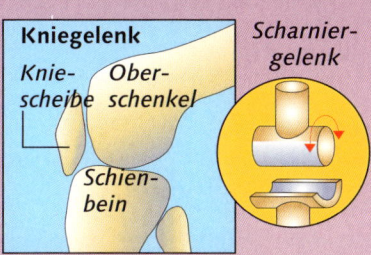

Kniegelenk
Kniescheibe
Oberschenkel
Scharniergelenk
Schienbein

Die Gelenke in der Hand- und Fußwurzel sind Gleitgelenke. Die kleinen Knochen haben glatte Oberflächen, die sich in alle Richtungen gegeneinander verschieben können.

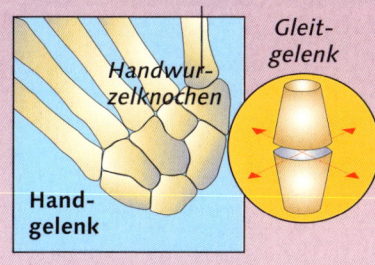

Handwurzelknochen
Gleitgelenk
Handgelenk

Die Verbindung zwischen den beiden obersten Halswirbeln ist ein Drehgelenk. Dabei greift ein Zapfen des unteren in eine Höhlung des oberen Wirbels.

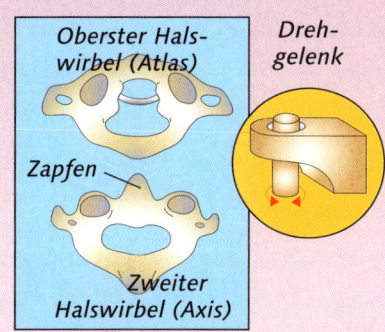

Oberster Halswirbel (Atlas)
Drehgelenk
Zapfen
Zweiter Halswirbel (Axis)

Diese Konstruktion erlaubt es, den Kopf zu drehen.

Im Innern der Knochen

Knochen bestehen aus lebendem Gewebe. Sie wachsen und können sich selbst heilen, wenn sie verletzt werden oder brechen. Knochen bestehen aus Blutgefäßen, Nerven und Knochenzellen, die von einem harten Gerüst zusammengehalten werden. Im Innern der harten Knochenhülle (Kompakta) liegen die Knochenbälkchen (Spongiosa) mit dem Knochenmark.

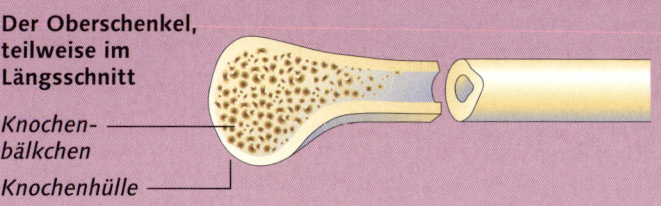

Der Oberschenkel, teilweise im Längsschnitt
Knochenbälkchen
Knochenhülle

Die Knochenbälkchen bilden ein sehr stabiles, aber leichtes Gerüst, daher kommen sie vor allem an den Enden von Röhrenknochen und in kurzen, flachen Knochen vor.

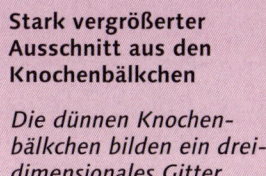
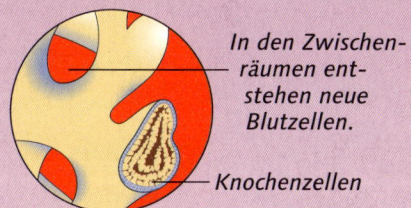

Stark vergrößerter Ausschnitt aus den Knochenbälkchen

Die dünnen Knochenbälkchen bilden ein dreidimensionales Gitter.

In den Zwischenräumen entstehen neue Blutzellen.

Knochenzellen

Die harte Knochenhülle sorgt für die Festigkeit des Knochens. Sie enthält vor allem das Mineral Kalzium, das in Milch und einigen anderen Lebensmitteln vorkommt.

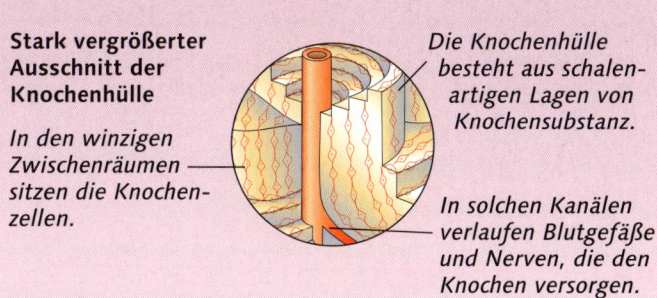

Stark vergrößerter Ausschnitt der Knochenhülle

In den winzigen Zwischenräumen sitzen die Knochenzellen.

Die Knochenhülle besteht aus schalenartigen Lagen von Knochensubstanz.

In solchen Kanälen verlaufen Blutgefäße und Nerven, die den Knochen versorgen.

Baby-Skelett

Das Skelett eines neugeborenen Babys besteht aus über 300 Teilen, und zwar aus einem weicheren Material, dem Knorpel. Dieser verwandelt sich allmählich in Knochen. Während das Baby heranwächst, verbinden sich einige Skelett-Teile zu größeren Knochen. Daher haben Erwachsene nur 206 Knochen.

Der Blutkreislauf

Der Blutkreislauf transportiert Nährstoffe und Sauerstoff durch den ganzen Körper. Außerdem nimmt das Blut Abfallstoffe auf und transportiert sie ab. Das Herz pumpt das Blut durch alle Körperteile. Auf seinem Weg durch den Körper fließt das Blut durch die Adern.

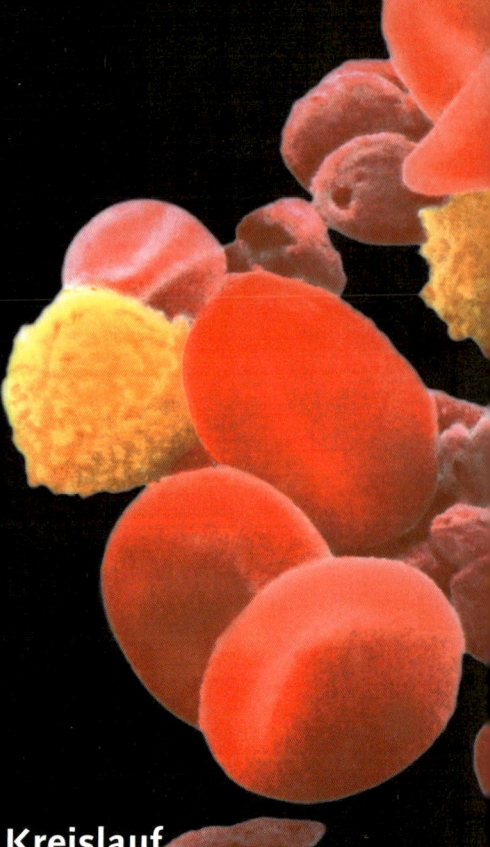

Das Herz

Das Herz schlägt unaufhörlich. Es ist ein starker Muskel, der sich rhythmisch zusammenzieht. Durch eine Trennwand ist es in zwei Kammern geteilt; jede Kammer besitzt eine Vor- und eine Hauptkammer. Einseitige Ventile sorgen dafür, dass das Blut nur in einer Richtung fließen kann. Die

Lage des Herzens

Verschlüsse dieser Ventile werden Herzklappen genannt. Fließt das Blut hindurch, öffnen sich die Herzklappen. Danach schließen sie sich wieder und verhindern den Rückfluss des Blutes. Diese Klappenbewegung fühlen wir als Herzschlag.

Kreislauf

Auf seinem Weg durch den Körper fließt das Blut zweimal durch das Herz. Zuerst wird es von der rechten Hauptkammer aus in die Lungen gepumpt. Dort gibt es Kohlendioxid ab und nimmt den eingeatmeten Sauerstoff auf. Dann fließt es zurück zum Herzen, wo es von der linken Hauptkammer aus den Sauerstoff an die Zellen abgibt. Schließlich kehrt es zur rechten Vorkammer des Herzens zurück und wird wieder in die Lunge gepumpt.

Der Weg des Blutes durch das Herz:

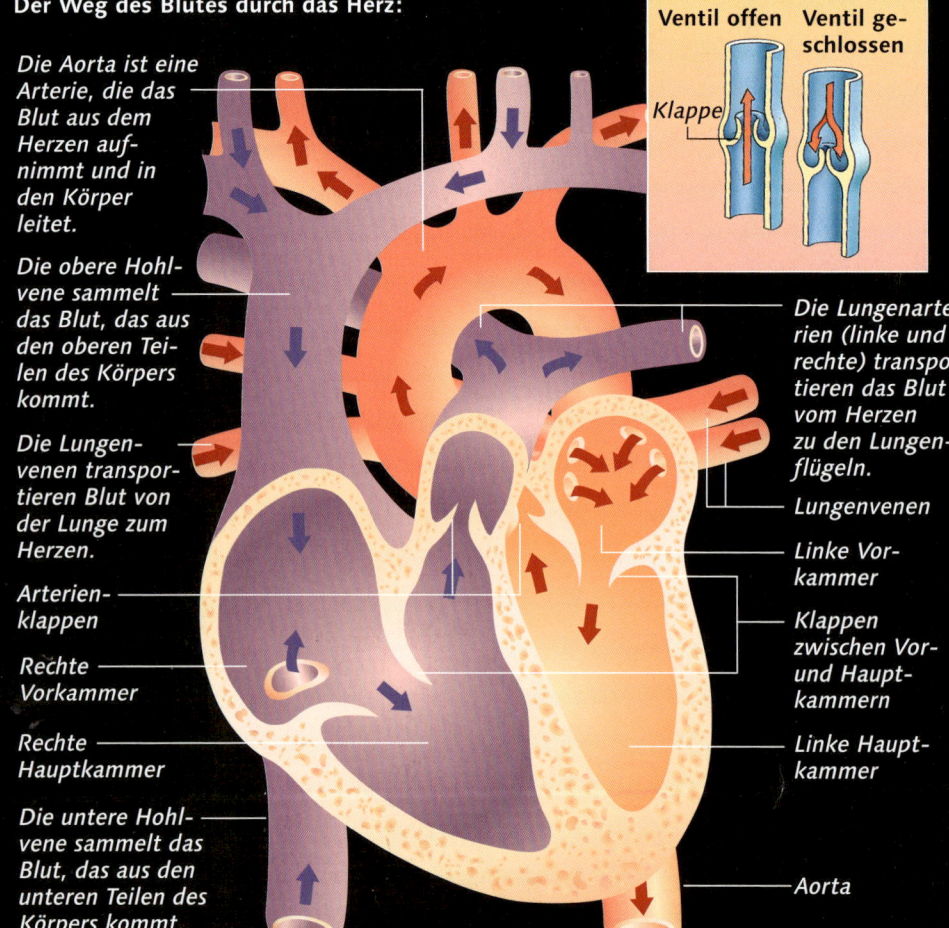

Die Aorta ist eine Arterie, die das Blut aus dem Herzen aufnimmt und in den Körper leitet.

Die obere Hohlvene sammelt das Blut, das aus den oberen Teilen des Körpers kommt.

Die Lungenvenen transportieren Blut von der Lunge zum Herzen.

Arterienklappen

Rechte Vorkammer

Rechte Hauptkammer

Die untere Hohlvene sammelt das Blut, das aus den unteren Teilen des Körpers kommt.

Ventil offen   Ventil geschlossen

Klappe

Die Lungenarterien (linke und rechte) transportieren das Blut vom Herzen zu den Lungenflügeln.

Lungenvenen

Linke Vorkammer

Klappen zwischen Vor- und Hauptkammern

Linke Hauptkammer

Aorta

Der Weg des Blutes durch den Körper:

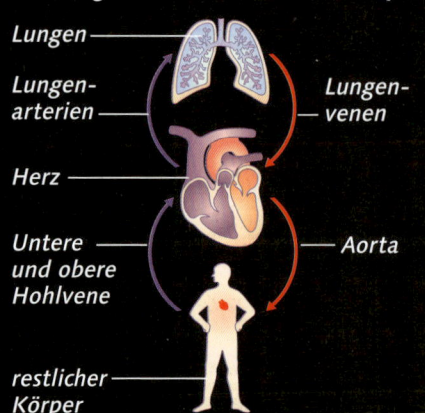

Lungen

Lungenarterien

Herz

Untere und obere Hohlvene

restlicher Körper

Lungenvenen

Aorta

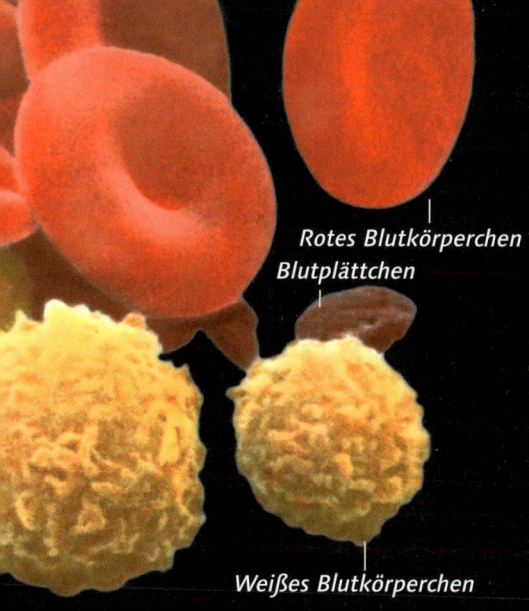

Rotes Blutkörperchen
Blutplättchen

Weißes Blutkörperchen

Dieses im Elektronenmikroskop aufgenommene Bild zeigt drei Typen von Blutzellen.

Adern oder Blutgefäße

Würde man alle Adern des Körpers aneinander reihen, reichten sie zweimal um die Erde. Es gibt drei Arten von Blutgefäßen: Arterien, Venen und Kapillaren.

Arterien führen das Blut vom Herzen weg zu den Kapillargefäßen, die alle Organe, wie die Leber, und die Körpergewebe, wie die Muskeln, versorgen.

Durch die extrem dünnwandigen Kapillargefäße gelangen Sauerstoff und Nährstoffe aus dem Blut ins Gewebe, und die Zellen geben ihre Abfallstoffe ins Blut ab. Ein Teil des Blutes fließt durch die Kapillargefäße der Nieren, wo die Abfallstoffe herausgefiltert, gesammelt und mit dem Urin ausgeschieden werden.

Nachdem das Blut die Kapillaren passiert hat, fließt es in die Venen und zurück zum Herzen.

Das Blut

Im Körper eines Erwachsenen zirkulieren durchschnittlich fünf Liter Blut. Es hilft beim Kampf gegen Krankheitskeime und bei der Wundheilung und hält die Körpertemperatur konstant.

Blut besteht aus roten und weißen Blutkörperchen und den Blutplättchen, die sich ansammeln, wenn z. B. eine Schnittwunde zu verschließen ist. Die drei Bestandteile schwimmen in einer gelblichen Flüssigkeit, dem Blutplasma.

Die roten Blutkörperchen sind scheibenförmig mit einer Mulde im Zentrum. Sie enthalten als Farbstoff Hämoglobin. In den Lungen lagern sich Sauerstoff-Moleküle an das Hämoglobin an, wodurch sich die Farbe zu hellem Rot verändert. Sobald das Hämoglobin den Sauerstoff abgegeben hat, nimmt es eine eher violette Färbung an.

Rotes Blutkörperchen mit Sauerstoff

Rotes Blutkörperchen ohne Sauerstoff

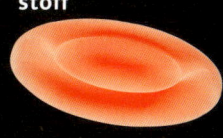 

Die scheibenförmigen roten Blutkörperchen können sich durch winzige Kapillargefäße quetschen.

Nach etwa vier Monaten sind die roten Blutkörperchen verbraucht und werden durch neue ersetzt. In jeder Sekunde entstehen rund 2 Millionen neue rote Blutkörperchen.
Die weißen Blutkörperchen sind etwas größer als die roten; sie bekämpfen Krankheitskeime.

Wundheilung

Kleine Wunden bluten meist nur kurz, dann bildet sich ein trockener Schorf. Dieser Wundverschluss besteht aus einer verdickten Blutmasse aus Blutplättchen und Blutkörperchen, dem Blutgerinnsel. Es verschließt die Wunde und verhindert das Eindringen von Krankheitskeimen. Ist das Blutgefäß wieder geheilt, fällt der Schorf ab.

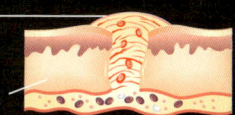

Klebrige Fäden verschließen eine Schnittwunde.   Haut

Harte Arbeit

Das Herz pumpt ununterbrochen genügend sauerstoffhaltiges Blut durch den Körper, sodass man gehen oder Treppen steigen kann.
Bei stärkerer Belastung, z. B. beim Rennen, müssen die Muskeln mehr arbeiten und brauchen dafür mehr Sauerstoff. Das Herz beginnt schneller zu schlagen und pumpt mehr Blut in die Muskeln, damit dort mehr Sauerstoff ankommt. Bei langen Läufen oder wenn man untrainiert ist, gelangt nicht genug Sauerstoff in die Muskulatur und sie beginnt zu schmerzen. Das ist der bekannte Muskelkater!

Das Kreisdiagramm zeigt die Zusammensetzung des Blutes.

Plasma (55 %)

Weiße Blutkörperchen und Blutplättchen (0,45 %)

Rote Blutkörperchen (44,55 %)

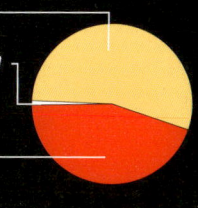

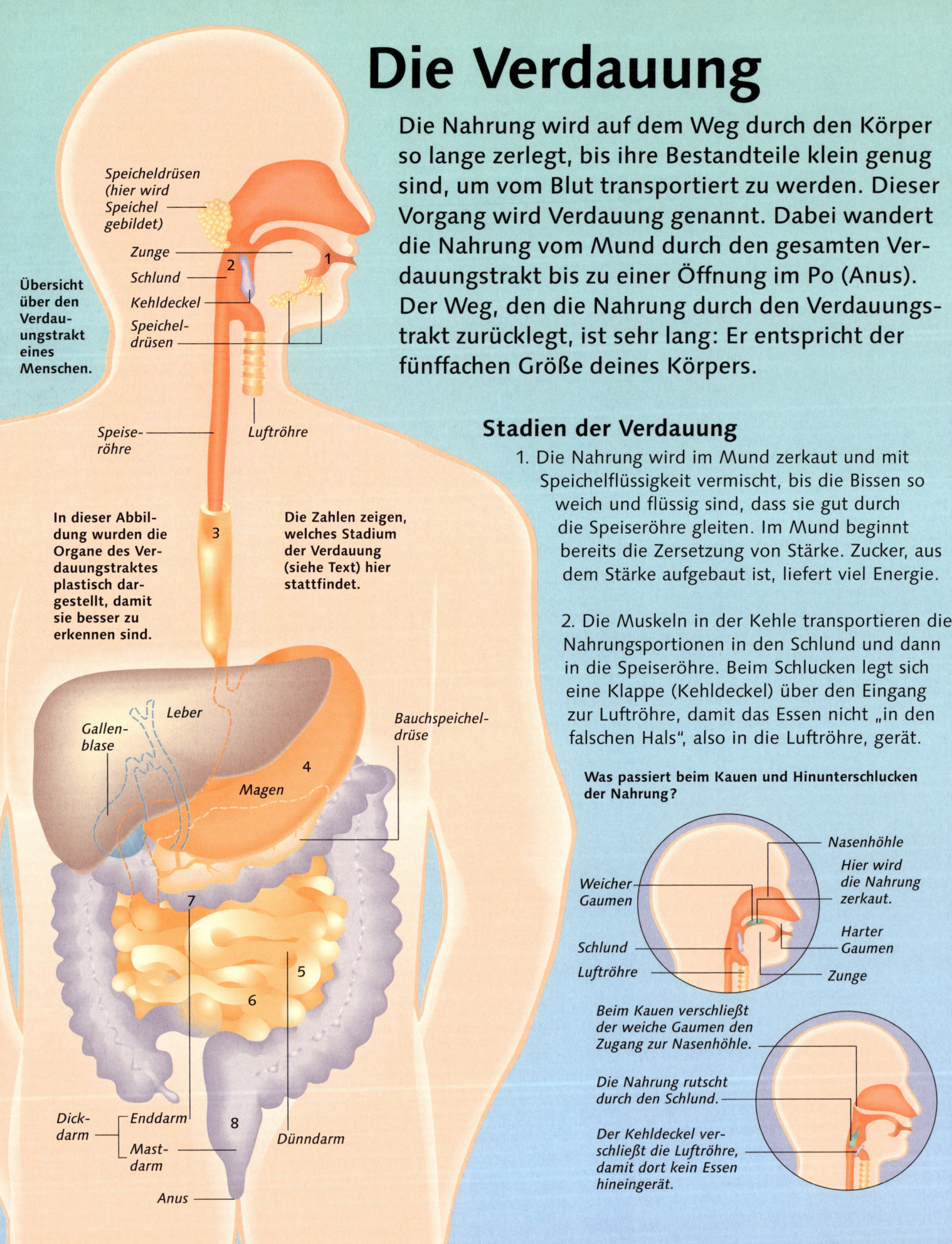

Die Verdauung

Die Nahrung wird auf dem Weg durch den Körper so lange zerlegt, bis ihre Bestandteile klein genug sind, um vom Blut transportiert zu werden. Dieser Vorgang wird Verdauung genannt. Dabei wandert die Nahrung vom Mund durch den gesamten Verdauungstrakt bis zu einer Öffnung im Po (Anus). Der Weg, den die Nahrung durch den Verdauungstrakt zurücklegt, ist sehr lang: Er entspricht der fünffachen Größe deines Körpers.

Stadien der Verdauung

1. Die Nahrung wird im Mund zerkaut und mit Speichelflüssigkeit vermischt, bis die Bissen so weich und flüssig sind, dass sie gut durch die Speiseröhre gleiten. Im Mund beginnt bereits die Zersetzung von Stärke. Zucker, aus dem Stärke aufgebaut ist, liefert viel Energie.

2. Die Muskeln in der Kehle transportieren die Nahrungsportionen in den Schlund und dann in die Speiseröhre. Beim Schlucken legt sich eine Klappe (Kehldeckel) über den Eingang zur Luftröhre, damit das Essen nicht „in den falschen Hals", also in die Luftröhre, gerät.

Was passiert beim Kauen und Hinunterschlucken der Nahrung?

Speicheldrüsen (hier wird Speichel gebildet)

Zunge

Schlund

Kehldeckel

Speicheldrüsen

Übersicht über den Verdauungstrakt eines Menschen.

Speiseröhre

Luftröhre

In dieser Abbildung wurden die Organe des Verdauungstraktes plastisch dargestellt, damit sie besser zu erkennen sind.

Die Zahlen zeigen, welches Stadium der Verdauung (siehe Text) hier stattfindet.

Leber

Gallenblase

Bauchspeicheldrüse

Magen

Dickdarm

Enddarm

Mastdarm

Dünndarm

Anus

Nasenhöhle

Hier wird die Nahrung zerkaut.

Weicher Gaumen

Harter Gaumen

Schlund

Luftröhre

Zunge

Beim Kauen verschließt der weiche Gaumen den Zugang zur Nasenhöhle.

Die Nahrung rutscht durch den Schlund.

Der Kehldeckel verschließt die Luftröhre, damit dort kein Essen hineingerät.

3. Ringförmige Muskeln in der Wand der Speise-
röhre ziehen sich zusammen und schieben die
Nahrung weiter (dasselbe passiert im gesamten
Verdauungstrakt) in den Magen.

4. Im Magen wird die Nahrung mit Magensaft
vermischt, der auch Keime abtötet. Jetzt beginnt
die Eiweiß- oder Proteinverdauung. Proteine sind
wichtige Bestandteile von Muskeln und Organen.

5. Nun wandert die
Nahrung in den Dünn-
darm. Am Anfang dieser
Passage geben Leber
und Bauchspeicheldrüse
Verdauungsflüssigkeiten
ab, die Fett, Proteine und
Stärke abbauen.

Das Bild zeigt Dünn- und Dickdarm.

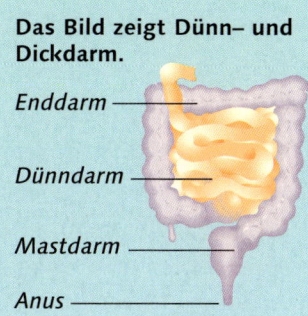

Enddarm

Dünndarm

Mastdarm

Anus

6. Die Wand des Dünndarms wird von tausenden
winziger Zäpfchen (Mikrovilli) gesäumt. Sie vergrö-
ßern die innere Oberfläche des Darms. Im Innern
der Mikrovilli verlaufen zahlreiche Blutgefäße, die
die verdaute Nahrung aufnehmen und zur weiteren
Verarbeitung zur Leber transportieren. Dann gelangen die durch die Verdauung erschlossenen Stoffe
über das Blut in den ganzen Körper.

**Querschnitt durch
den Dünndarm**

Muskulöse
Darmwand

Mikrovilli
mit zahlrei-
chen Blut-
gefäßen

Blutgefäße

**Ein stark vergrößerter
Mikrovillus**

7. Wasser und nicht verwertete Nahrungsbestand-
teile wandern nun in den ersten Teil des Dickdarmes, der auch als Enddarm bezeichnet wird. Hier
wird das Wasser entzogen und gelangt ins Blut.

8. Die unverdaulichen Reste wandern in den
zweiten Teil des Dickdarmes, den Mastdarm, und
werden schließlich durch den Anus ausgeschieden.
Es kann bis zu drei Tage dauern, bis ein Essen
den ganzen Verdauungstrakt durchlaufen hat.

Verdauungsdrüsen

Die Verdauungsdrüsen bilden die Verdauungs-
flüssigkeit. In ihr sind Enzyme enthalten, das
sind Stoffe, mit deren Hilfe die Nahrung in
kleinere Bestandteile aufgespalten wird. Einige
dieser Drüsen sind winzig klein und sitzen in
den Wänden der Verdauungsorgane. So enthalten die Magenwände zahlreiche Magendrüsen.
Andere Verdauungsdrüsen, z. B. die Speicheldrüsen, gelten als eigenständige Organe.

**Die größten Verdauungsdrüsen:
Leber und Bauchspeicheldrüse**

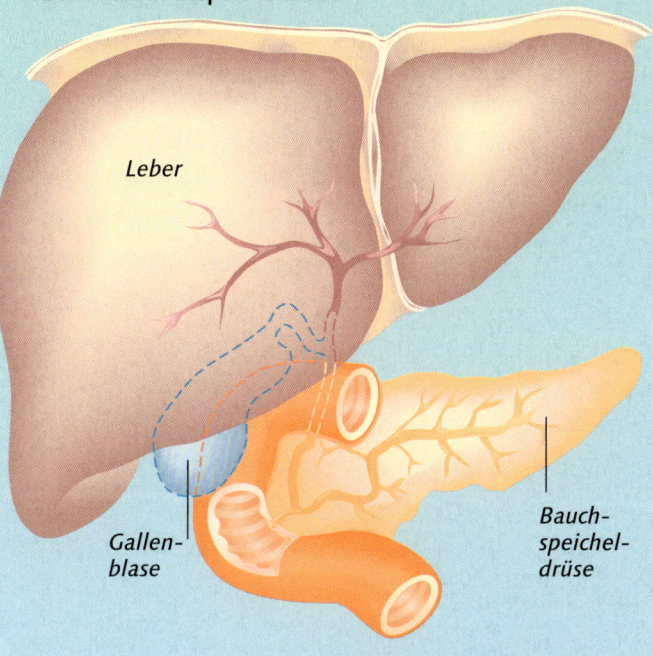

Leber

Gallen-
blase

Bauch-
speichel-
drüse

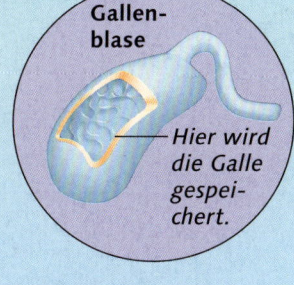

**Gallen-
blase**

Hier wird
die Galle
gespei-
chert.

Die Leber und die Bauchspeicheldrüse sind
die größten Verdauungsdrüsen. Die Leber
erzeugt eine grünliche Flüssigkeit, die so
genannte Galle. Diese spaltet das Fett in
kleinste Tröpfchen auf, sodass andere Ver-
dauungsenzyme leichter arbeiten können. Die
Galle wird in der Gallenblase gespeichert, bis
sie benötigt wird. Die Bauchspeicheldrüse
erzeugt Enzyme für den Abbau von Fett,
Proteinen und Stärke.

Nährstoffe

Eine gesunde Ernährung muss abwechslungsreich sein, denn nur mit einer gemischten Kost bekommt der Körper alles, was er braucht: Kohlenhydrate, Proteine und Fette liefern Energie für Körperfunktionen und Wachstum. Daneben braucht der Körper Vitamine, Mineralstoffe und viel Wasser, damit er reibungslos funktioniert.

Kohlenhydrate

Kohlenhydrate liefern Energie: Der Körper nimmt sie in Form von Zucker und Stärke auf. Zucker ist in Obst, Kuchen und Süßigkeiten enthalten und sorgt für rasche Energiezufuhr. Stärke findet sich in Brot, Kartoffeln oder Reis. Energie aus dieser Nahrung hält länger vor. Während der Verdauung

Schokolade enthält sehr viel Zucker.

werden alle Kohlenhydrate bis auf die Stufe von Zuckern, z. B. Glukose abgebaut. Der Körper verbraucht den meisten Zucker sofort, um Energie zu erzeugen.

Nudelgerichte enthalten gesunde Stärke.

Proteine

Proteine sind nötig für das Wachstum und die Erhaltung des Körpers. Sie sind in magerem Fleisch, Fisch, Eiern, Nüssen, Milch und Bohnen enthalten. Teenager brauchen eine besonders proteinreiche Nahrung, weil sie schnell wachsen. Dasselbe gilt für schwangere Frauen, denn das ungeborene Kind benötigt Proteine. Proteine bestehen aus verschiedenen Bausteinen, den Aminosäuren. Während der Verdauung werden die Proteine zerlegt und gelangen ins Blut. Der Blutkreislauf transportiert sie genau dorthin, wo sie benötigt werden.

Diese Bestandteile deines Körpers enthalten Proteine:

Hämoglobin ist ein Protein der roten Blutkörperchen. Es bindet und transportiert Sauerstoff.

Keratin ist das Protein, aus dem Haare und Nägel bestehen.

Die beiden Proteine Aktin und Myosin sorgen für die Muskelkontraktion.

Fette

Jeder Körper braucht Fett als Energielieferant und um sich warm zu halten. Fette, die gerade nicht gebraucht werden, lagert der Körper an verschiedenen Stellen ab, z. B. unter der Haut. Ihr wichtigster Bestandteil, die Fettsäuren, sind entweder gesättigt oder ungesättigt. Butter, Schmalz und fettes Fleisch, also tierische Produkte, enthalten gesättigte Fettsäuren und außerdem Cholesterin, eine fettähnliche Substanz. Pflanzliche Lebensmittel wie Öl und Nüsse enthalten ungesättigte Fettsäuren.

Manche Fast-Food-Gerichte sind sehr fetthaltig. Wer zu viel Fett und Cholesterin isst, kann herzkrank werden.

Sieh selbst

Schau auf den Etiketten von Lebensmitteln nach. Darauf steht der Anteil an Kohlenhydraten, Proteinen und Fetten. Bei manchen Produkten findest du zusätzliche Angaben über Vitamine und Mineralien.

Gemüse und Obst enthalten Faserstoffe, Vitamine und Mineralien.

Vitamine

Der Körper braucht Vitamine, um gesund zu bleiben. Da sie in zahlreichen Lebensmitteln enthalten sind, wird der Körper mit allen Vitaminen versorgt, wenn man sich abwechslungsreich ernährt. Es gibt etwa 15 Vitamine, die in kleinsten Mengen den Ablauf biochemischer Reaktionen im Körper unterstützen.

Ballaststoffe

Diese Stoffe gehören zu den Kohlenhydraten und sind in Kleie, Vollkornbrot, Obst und Gemüse enthalten. Ballaststoffe können nicht verdaut werden. Dennoch brauchen wir sie, um den Darm zu füllen, denn nur so kann die Nahrung mithilfe der Darmmuskulatur durch den Verdauungstrakt transportiert werden.

Vitamin	Worin enthalten?	Notwendig für ...
A (Retinol)	Milch, Butter, Eier, Fischleber, frisches grünes Gemüse	Augen (vor allem für das Sehen bei Dämmerung), Haut
B (mehrere B1, B2 usw.)	Vollkornbrot, ungeschälter Reis, Hefe, Leber, Sojabohnen	Energieproduktion in allen Zellen, Nerven, Haut
C (Ascorbinsäure)	Apfelsinen, Zitronen, Schwarze Johannisbeeren, Tomaten, frisches grünes Gemüse	Blutgefäße, Zahnfleisch, Wundheilung, verhindert Erkältungen
D (Calciferol)	Fischleber, Milch, Eier, Butter (und Sonnenlicht)	Zähne, Knochen
E (Tocopherol)	Pflanzenöl, Vollkornbrot, Reis, Eier, Butter, frisches grünes Gemüse	Blutgefäße, Herz, Lunge, verlangsamt die Zellalterung
K (Phyllochinon)	Frisches grünes Gemüse, Leber	Blutgerinnung

In der Tabelle findest du die Aufgaben einiger Vitamine und die Angabe, in welcher Nahrung sie enthalten sind.

Wasser

Wasser ist lebenswichtig. Ohne Wasser können wir nur wenige Tage überleben. Um den Wasserverlust durch Urin und Schweiß auszugleichen, muss man jeden Tag genügend trinken. Wasser ist außer in Getränken auch in einigen Nahrungsmitteln enthalten, Blattsalat z. B. besteht zu 90 % aus Wasser.

Mineralien

Mineralien sind eine weitere Stoffgruppe, die der Körper dringend braucht. Insgesamt sind es etwa 20 Mineralien, die wir in kleinen Mengen mit der Nahrung zu uns nehmen müssen. Von den Spurenelementen benötigen wir nur sehr geringe Mengen.

Mineral	Worin enthalten?	Notwendig für ...
Kalzium und Phosphor	Milch, Käse, Butter, in manchen Gegenden auch im Wasser	Starke Knochen und Zähne
Natrium	Salz, Milch und Spinat	Blut, Verdauung, Nerven
Fluor (Spurenelement)	Milch, Zahnpasta, fluoriertes Speisesalz	Gesunde Zähne und Knochen
Jod (Spurenelement)	Meeresfrüchte und Seefisch, jodiertes Speisesalz	Hormon Thyroxin (kontrolliert den Stoffwechsel)
Eisen (Spurenelement)	Leber, Aprikosen, grünes Gemüse	Hämoglobin in den roten Blutkörperchen

In dieser Tabelle findest du die Aufgaben einiger Mineralien und die Angabe, in welcher Nahrung sie enthalten sind.

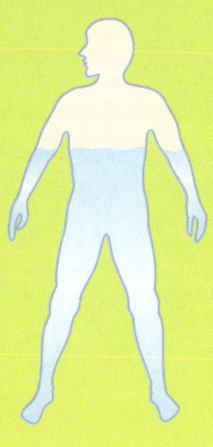

Wasser macht etwa 65 % des Körpergewichtes aus, bei sehr kleinen Kindern sind es sogar 75 %.

Die Atmung

Das Atmungssystem besteht aus der Lunge und den Atemwegen, durch die Luft von außen in den Körper gelangt. Beim Einatmen treten in der Lunge die Sauerstoffmoleküle aus der Luft ins Blut über und werden im Körper verteilt. Sauerstoff ist notwendig, um die Nahrung in Energie zu verwandeln. Den Abfallstoff Kohlendioxid atmen wir aus.

So funktioniert die Atmung

Beim Einatmen wird die Luft durch Nase und Mund in die Luftröhre gezogen. Die Wände von Nase und Luftröhre sind mit Schleimhäuten bedeckt. Die Luft wird erwärmt und angefeuchtet, und in dem Schleim bleiben

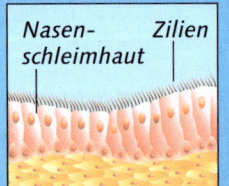

Nasen-schleimhaut Zilien

Schmutz und Keime kleben. Winzige Härchen (Zilien) transportieren die Fremdkörper durch Nase und Mund nach außen.

Die Luftröhre gabelt sich in die beiden Bronchien, die zu den Lungenflügeln führen. Die Lunge besteht aus einem Netz aus Kanälen, die sich verzweigen und immer feiner werden. Am Ende sitzen Millionen von Lungenbläschen, umgeben von vielen Blutgefäßen. Der Sauerstoff tritt durch die Wände der Lungenbläschen ins Blut über und wird in den gesamten Körper transportiert. Er „verbrennt" die Nährstoffe aus der Verdauung. Dabei entsteht Energie für den Körper und Kohlendioxid, das über die Lungen ausgeatmet wird.

Bronchien

Lungenkanälchen

Lungenbläschen

Hier kann man die beiden Flügel einer Lunge sehen. Jeder enthält zahlreiche verzweigte Kanälchen, die in den Lungenbläschen enden.

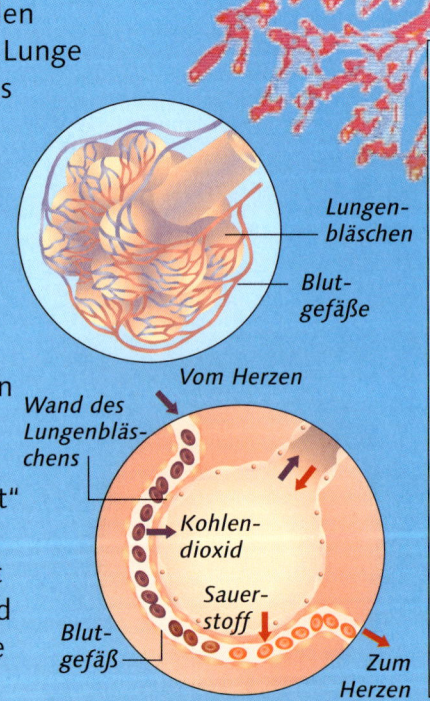

Lungenbläschen

Blutgefäße

Vom Herzen

Wand des Lungenbläschens

Kohlendioxid

Sauerstoff

Blutgefäß

Zum Herzen

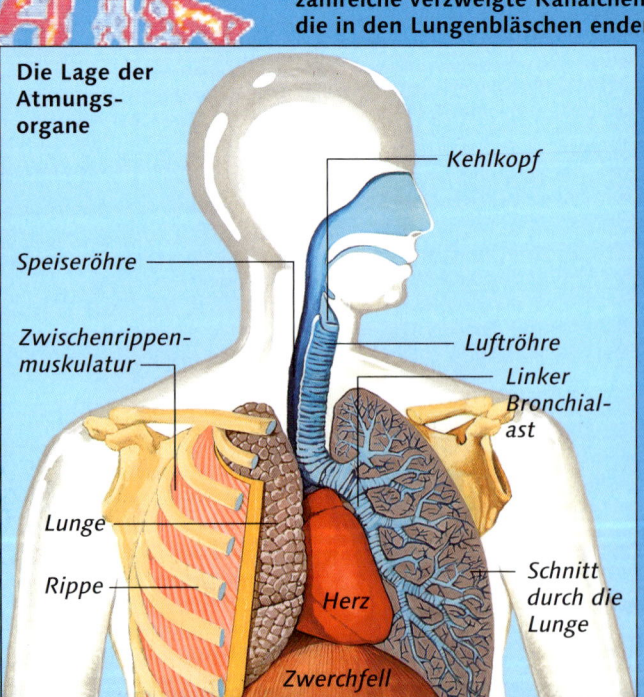

Die Lage der Atmungsorgane

Kehlkopf

Speiseröhre

Zwischenrippenmuskulatur

Lunge

Rippe

Herz

Zwerchfell

Luftröhre

Linker Bronchialast

Schnitt durch die Lunge

Atmung

Bei der Atmung wird die Luft in die Lunge hinein- und dann wieder hinaustransportiert. Die dazu notwendige Bewegung erzeugen die Zwischenrippenmuskeln und eine flache Muskelschicht unter der Lunge, das Zwerchfell.

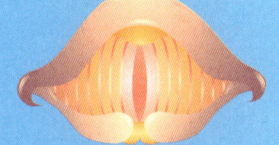

Das geschieht beim Einatmen:

3. Sauerstoffreiche Luft strömt ein.

2. Die Rippen bewegen sich nach oben und außen.

1. Das Zwerchfell flacht ab.

Das geschieht beim Ausatmen:

3. Kohlendioxidreiche Luft strömt aus.

2. Die Rippen bewegen sich nach unten und innen.

1. Das Zwerchfell hebt sich.

Beim Einatmen ziehen die Zwischenrippenmuskeln die Rippen hoch und nach außen, das Zwerchfell wird flach. Luft strömt in die Lunge, sie dehnt sich aus.

Beim Ausatmen entspannt sich das Zwerchfell und nimmt dabei eine gewölbte Form an. Die Zwischenrippenmuskeln lassen locker, wodurch der Rippendruck – nach unten und innen – die Lungen zusammenpresst. Dadurch strömt die Luft aus.

Husten und Niesen

Manchmal reizen Partikel aus der Luft die Atemwege und dann muss man niesen oder husten. Staub, Pollen oder Keime werden beim Niesen aus der Nase geschleudert, beim Husten aus der Luftröhre. Wenn man gähnt, dehnt sich die Lunge weit, der Sauerstoffgehalt im Blut wird erhöht und der Körper kann große Mengen von Kohlendioxid abgeben.

Kehlkopf

Der Kehlkopf sitzt am oberen Ende der Luftröhre. Darin befinden sich zwei Paar muskulöse Bänder, die Stimmbänder. Beim Atmen öffnen und schließen sie sich. Wenn die Luft darüber streicht, vibrieren die Stimmbänder. Diese Vibration ist eine Voraussetzung für das Sprechen und Singen.

Die Stimmbänder im Querschnitt:

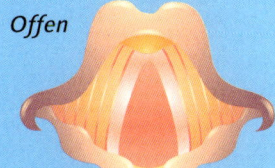

Geschlossen *Offen*

Sieh selbst!

Lege deine Finger, wenn du redest, rufst oder singst, vorsichtig vorne auf den Hals. Dann kannst du spüren, wie die Stimmbänder vibrieren und wie sich die Muskeln anspannen und entspannen.

Je lauter du wirst, desto stärker werden die Vibrationen. Wenn du hohe Töne singst, spannen sich die Muskeln stark an, bei tiefen Tönen entspannen sie sich.

Opernsänger

Je kürzer die Stimmbänder sind und je schneller sie vibrieren, desto höher wird der Ton.

Frauen haben kürzere Stimmbänder, die rund 220-mal pro Minute vibrieren – ihre Stimmen sind hoch. Männer haben längere Stimmbänder, die 120-mal pro Sekunde vibrieren – darum sind ihre Stimmen tiefer.

Das Nervensystem

Das Nervensystem ist ein Netz aus Nervenzellen (Neuronen), das vom Gehirn bis in die Zehenspitzen reicht. Die Neuronen informieren das Gehirn über die Vorgänge im Körper. Das Gehirn entscheidet und sendet Informationen über andere Neuronen zu Muskeln, Organen oder Zellen, die dann reagieren.

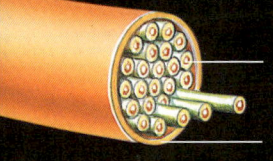

Die Teile des Nervensystems sind schematisch eingezeichnet

Gehirn — Rückenmark — Nerven

Wie Sinne funktionieren

Nervenzellen haben unterschiedliche Aufgaben: Die Sinneszellen in Haut, Mund, Augen, Nase und Ohren sammeln Informationen über alles, was man berührt, schmeckt, sieht, riecht oder hört. Die Sinneszellen innerhalb des Körpers informieren das Gehirn über die Vorgänge in den Muskeln und Organen.

Sensorische Neuronen enden mit einem so genannten Rezeptor. Das sind die Zellen, die empfindlich auf Reize reagieren. Sie leiten ihre Information an die Neuronen im Gehirn weiter.

Sobald das Gehirn eine Strategie entwickelt hat, leitet es seine Befehle über andere Nerven an Motorneuronen weiter. Diese übermitteln die Gehirnbefehle an die ausführenden Organe.

Aufbau eines Neurons

Am Zellkörper eines Neurons sitzen die Nervenfasern. Es gibt zwei Typen: kurze Dendriten und lange Axone. Die Information wird immer von einem Axon auf einen Dendriten des nächsten Neurons geleitet – nicht umgekehrt. So wandert die Information von Neuron zu Neuron bis zum verantwortlichen Teil des Gehirns.

Die Nerven

Die einzelnen Nervenfasern sind zu Bündeln zusammengefasst und von einer schützenden, isolierenden Scheide umgeben. Der größte Körpernerv ist das Rückenmark, das durch einen Kanal in der Wirbelsäule vom Gehirn nach unten führt.

Darstellung eines Nervs

Bündel aus Nervenfasern

Schützende Scheide

Die Botschaften vom Gehirn zum übrigen Körper und zurück laufen über das Rückenmark.

Das Bild zeigt einige stark vergrößerte Nervenzellen des Gehirns (hellorange).

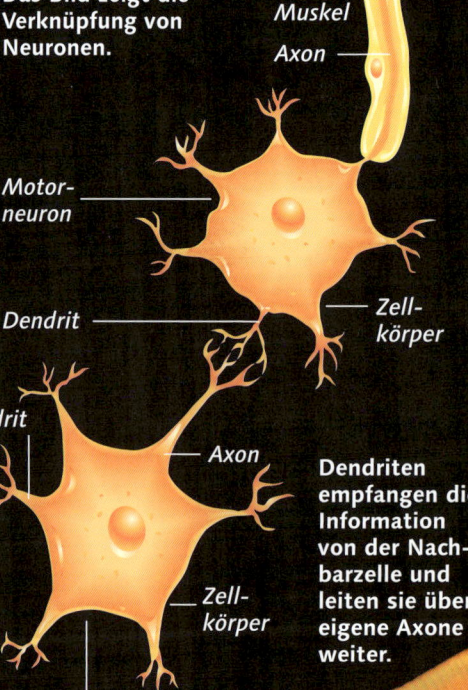

Das Bild zeigt die Verknüpfung von Neuronen.

Zum Muskel

Axon

Motorneuron

Dendrit

Zellkörper

Sinneszelle — Axon — Dendrit

Axon

Langer Dendrit

Zellkörper

Vom Rezeptor

Zellkörper

Nachgeschaltete Nervenzelle

Dendriten empfangen die Information von der Nachbarzelle und leiten sie über eigene Axone weiter.

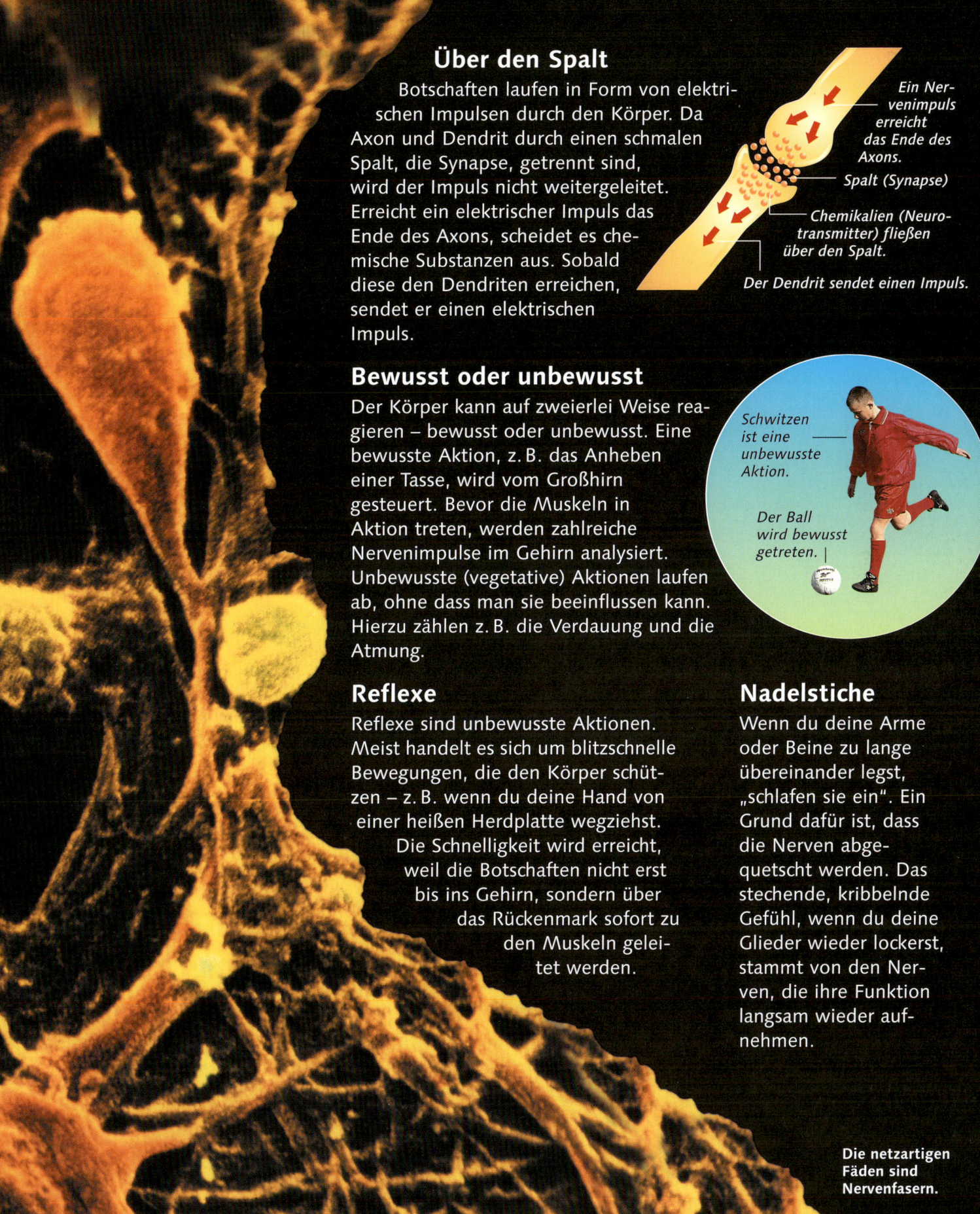

Über den Spalt

Botschaften laufen in Form von elektrischen Impulsen durch den Körper. Da Axon und Dendrit durch einen schmalen Spalt, die Synapse, getrennt sind, wird der Impuls nicht weitergeleitet. Erreicht ein elektrischer Impuls das Ende des Axons, scheidet es chemische Substanzen aus. Sobald diese den Dendriten erreichen, sendet er einen elektrischen Impuls.

Ein Nervenimpuls erreicht das Ende des Axons.

Spalt (Synapse)

Chemikalien (Neurotransmitter) fließen über den Spalt.

Der Dendrit sendet einen Impuls.

Bewusst oder unbewusst

Der Körper kann auf zweierlei Weise reagieren – bewusst oder unbewusst. Eine bewusste Aktion, z. B. das Anheben einer Tasse, wird vom Großhirn gesteuert. Bevor die Muskeln in Aktion treten, werden zahlreiche Nervenimpulse im Gehirn analysiert. Unbewusste (vegetative) Aktionen laufen ab, ohne dass man sie beeinflussen kann. Hierzu zählen z. B. die Verdauung und die Atmung.

Schwitzen ist eine unbewusste Aktion.

Der Ball wird bewusst getreten.

Reflexe

Reflexe sind unbewusste Aktionen. Meist handelt es sich um blitzschnelle Bewegungen, die den Körper schützen – z. B. wenn du deine Hand von einer heißen Herdplatte wegziehst. Die Schnelligkeit wird erreicht, weil die Botschaften nicht erst bis ins Gehirn, sondern über das Rückenmark sofort zu den Muskeln geleitet werden.

Nadelstiche

Wenn du deine Arme oder Beine zu lange übereinander legst, „schlafen sie ein". Ein Grund dafür ist, dass die Nerven abgequetscht werden. Das stechende, kribbelnde Gefühl, wenn du deine Glieder wieder lockerst, stammt von den Nerven, die ihre Funktion langsam wieder aufnehmen.

Die netzartigen Fäden sind Nervenfasern.

Das Gehirn

Das Gehirn kontrolliert fast alles, was wir machen – vom Denken über die Bewegungen bis hin zum Atmen. Das Gehirn überwacht und steuert ständig die einzelnen Körperteile und ihr Zusammenspiel. Und es speichert alles, was wir erleben und wahrnehmen.

Im Inneren des Gehirns

Das Gehirn gleicht einer riesigen, gefurchten Walnuss. Es besteht aus über 10 Mrd. Neuronen, die gut geschützt im Inneren des Schädels liegen.

Den größten Teil nimmt das Großhirn (Cerebrum) ein. Es kontrolliert die bewussten Bewegungen und viele geistige Fähigkeiten wie das Sprechen oder das Gedächtnis. Außerdem steuert es das Kleinhirn (Cerebellum), das für Muskelbewegung und Balance verantwortlich ist. Die äußere Schicht des Großhirns wird als Rinde (Cortex) bezeichnet.

Etwa im Zentrum des Gehirns liegt der Thalamus. Hier treffen die Informationen aus dem Körper ein und werden an die entsprechenden Stellen weitergeleitet. Der Hypothalamus steuert die inneren Körperfunktionen, wie die Körpertemperatur, den Hunger und Durst.

Das Stammhirn kontrolliert alle automatisch ablaufenden Körperfunktionen wie den Herzschlag und die Atmung. Beim Stammhirn unterscheidet man Brücke (Pons), Nachhirn (Medulla) und Mittelhirn.

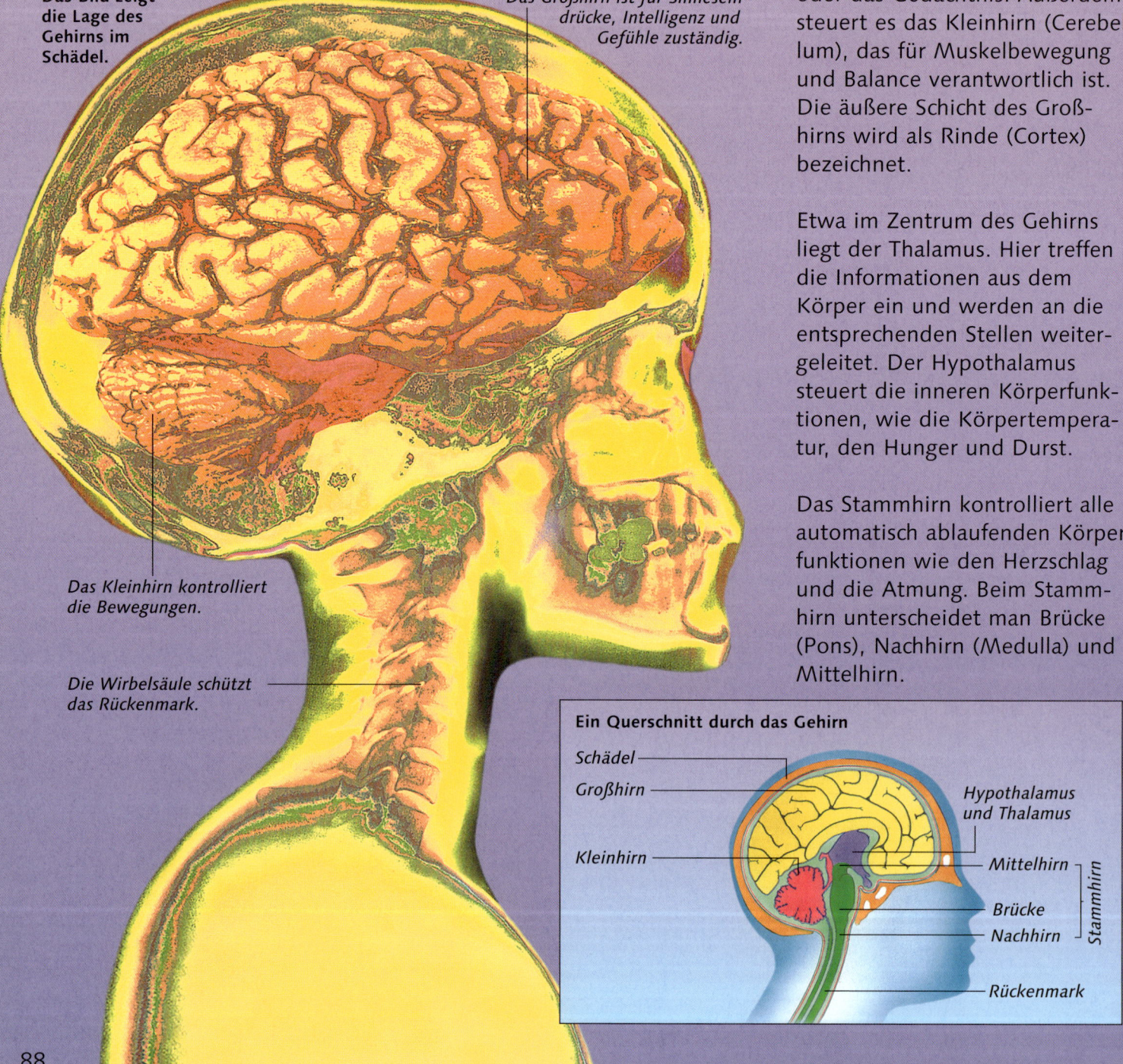

Das Bild zeigt die Lage des Gehirns im Schädel.

Das Großhirn ist für Sinneseindrücke, Intelligenz und Gefühle zuständig.

Das Kleinhirn kontrolliert die Bewegungen.

Die Wirbelsäule schützt das Rückenmark.

Ein Querschnitt durch das Gehirn

Schädel
Großhirn
Kleinhirn
Hypothalamus und Thalamus
Mittelhirn
Brücke
Nachhirn
Stammhirn
Rückenmark

Karte der Sinne

Die Sinnesorgane senden ihre Informationen ans Großhirn. Jede Region der Großhirnrinde ist für einen bestimmten Sinn verantwortlich.

Darstellung der Großhirnrinde und die Funktionen der einzelnen Regionen:

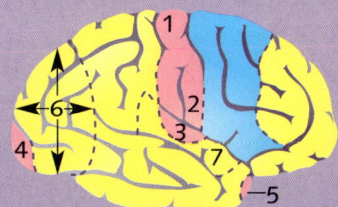

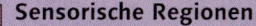

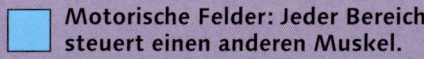
Sensorische Regionen:
1. *erhält Informationen aus Muskeln, Haut und inneren Organen;*
2. *erhält Informationen von der Zunge;*
3. *erhält Informationen von den Ohren;*
4. *erhält Informationen von den Augen;*
5. *erhält Informationen von der Nase.*

Assoziationsregionen:
6. *verantwortlich für das Sehen;*
7. *verantwortlich für das Hören.*

Motorische Felder: Jeder Bereich steuert einen anderen Muskel.

Zwei Hälften

Die beiden Gehirnhälften, die Hemisphären, sind für je eine Körperseite zuständig: die rechte Hemisphäre für die linke, die linke für die rechte Körperseite. Sie sind über einen Strang von Nervenfasern miteinander verbunden. Die Hemisphären sind für unterschiedliche Bereiche zuständig: Bei Rechtshändern dient die linke Hemisphäre der Sprache und steuert das logische Denken. Die rechte kontrolliert Gefühle und kann Objekte erkennen.

Gehirnhälften

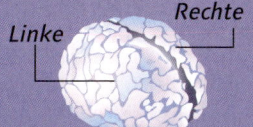
Linke   Rechte

Gedächtnis

Es gibt zwei Formen von Gedächtnis. Das motorische Gedächtnis übermittelt, wie bestimmte Bewegungen, z. B. Gehen oder Fahrradfahren, ablaufen. Das Faktengedächtnis speichert alle möglichen Informationen.

Das Gehirn speichert alle Informationen zuerst für einige Minuten im Kurzzeitgedächtnis ab. Danach kommen sie ins Langzeitgedächtnis, wo sie lebenslang erhalten bleiben können.

Sieh selbst!

Du kannst dein Kurzzeitgedächtnis ganz einfach testen: Lies die Zahlenreihe unten durch und versuche, sie dir zu merken. Decke die Zahlen dann ab und notiere die Zahlen in der richtigen Reihenfolge aus dem Gedächtnis. Die meisten Menschen können sich maximal sieben Zahlen merken.

3 0 9 7 1 2 8 5 4 1 6 9

Gehirnströme

Mithilfe von Elektroden, das sind elektrische Messfühler, kann man die Ströme messen, die vom Gehirn erzeugt werden. Werden sie aufgezeichnet, ergibt sich ein Wellenmuster, das Elektroenzephalogramm (EEG) des Gehirns. Ärzte können mithilfe des EEGs den Schlaf untersuchen und herausfinden, ob das Gehirn normal funktioniert.

Die Kurven unten zeigen die wichtigsten Formen von Gehirnwellen.

Im wachen, aber entspannten Zustand erzeugt das Gehirn Alphawellen.

Betawellen treten auf, wenn man nachdenkt oder das Gehirn Informationen aus den Sinnesorganen erhält.

Thetawellen deuten auf einen tiefen Entspannungszustand hin.

Deltawellen werden bei Babys und bei schlafenden Erwachsenen gemessen.

Schlaf

Es gibt den REM-Schlaf (rapid eye movement, schnelle Augenbewegungen) und den NREM-Schlaf (non REM, Schlaf ohne schnelle Augenbewegungen). In jeder Nacht wechselt man mehrmals zwischen den beiden Formen.

Im REM-Schlaf zeigt das EEG eine Wellenbewegung mit vielen und starken Ausschlägen nach oben und unten, denn das Gehirn ist sehr aktiv. Während des REM-Schlafes träumt man. Das ist äußerlich erkennbar, weil sich die Augen hinter den geschlossenen Lidern sehr schnell bewegen.

Im NREM-Schlaf zeigt das EEG einen geringeren Ausschlag und weniger Wellen in derselben Zeitspanne. Das Gehirn ist kaum aktiv und ruht sich aus. Während dieser Phase schläft man sehr tief und die Augen bewegen sich nicht.

Haut, Nägel und Haare

Die Haut ist das größte Organ des Körpers. Sie schützt ihn vor Verletzungen, Infektionen und vor Austrocknung. Die Haut hält die Körpertemperatur aufrecht, scheidet Abfallstoffe aus und bildet Vitamin D. Die Haare wärmen den Körper und die Nägel verstärken Zehen und Finger.

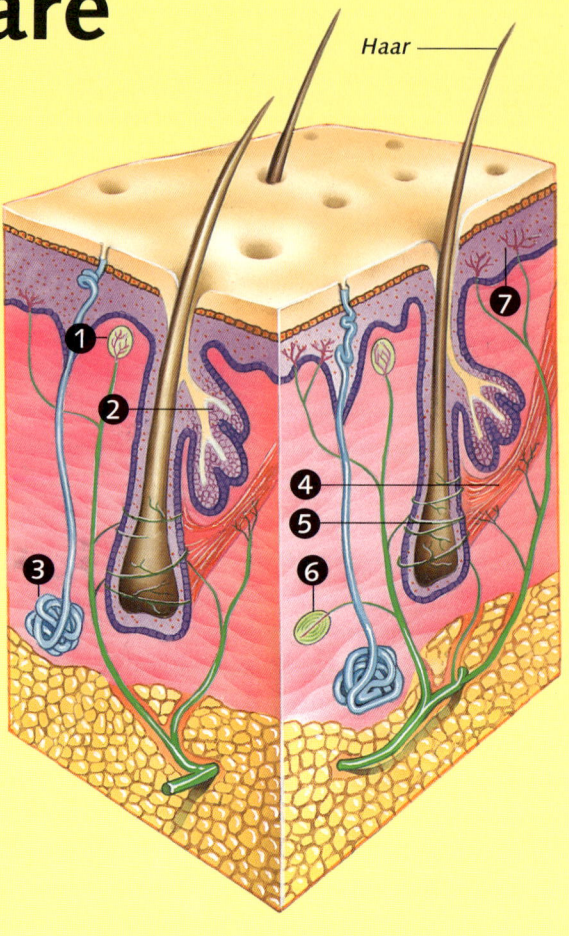

Haar

Hautschichten

Die Haut besteht aus drei Schichten. Die Oberhaut (Epidermis) setzt sich aus flachen, abgestorbenen Zellen zusammen, in denen ein nicht wasserlösliches Protein (Keratin) eingelagert ist. Ständig werden Epidermiszellen abgestoßen und neue gebildet.

Die Schichten der Haut (vereinfachte Darstellung ohne weitere Untergliederung):

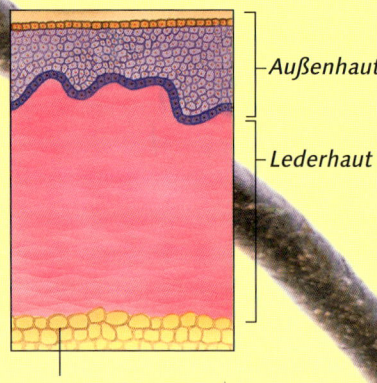

Außenhaut

Lederhaut

Unterhautfettgewebe

Die Lederhaut ist von Blutgefäßen durchzogen, die Nährstoffe und Sauerstoff für die Hautzellen heranführen. Das Unterhautfettgewebe hält den Körper warm.

Im Innern der Haut

Die Haut enthält außer zahlreichen Blutgefäßen auch andere wichtige Bestandteile.

Das Blockdiagramm rechts zeigt die Bestandteile der Haut. Die mit Zahlen bezeichneten Elemente werden unten erläutert.

1. Mechanorezeptoren sind freie Nervenenden, die dem Gehirn mitteilen, ob etwas heiß, kalt, rau, glatt, hart oder weich ist.

2. Talgdrüsen bilden eine ölartige Substanz (Talg), die Haut und Haare geschmeidig und wasserdicht macht.

3. Der Schweiß aus den Schweißdrüsen kühlt den Körper.

4. Die Haarbalgmuskeln richten die Haare auf, wenn man friert („Gänsehaut").

5. Nervenenden an den Haarwurzeln informieren das Gehirn über Haarbewegungen.

6. Pacinische Körperchen sitzen tief in der Haut. Sie reagieren auf starken, heftigen Druck.

7. Schmerzrezeptoren reagieren immer dann, wenn ein Reiz (z. B. Hitze, Druck) zu groß wird. Dann empfindet man Schmerzen.

Sieh selbst!

Klebe ein Stück Klebeband auf deinen Handrücken und ziehe es vorsichtig wieder ab. Unter einem Mikroskop siehst du winzige, schuppenartige Epidermiszellen.

Das Bild zeigt wachsende Haare in 1000facher Vergrößerung. Die Schuppen sind alte Epidermiszellen, die sich von der Oberhaut gelöst haben.

Temperaturkontrolle

Die Haut trägt wesentlich dazu bei, die Körpertemperatur konstant zu halten.

So kühlt die Haut den Körper ab:

Die Blutgefäße weiten sich, dadurch fließt mehr Blut und kann Wärme durch die Haut abgeben.

Die Haare (schematisch dargestellt) legen sich flach, bilden also keine isolierenden Luftpolster.

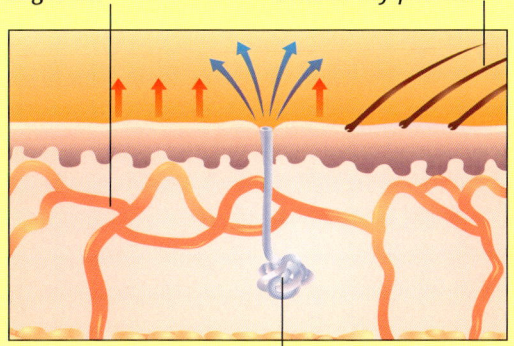

Die Haut bildet Schweiß. Er dringt durch die Poren nach außen, verdunstet und verbraucht dabei Wärme der Haut – die Haut kühlt ab.

So wärmt die Haut den Körper:

Die Blutgefäße verengen sich, es kann weniger Wärme durch die Haut entweichen.

Die Muskeln ziehen sich zusammen, die Haare stellen sich auf. Dadurch entstehen isolierende Luftpolster.

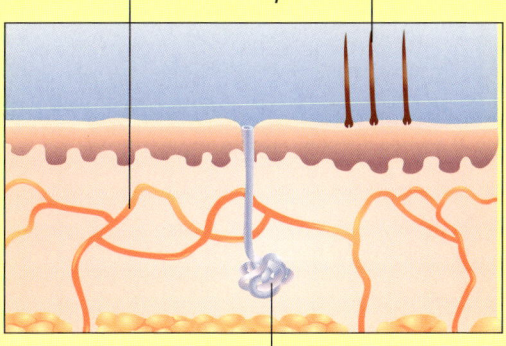

Die Schweißdrüsen bilden wenig Schweiß.

Auch Zittern hilft gegen Kälte. Die Muskeln ziehen sich rhythmisch zusammen und erzeugen dabei Wärme.

Die Oberfläche eines Haares besteht aus sich überlappenden Keratinschuppen.

Nägel

Nägel sind feste, abgeflachte Schutzschilder über den empfindlichen Fingerspitzen. Sie bestehen hauptsächlich aus Keratin. Ohne Nägel würden sich die Fingerspitzen zu leicht umbiegen.

Finger im Längsschnitt:

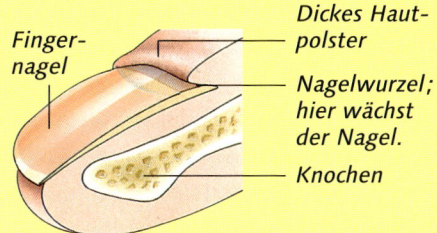

Fingernagel

Dickes Hautpolster

Nagelwurzel; hier wächst der Nagel.

Knochen

Haare

Auf dem Körper wachsen etwa 5 Millionen Haare. Jedes wächst aus einer tiefen Grube in der Haut heraus, dem Follikel. Da Haare von unten nachwachsen, werden sie immer länger. Der von außen sichtbare Teil, der Haarschaft, besteht aus abgestorbenen Zellen mit Keratin. Daher tut es nicht weh, wenn man die Haare schneiden lässt.

Der Aufbau eines Haares:

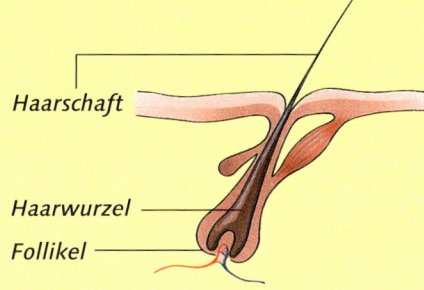

Haarschaft

Haarwurzel

Follikel

Dunkel oder hell

Die Haut enthält Farbzellen (Melanocyten), die einen dunklen Farbstoff (Melanin) bilden. Melanin schirmt den Körper vor den schädlichen UV-Strahlen der Sonne ab und schützt damit auch die Haut.

Bei hellhäutigen Menschen sitzen die Melanocyten tief in der Haut, bei dunkelhäutigen Menschen in allen Hautschichten. Melanin ergibt in Kombination mit einem anderen Farbstoff, dem orangefarbenen Karotin, eine gelbliche Hautfarbe.

Auch die Farbe der Haare wird vom Melanin bestimmt. So enthalten sehr dunkle Haare fast reines Melanin, bei hellen Haaren handelt es sich um eine Schwefel-Melanin-Verbindung und bei rothaarigen Menschen um Eisen-Melanin.

Die Fotos zeigen Kinder mit verschiedenen Haut- und Haarfarben.

Welche Form die Haare haben – glatt oder gewellt – liegt an der Form des Follikels:

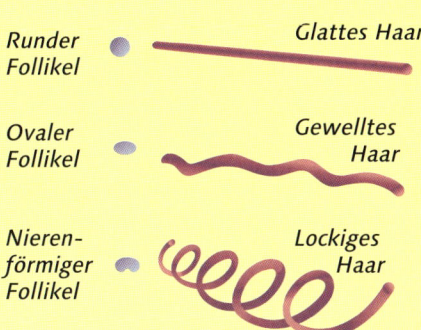

Runder Follikel — Glattes Haar

Ovaler Follikel — Gewelltes Haar

Nierenförmiger Follikel — Lockiges Haar

Die Augen

Man kann Dinge nur dann sehen, wenn sie Lichtstrahlen reflektieren. Wenn Lichtstrahlen ins Auge fallen, werden sie von Nervenzellen im Augenhintergrund registriert und als Nervenimpuls ans Gehirn gesandt, das daraus ein dreidimensionales Bild bildet.

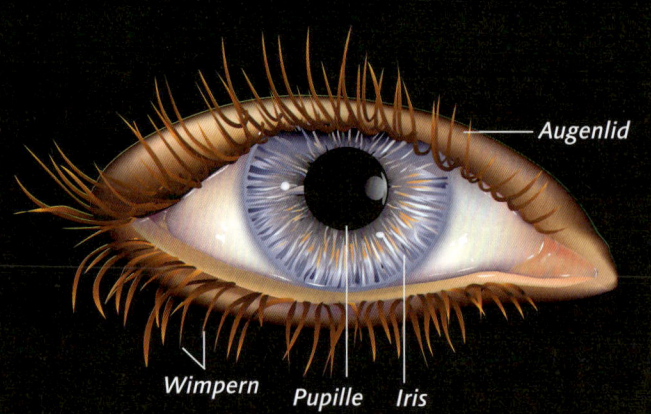

Augenlid

Wimpern   *Pupille*   *Iris*

So funktioniert das Auge

Das Licht fällt durch die durchsichtige Hornhaut (Cornea) und die runde Pupille ins Auge ein und trifft auf die Linse. Diese bündelt das Licht und erzeugt auf dem Augenhintergrund (Netzhaut oder Retina) ein Bild, das auf dem Kopf steht.

In der Netzhaut sitzen lichtempfindliche Sinneszellen (Stäbchen und Zäpfchen). Licht regt sie an, ein Signal über den optischen Nerv ans Gehirn zu leiten. Im Gehirn werden die Nervenimpulse zu einem Bild zusammengefügt und wieder umgedreht.

Stäbchen und Zäpfchen

In der Netzhaut eines Auges stehen 125 Millionen Stäbchen und 7 Millionen Zäpfchen. Stäbchen erkennen nur Schwarz und Weiß, arbeiten aber auch bei schwachem Licht. Die Farben sehenden Zäpfchen brauchen helles Licht. Deshalb sieht man nachts, wenn nur die Stäbchen funktionieren, alles in Grautönen.

Farben sehen

Durch Mischung der drei Grundfarben Rot, Grün und Blau lassen sich alle Farben erzeugen. Entsprechend enthält das Auge Zäpfchentypen, die auf je eine der Grundfarben reagieren. Wenn man eine Farbfläche ansieht, reagiert jeder Zäpfchentyp nach dem Anteil „seiner" Farbe:
Bei einem violetten Gegenstand reagieren blaue und rote Zäpfchen stärker als grüne. Farbenblinde sehen keinen Unterschied zwischen Rot und Grün, weil ihre rot- bzw. grünempfindlichen Zäpfchen nicht funktionieren.

Das Auge im Querschnitt

Netzhaut

Optischer Nerv

Die Hornhaut hilft dabei, das Bild scharf zu stellen.

Die Iris kontrolliert die Größe der Pupille.

Linse

Pupille

Diese Muskeln verformen die Linse.

Sieh selbst!

Dort wo der optische Nerv das Auge verlässt, gibt es weder Stäbchen noch Zäpfchen. Da an dieser Stelle kein Bild erzeugt wird, nennt man sie „blinder Fleck". Um deinen blinden Fleck zu finden, musst du das Buch mit ausgestreckten Armen vor dich halten, das linke Auge schließen und das kleine rote Quadrat fixieren. Bewege jetzt das Buch näher zu dir her, dann wird irgendwann der kleine Kreis auf der rechten Seite verschwinden.

Hell und dunkel

Die Pupillen reagieren auf die Helligkeit der Umgebung. Die Muskeln um die Iris ziehen die Pupillen bei hellem Licht zusammen – so wird man nicht geblendet. In der Dunkelheit öffnen sich die Pupillen weit, um so viel Licht wie möglich durchzulassen. Wenn man aus dem Hellen dunkle tritt, muss man sich erst an die Dunkelheit gewöhnen.

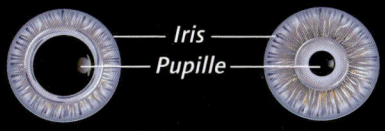

Pupille bei schwachem Licht

Pupille in hellem Licht

Die feinen Fäden in der Iris unten sind Muskeln, die die Pupille bewegen.

Scharf sehen

Die Stelle, an der sich die Lichtstrahlen im Auge treffen, heißt Brennpunkt oder Fokus. Nur wenn der Fokus auf der Netzhaut liegt, sieht man alles scharf. Daher verändert die Linse ihre Form, wenn man Dinge in unterschiedlicher Entfernung ansieht: Sie beugt die Lichtstrahlen so, dass sie sich genau auf der Retina treffen.

Ein gesundes Auge:

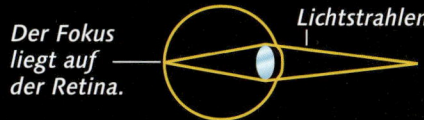

Der Fokus liegt auf der Retina.

Lichtstrahlen

Bei manchen Menschen kann die Linse das Licht nicht genau fokussieren. Kurzsichtige haben zu lange Augäpfel. Wenn die Linse die Lichtstrahlen beugt, schneiden sie sich vor der Retina, deshalb sieht ein Kurzsichtiger alle entfernten Objekte unscharf.

Ein kurzsichtiges Auge:

Der Fokus liegt vor der Retina.

Langer Augapfel

Lichtstrahlen

Weitsichtige können dagegen in der Nähe nicht scharf sehen, da ihre Augäpfel verkürzt sind. Die Linse beugt das Licht nicht stark genug, sodass sich die Strahlen erst hinter der Retina schneiden.

Ein weitsichtiges Auge:

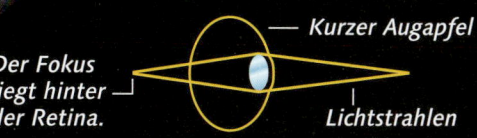

Der Fokus liegt hinter der Retina.

Kurzer Augapfel

Lichtstrahlen

Brillen oder Kontaktlinsen korrigieren solche Augenfehler: Kurzsichtige brauchen konkave, Weitsichtige konvexe Linsen.

Konkave Linse

Konvexe Linse

Schutz der Augen

Augen sind sehr empfindlich, daher liegen sie tief im knöchernen Schädel. Die Vorderseite des Auges wird durch das Augenlid geschützt.

Querschnitt eines Augapfels:

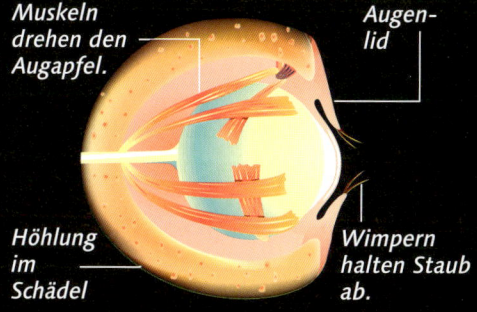

Muskeln drehen den Augapfel.

Augenlid

Höhlung im Schädel

Wimpern halten Staub ab.

Die Augenlider halten Staub und Schmutz vom Auge fern. Beim Blinzeln wischen sie mit Tränen über das Auge und halten es sauber und feucht. Die Tränenflüssigkeit enthält bestimmte Chemikalien, die gegen Keime wirken. Tränen werden in den Drüsen über dem Auge gebildet und fließen durch Kanäle in die Nase ab.

So entstehen Tränen

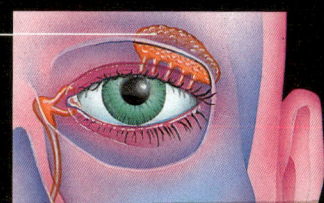

Tränendrüse

Die Ohren

Ohren sind unsere Hörorgane. Sie können sowohl das laute Dröhnen eines Düsenjets wahrnehmen als auch ein leises Flüstern. Schall breitet sich über Schwingungen der Luft aus. Das Ohr kann diese Schwingungen, die Schallwellen, wahrnehmen und an das Gehirn weiterleiten.

Ohren dienen nicht nur dem Hören, sie steuern auch das Gleichgewicht.

Die Ohren und das Hören

Ohren bestehen aus drei Teilen: dem Außenohr, das ist der sichtbare Teil, sowie dem Mittelohr und dem Innenohr, die im Kopf liegen und für das eigentliche Hören verantwortlich sind. Die Ohrmuscheln fangen die Schallwellen auf und leiten sie zum äußeren Gehörgang. Dort treffen sie auf das Trommelfell und bringen es zum Schwingen. Drei winzige Knochen – Hammer, Amboss und Steigbügel – übertragen die Vibrationen auf ein dünnes Häutchen, das ovale Fenster, und bringen es zum Schwingen. Von dort gelangen die Schallwellen in die Schnecke (Cochlea).

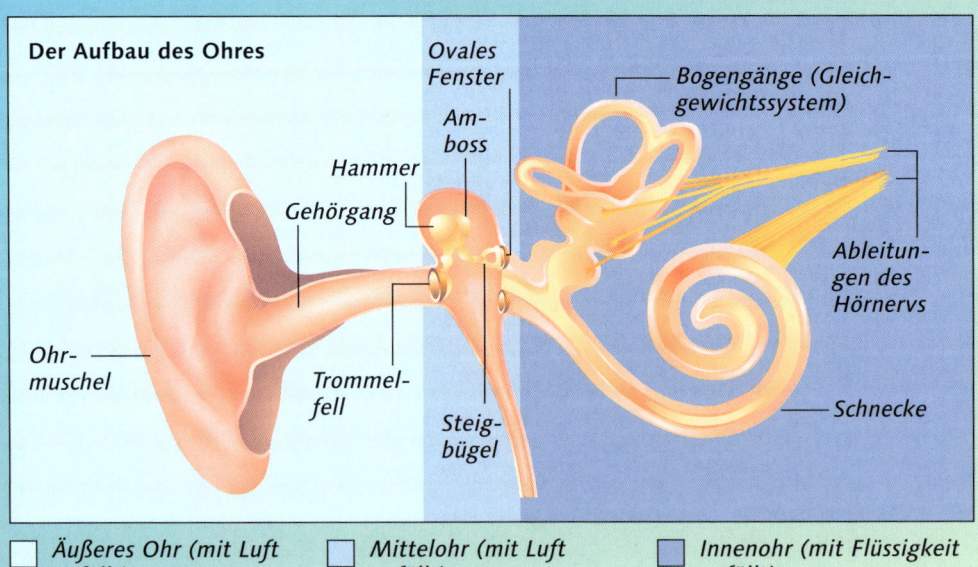

Der Aufbau des Ohres

Ovales Fenster

Am-boss

Bogengänge (Gleich-gewichtssystem)

Hammer

Gehörgang

Ableitungen des Hörnervs

Ohr-muschel

Trommel-fell

Steig-bügel

Schnecke

☐ Äußeres Ohr (mit Luft gefüllt)   ☐ Mittelohr (mit Luft gefüllt)   ☐ Innenohr (mit Flüssigkeit gefüllt)

Die Schnecke ist mit Flüssigkeit gefüllt. Sie wird durch die Bewegungen des ovalen Fensters in Schwingung versetzt und reizt winzige Sinneshärchen. In ihnen sitzen Nervenenden, die Schwingungen in Nervenimpulse übersetzen und an den Hörnerv weiterleiten. Im Gehirn werden die Nervenimpulse in Signale umgesetzt, die als Töne wahrgenommen werden. Bei hohen Tönen vibriert die Luft sehr schnell, bei tiefen Tönen langsam. Die Flüssigkeit in der Schnecke bewegt sich im Rhythmus dieser Schwingungen.

Die Balance halten

Viele Teile des Körpers arbeiten zusammen, um ihn im Gleichgewicht zu halten. Die Augen und bestimmte Nervenzellen in Muskeln und Sehnen liefern dem Gehirn Informationen über die Lage des Körpers im Raum. Das wichtigste Gleichgewichtsorgan sitzt jedoch im Innenohr. Es besteht aus zwei Bereichen: den drei Bogengängen, die in die drei Raumrichtungen weisen, und zwei abgeschlossenen Kapseln (Utriculus und Sacculus).

Gleichgewichtsorgan

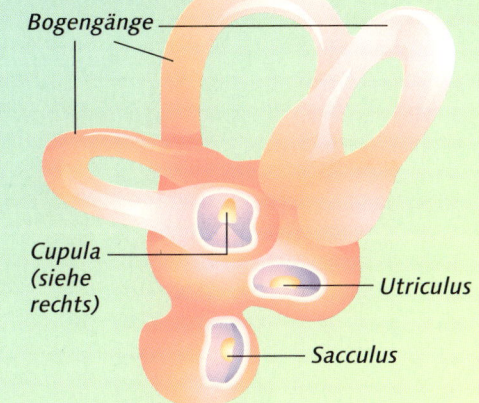

Bogengänge

Cupula
(siehe
rechts)

Utriculus

Sacculus

Sieh selbst!

Wenn du dich schnell um die eigene Achse drehst, wird dir schwindelig, sobald du anhältst. Der Grund dafür ist die Flüssigkeit in den Bogengängen, die sich noch eine Zeit lang weiterbewegt. Das Prinzip kannst du mithilfe eines Glases mit Wasser zeigen: Nimm es in die Hand und führe so lange eine kreisförmige Bewegung aus, bis sich das Wasser dreht. Wenn du das Glas dann ruhig hältst, dreht sich das Wasser weiter.

Die Bogengänge sind mit einer Flüssigkeit (Endolymphe) gefüllt und weiten sich an den Enden zu den „Ampullen". In jeder der drei Ampullen sitzt ein beweglicher Zapfen (Cupula) mit winzigen Sinneshärchen.

Wenn man den Kopf dreht, bewegt sich, etwas verzögert, auch die Flüssigkeit in den Bogengängen und biegt die Cupula hin und her. Damit werden die Sinneshärchen gereizt, die dem Gehirn melden, in welche Richtung sich der Kopf bewegt.

Der Aufbau einer Ampulle:

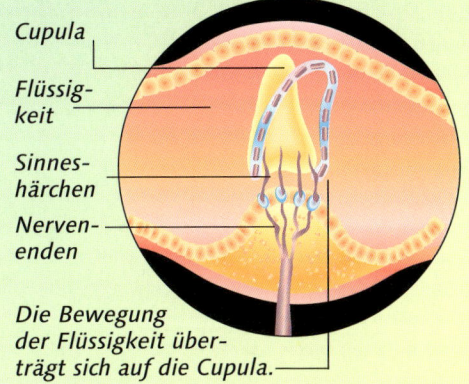

Cupula

Flüssigkeit

Sinneshärchen

Nervenenden

Die Bewegung der Flüssigkeit überträgt sich auf die Cupula.

Utriculus und Sacculus messen die Neigung des Kopfes. Beide enthalten eine gelartige Masse (Macula), in die Sinneshärchen hineinragen. Wenn man den Kopf neigt, zieht das träge Gel die Sinneshärchen zur Seite. So erkennt das Gehirn, ob der Kopf aufrecht gehalten wird oder nach vorne, hinten oder zur Seite geneigt ist.

Die Funktionsweise der Macula:

2. Die Macula gleitet zur Seite.

1. Der Kopf wird in Pfeilrichtung geneigt.

3. Sinneshärchen folgen der Bewegung.

4. Nerven senden die Information ans Gehirn.

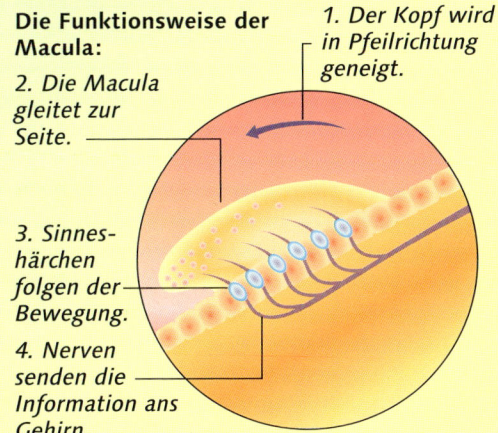

Zwei Ohren

Da beide Ohren synchron funktionieren, erhält das Gehirn die Information über Geräusche, Bewegungen und Lage stets doppelt. Durch die gleichzeitige Verarbeitung dieser Reize im Gehirn werden zusätzliche Informationen gewonnen.

So kann eine Schallquelle geortet werden, wenn beispielsweise ein Ton das linke Ohr etwas früher erreicht als das rechte und außerdem links geringfügig lauter ist. Befindet sich die Schallquelle genau vor oder hinter uns, kommen die Töne in beiden Ohren zur selben Zeit mit derselben Lautstärke an.

Sieh selbst!

Wie gut dein Gehirn Töne orten kann, zeigt ein einfaches Experiment. Setz dich mitten in einem Zimmer auf einen Stuhl und lass dir die Augen verbinden. Nun erzeugt jemand scharfe, kurze Geräusche (z. B. zwei Bleistifte aufeinander schlagen) an verschiedenen Stellen um dich herum. Versuche herauszufinden, von wo der Ton kommt. Du wirst feststellen, dass es sehr schwer ist, die Geräuschquelle zu orten, wenn sie sich genau vor, hinter oder über dir befindet. In diesen Fällen erreichen die Schallwellen deine beiden Ohren zur gleichen Zeit und in derselben Lautstärke.

Nase und Zunge

Nase und Zunge sind die Organe des Geruchs- und des Geschmackssinnes. Geruch und Geschmack werden dem Körper in Form von chemischen Molekülen übermittelt. Nervenenden in der Nase und auf der Zunge reagieren auf diese Moleküle und senden Informationen ans Gehirn. Dort werden Geruch und Geschmack identifiziert. Die Nase ist außerdem Teil des Atmungssystems, die Zunge ist an der Verdauung und der Sprache beteiligt.

Im Innern der Nase

Die beiden Nasenlöcher führen in einen Hohlraum, die Nasenhöhle. Beim Einatmen streicht die Luft durch den unteren Teil der Nasenhöhle. Feine Härchen halten größere Staubpartikel zurück, der Schleim befeuchtet und wärmt die Atemluft, bevor sie in die Lunge gelangt.

Im Dach der Nasenhöhle (Riechschleimhaut) sitzen feinste Nervenfasern. Die Moleküle in der Atemluft lösen sich im Schleim und wandern zu den Geruchsnerven.

Rosenblätter für Parfüm: Dank des Geruchssinnes kann man feinste Unterschiede in Parfüms erschnuppern.

Diese leiten Informationen ans Gehirn, das den Geruch identifiziert.

Beim normalen Atmen gelangt nur wenig Luft bis zu den Geruchsnerven. Wenn man jedoch kräftig einatmet, strömt sehr viel Luft bis auf die Riechschleimhaut.

Verschiedene Düfte

Die meisten Menschen erkennen tausende von Düften. Früher glaubte man, dass sich alle Düfte auf sieben Grunddüfte zurückführen lassen. Heute vermuten die Forscher, dass es viel mehr Gruppen gibt – vielleicht hunderte.

Die Tabelle zeigt die sieben Grunddüfte:

Duft	Beispiel
Kampfer	Mottenkugeln
Moschus	Aftershave, Parfüm
Blumen	Rosen
Pfefferminze	Zahnpasta mit Minzegeschmack
Ether	Krankenhaus, chemische Reinigung
Stechend	Essig
Faulig	verdorbene Eier

Duftende Erinnerung

Der Geruchssinn ist eng mit der Erinnerung verknüpft. So könnte der Duft von frisch gemähtem Rasen an ein wichtiges Fußballspiel erinnern. Der Grund dafür ist wahrscheinlich, dass die Informationen der Riechzellen in dem Teil des Gehirns analysiert werden, wo das Gedächtnis liegt.

So sieht es im Inneren der Nase aus:

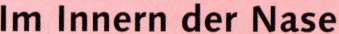

Nasenhöhle

3. Der Nervenimpuls wird ans Gehirn geleitet und dort als Duft interpretiert.

2. Die Chemikalien rufen einen Nervenimpuls hervor.

1. Die Riechzellen in der Nasenhöhle nehmen Duftmoleküle auf.

Zunge und Geschmack

Unser Geschmackssinn liefert vor allem Informationen darüber, ob etwas genießbar ist. Verdorbene Nahrung und viele Giftpflanzen schmecken so scheußlich, dass man sie gleich wieder ausspuckt.

Die Oberfläche der Zunge ist mit kleinen Buckeln besetzt, den Papillen. Auf den meisten sitzen winzige Geschmacksknospen, in denen Nerven enden. Die Moleküle in der Nahrung lösen sich im Speichel und dringen bis zu den Geschmacksknospen vor. Dort werden sie analysiert und die Information ans Gehirn geleitet.

Die verschiedenen Geschmacksregionen der Zunge:

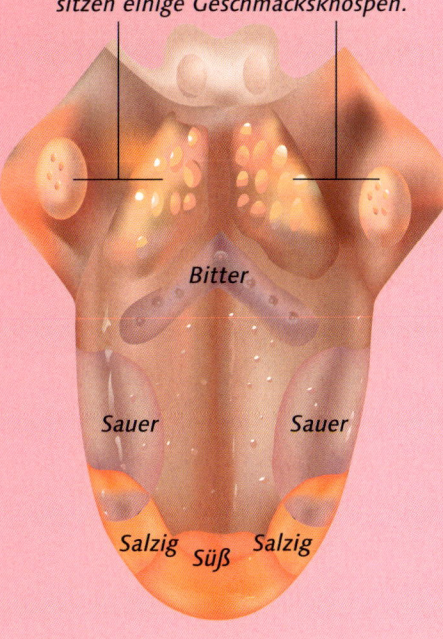

Auch auf den Mandeln (Tonsillen) sitzen einige Geschmacksknospen.

Bitter

Sauer   Sauer

Salzig   Süß   Salzig

Die drei Abbildungen zeigen die Lage der Zunge im Mund, die Papillen auf der Zunge und die darin sitzenden Geschmacksknospen.

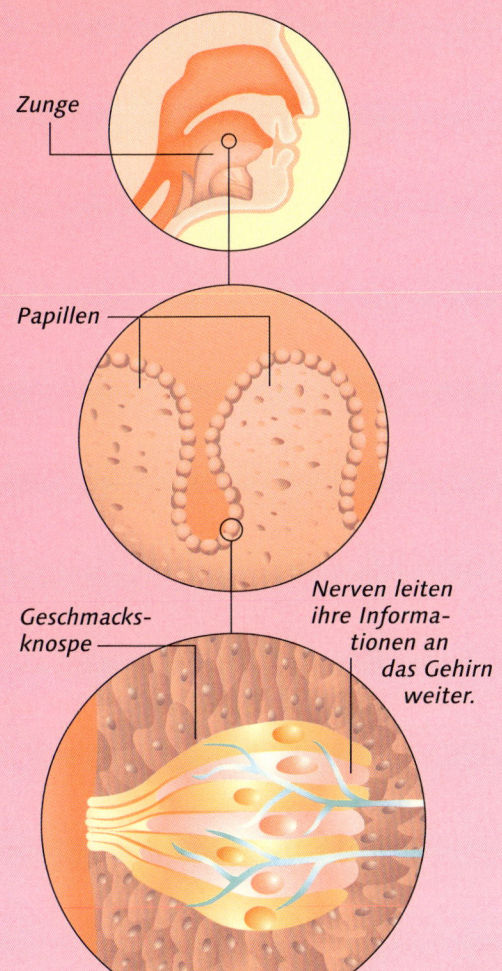

Zunge

Papillen

Geschmacksknospe

Nerven leiten ihre Informationen an das Gehirn weiter.

Aromen

An den Seiten und hinten auf der Zunge sitzen die meisten Geschmacksknospen, einige auch in anderen Bereichen des Rachens. Die einzelnen Zonen der Zunge reagieren unterschiedlich auf die vier Geschmacksrichtungen. Diese sind: salzig, süß, sauer und bitter. Ihre Kombination bestimmt, zusammen mit dem Duft, das Aroma einer Speise.

Bonbons schmecken süß.

Sieh selbst!

Wasche gründlich deine Hände und tupfe mit den Fingerspitzen einen Tropfen starken, kalten Kaffee auf verschiedene Stellen deiner Zunge. Wo nimmst du den bitteren Geschmack am deutlichsten wahr? Wiederhole das Experiment mit Salz- und Zuckerwasser sowie mit Zitronensaft. Spüle den Mund zwischen zwei Aromen mit Wasser aus und iss ein Stückchen trockenes Brot – das neutralisiert den Geschmack.

Sieh selbst!

Mit dem folgenden Test kannst du prüfen, wie eng Geruch und Geschmack verbunden sind. Fülle drei Schalen mit pürierten Früchten. In die erste gibst du Apfel, in die zweite Birne und in die dritte Möhre. Schließe die Augen, halte die Nase fest zu und bitte jemanden, dich mit einem Löffel zu füttern. Was war auf dem Löffel? Wiederhole das Experiment, ohne dir die Nase zuzuhalten. Nun wird es dir vermutlich leicht fallen, den Geschmack zu erkennen.

Zitronen schmecken sauer.

Zusammenarbeit

Geruchs- und Geschmackssinn sind eng verknüpft. Beim Essen wandern Duftmoleküle aus der Nahrung im Mund in die Nasenhöhle und werden dort wie üblich als Duft erkannt.

Menschen mit einer Erkältung verlieren oft jeglichen Geruchs- und Geschmackssinn, weil die Schleimhäute der Nase anschwellen und mehr Schleim bilden. Deshalb dringen weniger Duftmoleküle bis zu den Riechzellen vor. Man kann zwar noch ungefähr erkennen, wonach die Nahrung schmeckt, aber keine feineren Unterschiede wahrnehmen.

Die Fortpflanzung

Die Organe, die zur Geburt neuen Lebens führen, heißen Geschlechtsorgane. Männer bilden die männlichen Geschlechtszellen, die Spermien, Frauen die weiblichen, die Eizellen. Wenn ein Spermium mit einer Eizelle verschmilzt, entsteht eine neue Zelle. Diese teilt sich immer weiter, bis sich aus ihr ein Baby entwickelt.

So sieht ein Embryo im Uterus der Mutter nach acht Wochen aus. Er ist 3 cm groß und schwimmt in einer Flüssigkeit innerhalb der schützenden Fruchtblase.

Die männlichen Geschlechtsorgane

Die Spermien werden in den Hoden des Mannes gebildet und im Nebenhoden gespeichert. Die beiden Hoden befinden sich im Hodensack außerhalb des Körpers. Dort ist es kühler, denn die normale Körpertemperatur wäre zu hoch für die Bildung von Spermien.

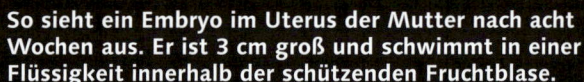

Spermium

Die weiblichen Geschlechtsorgane

In den beiden Eierstöcken der Frauen befinden sich tausende von Eizellen. Zwischen den Eierstöcken liegt ein hohles, birnenförmiges Organ, die Gebärmutter (Uterus), wo das Baby heranwächst. Die beiden Eierstöcke sind über je einen Eileiter mit dem Uterus verbunden.

Eizelle

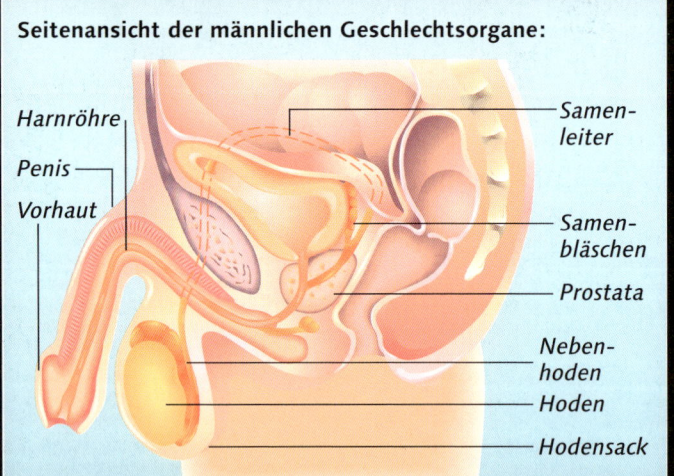

Seitenansicht der männlichen Geschlechtsorgane:

- Harnröhre
- Penis
- Vorhaut
- Samenleiter
- Samenbläschen
- Prostata
- Nebenhoden
- Hoden
- Hodensack

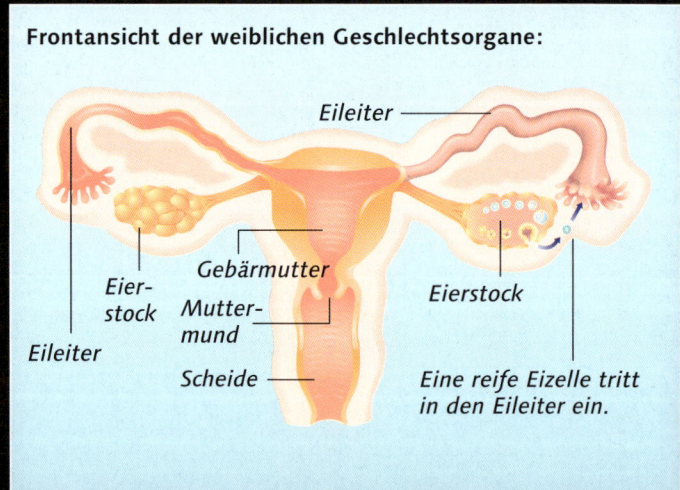

Frontansicht der weiblichen Geschlechtsorgane:

- Eileiter
- Eierstock
- Gebärmutter
- Muttermund
- Eierstock
- Eileiter
- Scheide
- Eine reife Eizelle tritt in den Eileiter ein.

Spermien und Urin werden durch den Penis abgegeben. Eine lockere Haut (Vorhaut) schützt seine sehr empfindliche Spitze. Die Spermien wandern durch zwei Samenleiter aus dem Nebenhoden bis in die Harnröhre, durch die auch der Urin ausgeschieden wird. Die Flüssigkeit, in der die Spermien schwimmen, stammt aus mehreren Drüsen, wie der Prostata und den Samenbläschen.

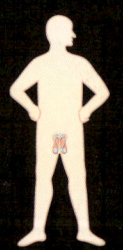

Lage der männlichen Geschlechtsorgane

Der Uterus ist unten durch ein muskulöses Organ, den Muttermund, mit der dehnbaren Scheide (Vagina) verbunden, die sich zwischen den Beinen nach außen öffnet. Nach der Pubertät bildet einer der Eierstöcke jeden Monat eine Eizelle. Diese wandert durch den Eileiter zur Gebärmutter. Wird sie während dieser Phase nicht durch ein Spermium befruchtet, stößt der Körper die Eizelle ab.

Lage der weiblichen Geschlechtsorgane

Die Befruchtung

Während des Geschlechtsverkehrs wird der Penis hart und kann in die Scheide eindringen. Die Muskeln um die Harnröhre des Mannes ziehen sich ruckartig zusammen und spritzen eine Portion Sperma in die Vagina. Dieser Vorgang wird Ejakulation genannt.

Die Spermien schwimmen durch den Uterus bis in die Eileiter. Wenn sie darin auf eine Eizelle stoßen, dringt ein Spermium in sie ein und verschmilzt mit ihr zur Zygote, zur ersten Zelle des neuen Babys. Dieser Vorgang wird Befruchtung genannt. Spermien, die keine Eizelle finden, sterben innerhalb weniger Tage ab.

Befruchtung:

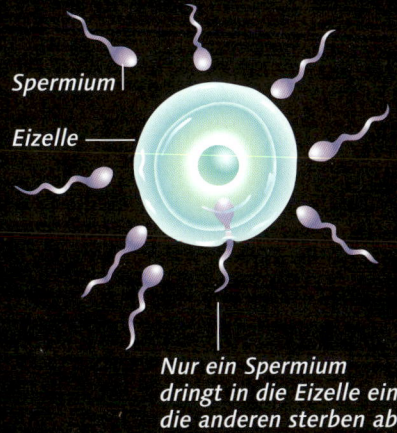

Spermium

Eizelle

Nur ein Spermium dringt in die Eizelle ein, die anderen sterben ab.

Es gibt verschiedene Methoden, die Verschmelzung von Spermium und Eizelle und damit die Entstehung eines Babys zu verhindern. Diese werden Verhütungsmittel genannt.

So entwickelt sich ein Baby

Die Zygote teilt sich in zwei identische Zellen, die sich wiederum teilen. Der Teilungsvorgang setzt sich fort, bis ein Zellhaufen entstanden ist, der sich in der Wand der Gebärmutter einnistet. Die Zellen teilen sich ständig weiter und wachsen zu verschiedenen Typen (Knochen, Blutzellen usw.) heran. Gleichartige Zellen schließen sich zu Geweben wie Muskeln zusammen, mehrere Gewebe können Organe wie das Herz bilden; aus dem Zusammenschluss von Organen entwickeln sich Systeme wie das Verdauungssystem.

Es dauert etwa neun Monate, dann ist das Baby voll entwickelt. Während der ersten drei Monate bezeichnet man es als Embryo, ab dem vierten Monat als Fötus (Fetus). Das Baby wird über den Mutterkuchen (Plazenta) vom Blut der Mutter mit Nahrung und Sauerstoff versorgt. Es ist über die Nabelschnur mit der Plazenta verbunden. Über diese werden auch Abfallprodukte des Babys entfernt. Bei der Geburt ziehen sich die Muskeln der Gebärmutter stark zusammen und pressen das Baby durch die Scheide ins Freie.

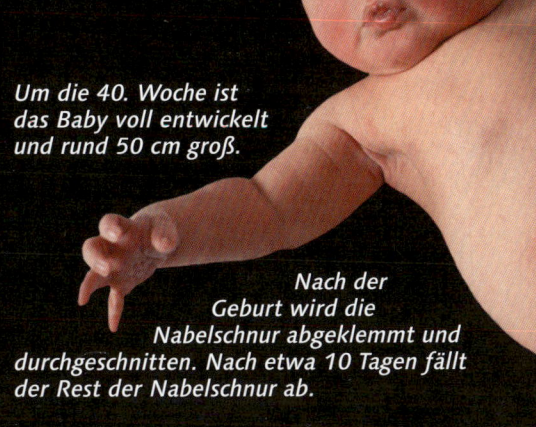

Um die 40. Woche ist das Baby voll entwickelt und rund 50 cm groß.

Nach der Geburt wird die Nabelschnur abgeklemmt und durchgeschnitten. Nach etwa 10 Tagen fällt der Rest der Nabelschnur ab.

Die Entwicklung eines ungeborenen Babys:

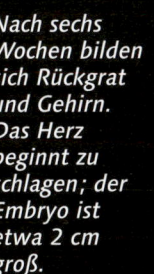
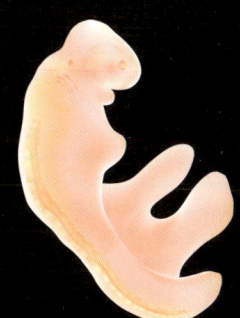

Nachdem Spermium und Eizelle verschmolzen sind, teilt sich die neue Zelle. Aus den zwei Zellen werden vier, dann acht, 16, 32 usw., bis ein kugeliger Zellhaufen entstanden ist.

Nach sechs Wochen bilden sich Rückgrat und Gehirn. Das Herz beginnt zu schlagen; der Embryo ist etwa 2 cm groß.

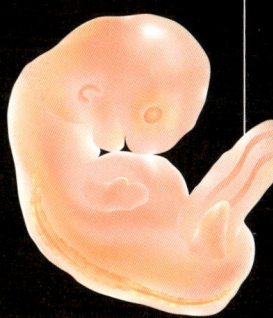

Die Nabelschnur verbindet den Embryo mit der Plazenta.

Nach sieben Wochen sind kleine Vorwölbungen zu sehen, aus denen Hände und Füße werden; der Embryo ist etwa 2,5 cm groß.

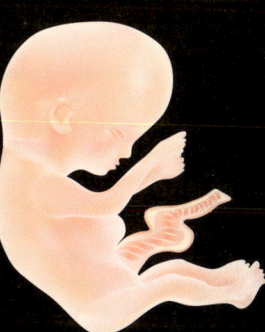

Nach 12 Wochen sind alle Organe ausgebildet. Sie werden sich noch weiterentwickeln; der Fötus ist nun 7,5 cm groß.

Gene und DNA

Der menschliche Körper besteht aus einer Billion Zellen (eine Ziffer mit 12 Nullen). Jede Zelle enthält, zumindest während einer Phase der Entwicklung, dieselben Informationen (Gene), die ihr vorschreiben, wie sie wachsen und sich entwickeln muss.

Chromosom

Ein DNA-Molekül

Die vier Farben der Stäbchen symbolisieren die vier Basen der DNA.

Die DNA besteht aus zwei langen, spiralig gewundenen Strängen, die über je zwei Basen miteinander zu einer Doppelhelix verbunden sind.

Ein chemischer Code

Gene bestehen aus einem Molekül, das DNA (Desoxyribonucleinacid, deutsch Desoxyribonukleinsäure) genannt wird. Die DNA lagert im Zellkern. Normalerweise ist die DNA lang und dünn, sie rollt sich aber vor einer Zellteilung spiralig zu den kurzen, dicken Chromosomen zusammen. An einer Trägerstruktur setzen abwechselnd die vier Chemikalien (so genannte Basen) Adenin, Cytosin, Guanin und Thymin an. Die Reihenfolge aus Dreiergruppen dieser Basen bildet den genetischen Code. Wird er „abgelesen", führt eine Zelle die Anweisungen des Codes aus.

Vererbung

Ein kompletter Satz menschlicher Gene besteht aus 46 Chromosomen. Jedes Baby erbt 23 Chromosomen von der Mutter und 23 vom Vater, daher sehen Kinder oft ihren Eltern ähnlich. Es werden aber auch Fähigkeiten, Krankheiten, vielleicht sogar Bestandteile der Persönlichkeit vererbt. Die Gesamtheit aller körperlichen und geistigen Eigenschaften, die über Gene vererbt werden, nennt man erbliche Merkmale.

Fast jeder ist anders

Jede Eizelle und jedes Spermium enthält eine eigene Zusammensetzung aus den elterlichen Genen. Wenn Eltern mehrere Kinder haben, wird jedes von ihnen etwas voneinander abweichende Gene erben. Daher müssen sich Geschwister nicht unbedingt ähnlich sehen.
Nur eineiige Zwillinge haben genau dieselben Gene, denn sie entwickeln sich aus derselben befruchteten Eizelle (Zygote). Beide Embryos haben daher exakt dieselbe DNA.

Eineiige Zwillinge wie diese besitzen dieselbe DNA.

Mädchen oder Junge?

Die Chromosomen, die darüber entscheiden, ob eine Zygote zu einem Mädchen oder einem Jungen heranwächst, heißen Geschlechtschromosomen. Es gibt zwei Formen: X- und Y-Chromosomen.

Eizellen und Spermien enthalten nur jeweils ein Geschlechtschromosom. Alle Eier haben X-Chromosomen, Spermien besitzen entweder ein X- oder ein Y-Chromosom.

Vereinigt sich ein Spermium mit X-Chromosom mit der Eizelle, wächst ein weiblicher Embryo heran, enthält das Spermium ein Y-Chromosom, entsteht ein Junge.

Die Zeichnung erläutert, wie die Geschlechtschromosomen das Geschlecht des Babys bestimmen.

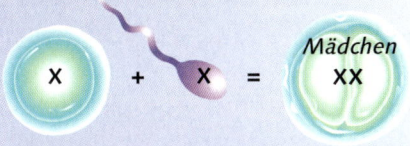

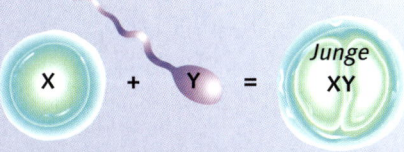

Dieses Baby hat Merkmale von seinen Eltern geerbt, z. B. blaue Augen und eine helle Haut.

Dominante Gene

Bei der Entwicklung eines Babys prägen sich nie alle erblichen Merkmale aus. Entweder überwiegen väterliche oder mütterliche Gene. Ein Gen, das ein anderes unterdrückt, heißt dominant, das unterlegene wird rezessiv genannt.

Hat ein Elternteil beispielsweise Sommersprossen, der andere aber nicht, wird das Kind auf jeden Fall Sommersprossen bekommen. Das liegt daran, dass sich Sommersprossen dominant vererben; das Fehlen von Sommersprossen ist ein rezessives Gen.

Rezessive Gene können aber dennoch ein erbliches Merkmal werden, wenn sie von beiden Eltern vererbt werden. Haben weder die Mutter noch der Vater Sommersprossen, wird auch das Kind keine Sommersprossen haben.

Vererbt oder anerzogen?

Obwohl die Gene sehr wichtig sind, bestimmen sie nicht den gesamten Menschen. Wir werden auch durch unsere Umwelt, die Erziehung und Ernährung beeinflusst.

So hat jeder Mensch eine genetisch festgelegte Körpergröße. Wer sich jedoch nicht ausgewogen und ausreichend ernährt, wird diese Größe nicht erreichen. Auch wenn manche Menschen von ihren Eltern das musikalische Talent erben, müssen sie dennoch üben, um ein Instrument zu spielen. Die Persönlichkeit und viele Fähigkeiten werden durch Einflüsse der Vererbung (Gene) und der Umwelt (z. B. Erziehung) gleichermaßen bestimmt.

101

Die Genforschung

Die Erforschung der Gene hat sich im 21. Jahrhundert zu einem sehr wichtigen Forschungsgebiet entwickelt. Wissenschaftler haben Krankheitsgene entdeckt, stellen neue Medikamente her und verändern das Erbgut von Lebewesen. Die Genetik wird unser ganzes Leben beeinflussen.

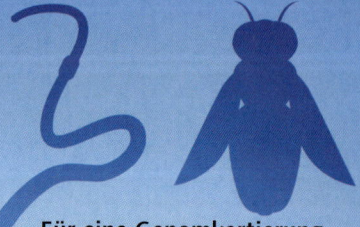

Viele Genetiker forschen an solchen Fruchtfliegen, deren Gene inzwischen alle bekannt sind.

DNA-Test

Es ist heute möglich, die DNA eines Menschen zu analysieren und viele neue Informationen daraus zu gewinnen.
Damit kann man ...

• nach Genen suchen, die Krankheiten hervorrufen;
• herausfinden, ob Menschen miteinander verwandt sind;
• Kriminalfälle aufklären, indem man Haarwurzeln oder Hautzellen vergleicht;
• neue Erkenntnisse über Mumien und gut erhaltene prähistorische Tiere und Pflanzen gewinnen.

Genomkartierung

Eine Genomkartierung klärt die gesamte DNA-Sequenz eines Organismus auf. Inzwischen sind die Genome von Menschen, Fruchtfliegen und einigen anderen Lebewesen bekannt.

Allerdings sagt das bekannte Genom nichts darüber aus, wie die Gene funktionieren, sondern es liefert nur eine Beschreibung des genetischen Codes. Damit können Forscher aber einzelne Gene genauer untersuchen.

Für eine Genomkartierung braucht man die Zellen eines Lebewesens, z. B. eines Wurms oder einer Fruchtfliege.

Daraus werden die Chromosomen und die DNA isoliert.

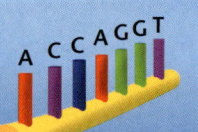

Die DNA wird analysiert, und Computer berechnen die Abfolge der Basen.

Gentechnik

Gentechniker können die DNA verändern und damit die Lebensweise eines Organismus beeinflussen. Es ist möglich, neue Nutzpflanzen und -tiere zu erschaffen oder Bakterien dazu zu bringen, Medikamente herzustellen. Theoretisch kann auch der Mensch genetisch verändert werden.

Diese Hühner wurden gentechnisch verändert – sie haben keine Federn mehr. Bauern in heißen Ländern halten diese Hühner, weil ihnen durch die fehlenden Federn nicht so warm ist und sie nach dem Schlachten nicht mehr gerupft werden müssen.

Gen-Food

In vielen Ländern werden gentechnisch veränderte Nutzpflanzen angebaut. Manche sind widerstandsfähiger als Wildpflanzen, bilden größere Früchte und liefern daher mehr Ertrag für die Bauern.

So haben die Wissenschaftler z. B. eine gentechnisch veränderte Erdbeersorte geschaffen, die Frost verträgt. Das Gen dafür stammt aus einem Fisch, der in eiskaltem Wasser lebt; es wurde in die Erdbeer-DNA eingebaut.

Mensch und Gentechnik

Schon bald könnten auch die menschlichen Gene verändert werden, z. B. aus medizinischen Gründen. Dann wäre es möglich, Menschen mit bestimmten Erbkrankheiten ein längeres Leben zu ermöglichen. Vielleicht wird auch versucht, das Aussehen von Menschen, ihr Gedächtnis, ihre Intelligenz oder Stärke zu verbessern.

Genetisch veränderte Lachse wachsen viel schneller als ihre wild lebenden Verwandten. Für die Fischzüchter bedeutet dies höheren Profit.

Klonen

Beim Klonen wird die identische Kopie eines Lebewesens erzeugt – die DNA wird vollständig kopiert. Es gibt auch natürliche Klone, z. B. eineiige Zwillinge. Sie haben dieselbe DNA. Auch Stecklinge von Pflanzen sind Klone.

Wissenschaftler befassen sich allerdings erst seit kurzem mit dem Klonen. Tiere mit identischem Erbgut würden die Forschung sehr erleichtern. Obwohl es prinzipiell möglich ist, auch Menschen zu klonen, ist dies in den meisten Ländern verboten.

Menschen klonen

Das Klonen von Menschen ist im Hinblick auf die Menschenwürde bedenklich und deshalb nach internationalem Recht verboten. Ein technisches Problem würde der Vorgang allerdings nicht darstellen.

1. Wissenschaftler würden einer Frau eine Eizelle entnehmen und die gesamte DNA daraus entfernen.

Eizelle ohne DNA

DNA

2. Dann würden sie eine Körperzelle (z. B. aus der Haut) eines Spenders isolieren.

Die Hautzelle enthält die komplette Erbinformation (DNA).

3. Mithilfe einer elektrischen Ladung würden Haut- und Eizelle verschmolzen werden.

4. Die neue Zelle würde in den Uterus einer Frau eingepflanzt und dort zu wachsen beginnen.

5. Neun Monate später käme das geklonte Baby zur Welt.

Das Modell zeigt einen
Teil eines Moleküls.

Wissenschaft und Technik

Fest, flüssig und gasförmig

Alles im Universum besteht aus winzigen Bausteinen, den Atomen. Mehrere einzelne Atome können sich zu Molekülen zusammenschließen. Die meisten Substanzen kommen in drei Zustandsformen vor: fest, flüssig und gasförmig. In Festkörpern sind die Moleküle sehr dicht gepackt, in Flüssigkeiten und Gasen viel lockerer.

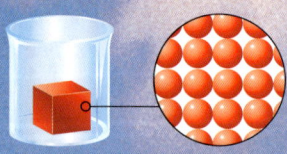

Die Moleküle eines Festkörpers sind eng miteinander verbunden und bewegen sich kaum. Daher behalten fast alle Festkörper ihre Form.

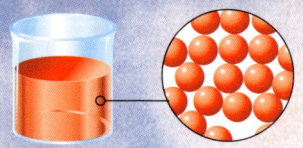

Die Moleküle in einer Flüssigkeit haben mehr Energie, sie bewegen sich stärker und haften kaum aneinander. Daher füllen die Teilchen den gesamten Behälter aus.

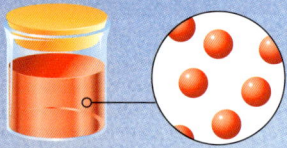

In einem Gas sind die Moleküle noch energiereicher; sie haben untereinander fast keine Haftung. Gase füllen rasch jeden Raum aus, sie haben keine eigene Form.

Der Aggregatzustand

Ein Stoff kann seinen Zustand von fest zu flüssig oder von flüssig zu gasförmig wechseln – und umgekehrt. Er geht in einen anderen Aggregatzustand über. Gewöhnlich geschieht dies, wenn Stoffe erhitzt oder abgekühlt werden.

Wird Wasser erhitzt, ändert es seinen Aggregatzustand von flüssig zu gasförmig; das Wasser verdampft, d. h. es bildet sich Wasserdampf. Kühlt sich der Dampf ab, wird er wieder zu Wasser (Kondensation). Kühlt sich Wasser noch stärker ab, wird es zu Eis, also einem Festkörper. Gefrorenes Wasser nimmt an Volumen zu (wird größer). Normalerweise schrumpfen Stoffe, wenn man sie stark abkühlt.

Das Bild zeigt eine heiße Quelle (Geysir). Das Wasser wird unter der Erde erhitzt, bis es gasförmig wird und durch einen Riss im Boden nach oben schießt.

Das Volumen

Unter Volumen versteht man den Raum, den ein fester, flüssiger oder gasförmiger Körper einnimmt. Er wird in Kubikmetern (m³) gemessen. Das Volumen eines Ziegelsteins (Festkörper) lässt sich mit folgender Formel einfach berechnen:

$$Volumen = Länge \times Breite \times Höhe$$

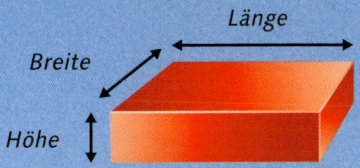

Das Volumen einer Flüssigkeit bestimmt man am besten mit einem Standzylinder mit Volumenskala. Solch einen Messzylinder kann man auch nutzen, um das Volumen eines unregelmäßigen Festkörpers zu bestimmen – man braucht dazu außerdem ein Gefäß mit Überlauf.

1. Das Gefäß wird genau bis zum Überlauf mit Wasser gefüllt.

2. Man legt den Festkörper ins Wasser.

3. Die übergelaufene Wassermenge zeigt das Volumen des Festkörpers an.

Gewicht und Masse

Gewicht und Masse werden häufig miteinander verwechselt, obwohl sie sich sehr voneinander unterscheiden. Die Masse eines Festkörpers, Gases oder einer Flüssigkeit besteht aus der Gesamtmenge seiner Materie (Atome und Moleküle). Das Gewicht entsteht durch die Anziehungskraft (Gravitation), die auf diese Masse einwirkt. Da der Mond eine deutlich kleinere Anziehungskraft als die Erde besitzt, hat ein Gegenstand auf dem Mond zwar dieselbe Masse wie auf der Erde, sein Gewicht ist dort jedoch geringer.

Wenn man ein Kilo von zwei verschiedenen Stoffen in die beiden Schalen einer Balkenwaage legt, kann man erkennen, welcher der beiden die größere Masse hat.

Unbekannte Masse *Bekannte Masse*

Das Gewicht ist eine Kraft und wird daher in Newton (N) angegeben – die Maßeinheit für alle Kräfte. Das Gewicht lässt sich nach folgender Formel aus der Masse berechnen:

$$Gewicht = Masse \times Anziehungskraft$$

Die Dichte

Die Dichte sagt etwas darüber aus, in welchem Verhältnis die Masse eines Objektes zu seinem Volumen steht. So ist ein Korken viel leichter als ein Stück Eisen derselben Größe. Kork hat eine geringere Masse als Eisen, es hat daher eine geringere Dichte als das gleich große Stück Eisen.

Die Dichte wird nach einer einfachen Formel berechnet, wenn Masse und Volumen des Objektes bekannt sind. Dichte wird als Kilogramm pro Kubikmeter (kg/m³) angegeben.

$$Dichte = \frac{Masse}{Volumen}$$

Alle Objekte mit größerer Dichte als Wasser gehen unter, solche mit kleinerer Dichte schwimmen an der Oberfläche. Da Menschen fast genau die gleiche Dichte haben wie Wasser, können sie im Wasser schwimmen und gehen nicht unter.

Die Elemente

Ein Element enthält ausschließlich Atome mit demselben Aufbau. Schwefel, Helium und Eisen sind Elemente, weil sie nur aus Schwefel-, Helium- und Eisenatomen bestehen. Ein Atom ist die kleinste Einheit aller Stoffe.

Ähnliche Elemente

Bisher wurden 115 Elemente entdeckt, vielleicht gibt es aber noch weitere. Auf der Erde kommen davon nur 90 vor, die anderen wurden von Wissenschaftlern im Labor erzeugt. Man kann die Elemente in Gruppen einteilen: in Metalle, Nichtmetalle und Halbmetalle. Die Elemente einer Gruppe haben ähnliche Eigenschaften, beispielsweise sind Metalle gewöhnlich glänzend.

Das Modell zeigt Schwefelmoleküle. Jedes Molekül besteht aus acht Schwefelatomen und hat die Form eines unregelmäßigen Rings. Schwefel gehört zu den 90 natürlich vorkommenden Elementen und ist ein Nichtmetall.

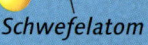
Schwefelatom

Metalle

Etwa drei Viertel der bekannten Elemente gehören zu den Metallen. Die meisten glänzen und haben eine hohe Dichte. Metalle werden vielfältig verwendet, sie sind hart, aber formbar. Als gute Wärme- und Stromleiter werden sie z. B. zu Kabeln, Lampen, Heizungen oder Kochtöpfen verarbeitet. Die meisten Metalle gehen Verbindungen mit anderen Elementen der Erdkruste ein.

Diese Schokoladeneier sind in Alufolie eingehüllt; so bleiben sie frisch. Aluminium ist das häufigste Metall der Erde.

Beim Start verbrennt der Spaceshuttle Elemente als Treibstoff. Der rotbraune Tank ist mit den Nichtmetallen Wasserstoff und Sauerstoff gefüllt, die in den Düsen verbrennen. Die weißen Raketen sorgen für zusätzlichen Schub: In ihren Düsen wird pulverförmiges Aluminium verbrannt.

Aluminium lässt sich leicht formen. Hier wird es zu einer langen, dünnen Folie ausgerollt.

Nichtmetalle

Es gibt 16 nichtmetallische Elemente, die alle natürlich auf der Erde vorkommen. Bis auf Kohlenstoff wirken sie isolierend – sie leiten weder Strom noch Wärme.

Bei Raumtemperatur sind vier Nichtmetalle fest (Phosphor, Kohlenstoff, Schwefel, Jod); Brom ist eine Flüssigkeit und die übrigen sind gasförmig.

Halbmetalle

Fast alle Halbmetalle leiten den Strom so schlecht wie die Nichtmetalle. Sie können aber leitend gemacht werden wie die Metalle, daher bezeichnet man sie auch als Halbleiter. Die neun Halbmetalle sind bei Zimmertemperatur fest.

Nichtmetalle:

Wasserstoff	Schwefel
Helium	Chlor
Kohlenstoff	Argon
Stickstoff	Brom
Sauerstoff	Krypton
Fluor	Jod
Neon	Xenon
Phosphor	Radon

Halbmetalle:

Bor	Antimon
Silizium	Tellur
Germanium	Polonium
Arsen	Astat
Selen	

Aus dem Halbmetall Germanium werden solche Transistoren hergestellt. Man baut sie in Radios ein.

Aus Silizium stellt man integrierte Schaltkreise („Chips") her. Chips werden in elektronische Geräte wie Computer, Kameras oder CD-Player eingebaut.

Verbindungen

Verschiedene Elemente können untereinander Verbindungen eingehen. Wasser besteht aus der Verbindung von Wasserstoff und Sauerstoff. In solchen Verbindungen sind die Atome der einzelnen Elemente fest miteinander verbunden und können nur schwer wieder getrennt werden.

Eine Verbindung hat gewöhnlich andere Eigenschaften als die Atome, aus der sie besteht. So setzt sich das Eisensulfid beispielsweise aus den Elementen Eisen und Schwefel zusammen. Obwohl das Eisen magnetisch ist und Schwefel auf dem Wasser schwimmt, ist Eisensulfid nicht magnetisch und geht unter.

Lösungen

Manche Elemente gehen keine Verbindungen miteinander ein. Mischt man sie, bilden sie eine Lösung. Die einzelnen Elemente aus einer Lösung lassen sich leichter trennen. Wenn man beispielsweise Salz in Wasser gibt – Kochsalz ist eine Verbindung aus Natrium und Chlor – und umrührt, entsteht eine Salzlösung in Wasser. Durch Kochen verwandelt sich das Wasser in Wasserdampf und das Salz bleibt zurück.

Energie

Ohne Energie käme alles zum Stillstand. Wärme, Licht, Elektrizität oder der Schall sind Formen von Energie – es gibt zahlreiche weitere. Die verschiedenen Energieformen lassen sich grob in zwei Gruppen einteilen: Bewegungsenergie und potenzielle Energie.

Die Sonne erzeugt genauso viel Energie wie eine Billion (1 000 000 000 000) Kraftwerke.

Potenzielle Energie

Mit diesem Begriff werden gespeicherte Formen von Energie bezeichnet: Alle Gegenstände, die herabfallen können, haben potenzielle Energie, da sie von der Gravitation der Erde angezogen werden – z. B. der Apfel an einem Baum. Je größer der Abstand zur Erde ist, desto größer ist auch die potenzielle Energie. Bei Gummibändern, elastischen Federn und allem, was sich dehnen oder quetschen lässt, wird die potenzielle Energie in der elastischen Verformung gespeichert.

Je höher der Hammer gehoben wird, desto höher wird auch seine potenzielle Energie aus der Gravitation der Erde.

Chemische Energie

Auch die chemische Energie ist eine Form von potenzieller Energie: Sie wird frei, wenn bestimmte chemische Reaktionen stattfinden. Dabei gehen Atome oder Moleküle aus einem oder mehreren Elementen neue Verbindungen ein und setzen die Energie frei. Chemische Energie ist in Batterien, Nahrung oder Brennstoffen wie Erdöl und Kohle gespeichert.

Um mit diesem Hammer schlagen zu können, muss der Mensch essen und die chemische Energie aus der Nahrung speichern. Seine Muskeln verbrauchen mit jedem Hammerschlag etwas von dieser Energie und übertragen sie in die kinetische Energie des Hammers.

Kinetische Energie

Bewegte Objekte haben kinetische (Bewegungs-)Energie. Je schneller sich etwas bewegt, desto höher ist seine kinetische Energie. Beim Abbremsen geht die kinetische Energie verloren.

Die kinetische Energie des Hammers wird auf den Nagel übertragen, der dadurch ins Holz eindringt.

Energiewandlung

Energie geht niemals verloren, d. h. die Gesamtmenge an Energie im Universum war und ist immer gleich groß. Was auch geschieht, die Energie wird nur in eine andere Form umgewandelt. Das passiert beim Hämmern (links) oder wenn Pflanzen mit der Energie der Sonne Nahrung herstellen, die als chemische Energie von Tieren genutzt wird.

Die Pflanze benutzt die Energie des Sonnenlichtes, um daraus Nahrung herzustellen, die chemische Energie speichert.

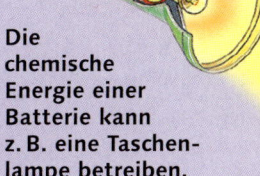

Die chemische Energie einer Batterie kann z. B. eine Taschenlampe betreiben.

Die elektrische Energie wird in Lichtenergie und die Wärme der Glühbirne umgewandelt.

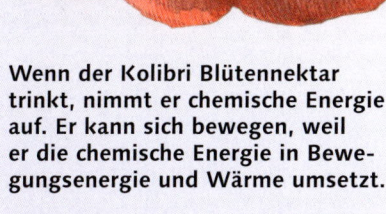

Wenn der Kolibri Blütennektar trinkt, nimmt er chemische Energie auf. Er kann sich bewegen, weil er die chemische Energie in Bewegungsenergie und Wärme umsetzt.

Energiefluss

Bei einem Energiefluss betrachtet man den Weg von einer Energieform in eine andere. Die Abfolge rechts demonstriert dies am Beispiel eines Kraftwerkes, wo die chemische Energie aus der Kohle in elektrische Energie umgewandelt wird.

Ein Kohlekraftwerk

Die meisten Energieketten enden mit Wärme und Licht. Selbst diese Energie geht nicht verloren. Sie breitet sich aber in die Umgebung aus und ist dann nur noch sehr schwer technisch zu nutzen.

Kohle besteht aus versteinerten (fossilen) Pflanzen. Sie enthält immer noch die Energie, die die Pflanzen einst von der Sonne bekamen.

Wird die Kohle verbrannt, wandelt sich chemische Energie in Wärmeenergie um. Damit wird Wasser erhitzt; es bildet sich Dampf.

Der Dampf treibt Turbinen an, deren Räder kinetische Energie enthalten.

Im Generator (eine Art Dynamo) wird die kinetische Energie in elektrische Energie umgewandelt.

Mit dem elektrischen Strom lassen sich Lampen, Fernseher, Heizungen oder Radios betreiben; die elektrische Energie verwandelt sich in Licht, Wärme und Töne.

Das Maß der Energie

Energie wird in Joule (J) gemessen, um an J. P. Joule zu erinnern, der die Wärme als Energieform erkannte. Ein Kilojoule (kJ) entspricht 1000 Joule.

Nahrung enthält unterschiedliche Mengen von Energie. In 100 g Äpfeln sind 150 kJ chemischer Energie enthalten, in derselben Menge Schokolade 2335 kJ.

Leistung ist das Maß für Energie in einer Zeiteinheit. Sie wird in Watt (W) gemessen. Ein Watt entspricht einer Energie von 1 J pro Sekunde.

Je mehr Energie eine Maschine pro Zeiteinheit verbraucht, desto stärker ist sie.

Schall

Schall entsteht immer dann, wenn ein schwingender Gegenstand Wellen auf die Luft überträgt. Das Ohr nimmt die vibrierende Luft als Schallwellen wahr.

Fallende Blätter machen ein sehr leises Geräusch.

Schallwellen

Die vibrierende Membran in einem Lautsprecher überträgt Schallenergie auf die Luft. Bewegt sich die Membran nach vorne, werden die Luftteilchen zusammengedrückt (hoher Druck). Schwingt sie zurück, verteilen sich die Luftteilchen in einem größeren Raum (niedriger Druck).

Unbewegte Lautsprechermembran:

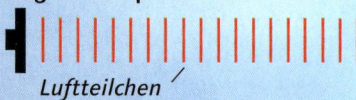

Luftteilchen

Lautsprechermembran schwingt nach vorne:

Luftteilchen werden zusammengedrückt.

Lautsprechermembran schwingt nach hinten:

Der Abstand der Luftteilchen nimmt zu.

Schallwellen werden als auf und ab schwingende Wellenlinie dargestellt. An den Wellenbergen werden die Luftteilchen zusammengedrückt, in den Wellentälern ist ihr Abstand am größten.

Grafische Darstellung einer Schallwelle:

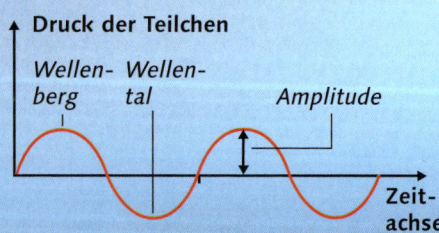

Tonhöhe und Frequenz

Je schneller ein Teil hin und her schwingt, desto höher ist der erzeugte Ton; je langsamer es vibriert, desto tiefer ist der Ton. Als Maße gelten die Zahl der Schwingungen pro Sekunde, die Frequenz, oder die Tonhöhe. Frequenzen werden in Hertz (Hz) gemessen.

Bienen schlagen pro Sekunde 200-mal mit ihren Flügeln, der erzeugte Ton hat eine Frequenz von 200 Hz. Da Mücken etwa 500-mal pro Sekunde schlagen, erzeugen sie einen Ton mit höherer Frequenz. Menschen hören die Töne zwischen 20 und 20 000 Hz.

Hohe Töne, wie der Gesang eines Vogels, haben Wellen mit hoher Frequenz.

Tiefe Töne, wie das Brummen eines großen Automotors, bedeuten Wellen mit niedriger Frequenz.

Lautstärke

Laute Töne entstehen bei starken Vibrationen. Die Größe der Vibration, d. h. die Höhe der Welle, wird Amplitude genannt: Je größer die Lautstärke ist, desto höher ist die Amplitude.

Die Lautstärke wird in der Einheit Dezibel gemessen (dB), benannt nach A. G. Bell, dem Erfinder des Telefons. Das lauteste Tier der Erde ist der Blauwal, dessen 188 dB laute Töne noch in 850 km Entfernung zu hören sind.

Flugzeuge sind so laut, dass das Bodenpersonal Ohrenschützer tragen muss.

Schallgeschwindigkeit

Schallwellen bewegen sich in 0 °C kalter Luft mit einer Geschwindigkeit von 330 m pro Sekunde. In wärmerer Luft bewegt sich der Schall schneller, in kälterer Luft langsamer.

Schallwellen ändern ihre Geschwindigkeit je nach der Materie, die sie durchlaufen. In Festkörpern sind Schallwellen schneller als im Wasser und in Flüssigkeiten schneller als in Gasen. Geschwindigkeiten, die höher sind als der Schall, werden als Überschallgeschwindigkeit bezeichnet, langsamere als Unterschallgeschwindigkeit.

Sobald ein Flugzeug die Schallmauer durchbricht, also schneller fliegt als der Schall, ist ein lauter Knall zu hören. Auf diesem Foto ist zu erkennen, wie die Schallwellen die feuchte Luft stören.

Ein landendes Flugzeug ist 120 dB laut.

Echos

Echos sind Schallwellen, die von einer Oberfläche reflektiert werden und kurz nach dem Originalton hörbar sind. Technische Geräte messen die Zeit, bis ein Echo beim Empfänger eintrifft. Auf diese Weise lassen sich Gegenstände orten und Entfernungen bestimmen – man nennt dies Echoortung. Fledermäuse und Delfine nutzen die Echoortung, um sich zu orientieren und Beute zu finden.

Mit Echos kann man z. B. das Innere des menschlichen Körpers betrachten. Wellen mit sehr hoher Frequenz (Ultraschall, höher als 20 000 Hz) dringen durch den Körper. Knochen, Muskeln und Fett reflektieren den Schall unterschiedlich. Aus den Echos errechnet ein Computer das Bild.

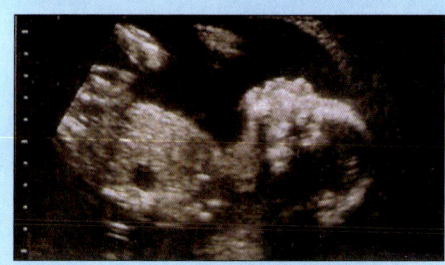

Das Ultraschallbild eines Babys im Uterus

Delfine erzeugen ständig Klickgeräusche mit hoher Frequenz. Die Zeit, bis sie das Echo hören, sagt ihnen, wie weit ein Fischschwarm entfernt ist.

Sonare

Mit einem Echo lassen sich Meerestiefen vom Boot aus bestimmen oder versunkene Schiffe und Fischschwärme unter Wasser entdecken. Diese Technik heißt Echolot oder Sonar (nach der englischen Bezeichnung Sound Navigation and Ranging).

Die Ultraschallwellen vom Sonar des Schiffes sind auf ein Wrack gestoßen und kommen als Echo zurück. Ein Computer berechnet daraus die Position des Wracks.

Licht

Das natürliche Licht auf der Erde stammt von der Sonne. Andere Lichtquellen sind Lampen, Kerzen, Fernseher und sogar einige Tiere. Licht bewegt sich mit der unglaublichen Geschwindigkeit von 300 000 km pro Sekunde und ist damit das schnellste Phänomen im ganzen Universum.

Lichtstrahlen

Ein einzelner Lichtstrahl bewegt sich in gerader Linie vorwärts. Man erkennt dies an Sonnenstrahlen, die durch ein Fenster fallen, oder dem Licht einer Taschenlampe.

Licht, das auf eine feste Oberfläche trifft, wird zurückgeworfen (reflektiert). Senkrecht auftreffendes Licht wird auch senkrecht zurückgeworfen, unter einem Winkel auftreffendes Licht wird mit demselben Winkel reflektiert. Ist die Oberfläche glatt wie bei einem Spiegel werden alle Strahlen gleichmäßig reflektiert. Ist die Oberfläche rau, werden die Strahlen in alle Richtungen zerstreut.

Die beiden Zeichnungen zeigen den Weg der Lichtstrahlen, die an einer glatten und einer rauen Oberfläche reflektiert werden.

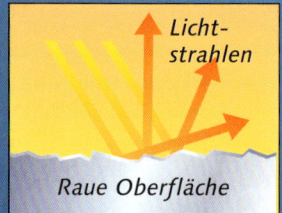

Das helle Licht eines entgegenkommenden Zuges bewegt sich in alle Richtungen: Je weiter es sich von der Quelle entfernt, desto schwächer wird seine Intensität.

Das Licht, das durch die Lücken zwischen den Bäumen fällt, bewegt sich in gerader Linie, wie sehr gut an den Strahlen zu sehen ist.

Helligkeit

Es gibt eine ganze Reihe von leuchtenden Objekten. Das Maß für die Helligkeit des abgestrahlten Lichtes bezeichnet man als Intensität. Je weiter man sich von einer Lichtquelle entfernt, desto mehr nimmt die Intensität ab. Das liegt daran, dass sich Lichtstrahlen mit der Entfernung von der Quelle immer mehr in alle Richtungen ausbreiten.

Die meisten Gegenstände leuchten nicht selbst. Man kann sie nur deswegen sehen, weil ihre Oberflächen das Licht reflektieren, das aus einer Lichtquelle – der Sonne oder einer Lampe – stammt.

Durchsichtig

Manche Objekte sind mehr oder weniger durchsichtig, andere nicht. Materialien, die fast das gesamte Licht durchlassen, wie etwa Glas, werden als transparent bezeichnet. Andere, wie z. B. Milchglas, lassen nur einen Teil des Lichtes durch; man nennt sie durchlässig.

Die meisten Materialien sind jedoch lichtundurchlässig, d. h. kein Lichtstrahl gelangt durch sie hindurch. Das gesamte auftreffende Licht wird reflektiert (s. Darstellung Seite 114) oder teilweise von der Oberfläche „verschluckt". Daher bildet sich hinter solchen Gegenständen eine Zone ohne Licht, der dunkle Schatten.

Lichtbrechung

Ein Strohhalm in einem Glas Wasser scheint an der Stelle geknickt zu sein, wo er aus der Wasseroberfläche auftaucht.

Das liegt daran, dass sich Licht in Luft schneller bewegt als in Wasser und in Wasser schneller als im Glas. Wegen dieser unterschiedlichen Geschwindigkeiten werden die Lichtstrahlen gebrochen.

Das Foto zeigt einen scheinbar geknickten Strohhalm. Der Effekt tritt an der Grenze zwischen Luft und Flüssigkeit auf; das Licht wird gebrochen.

Lichtsignale

Es gibt einige Tiere, die mithilfe einer chemischen Reaktion in ihrem Körper Licht erzeugen können – die Biolumineszenz. Das Licht dient der Verständigung mit Artgenossen, lockt Partner oder Beute an und hilft ihnen bei der Verteidigung. Die Glühwürmchen signalisieren mit ihrem Leuchten, dass sie zur Paarung bereit sind.

Viele Fische der Tiefsee erzeugen Licht, um sich zu verteidigen. Wird eine Melonenqualle bedroht, entlässt sie Wolken aus hell leuchtenden Teilchen: Der Angreifer wird geblendet, ist verwirrt, und die Qualle kann entkommen.

Der lange Faden an der Kehle weiblicher Tiefsee-Drachenfische kann aufleuchten. Viele Wissenschaftler glauben, dass damit Beute, wie diese Garnelen, angelockt wird. Kommen sie zu nahe, werden sie gefressen.

Das ist ein Tiefsee-Drachenfisch. Er hat zwei Flecken neben seinen Augen, die aufleuchten können. Auf diese Weise findet er seine Beute.

Spiegelbilder

Betrachtet man einen Gegenstand im Spiegel, erscheint er seitenverkehrt. Am einfachsten kann man das demonstrieren, wenn man einige Wörter auf ein Blatt Papier schreibt. Dann hält man den Zettel mit der Schrift nach vorn vor den Spiegel. Die Lichtstrahlen, die von dem Papier reflektiert werden, fallen zunächst auf den Spiegel und dann in die Augen. Man sieht also nicht das Papier selbst, sondern ein Bild davon – der Spiegel vertauscht die rechte und linke Seite.

Farbe

Das Licht von der Sonne und von Glühlampen wird „weißes" Licht genannt. Weißes Licht besteht aus den sieben Farben des Regenbogens: Rot, Orange, Gelb, Grün, Blau, Indigoblau und Violett.

Farbtrennung

Die Gesamtheit aller Farben des weißen Lichtes heißt Farbspektrum. Der Naturforscher Isaac Newton fand 1666 heraus, dass man weißes Licht in seine Bestandteile zerlegen kann. Dazu benutzte er ein dreieckig geschliffenes Glas, ein Prisma. Trifft das Licht auf das Prisma, wird es gebrochen: Die einzelnen Farben werden voneinander getrennt.

Regenbogen

Wenn die Sonne nach einem Regenguss wieder scheint, bildet sich ein Regenbogen, weil die Sonnenstrahlen durch die noch in der Luft schwebenden Tröpfchen fallen. Jeder Tropfen wirkt wie ein Prisma und zerlegt das Licht in seine Farben.

Die Zeichnung erläutert, wie ein Prisma die Farben zerlegt.

Himmelsfärbung

Die Farbe am Himmel entsteht, wenn die Sonnenstrahlen durch die Erdatmosphäre scheinen. Dabei werden einige Farben stärker abgelenkt („zerstreut") als andere. Da das Blau am stärksten zerstreut wird, sieht der Himmel am Tag blau aus.

Die rötlichen Farben des Abendhimmels bilden sich aufgrund von Lichtstreuung.

In der Morgen- und Abenddämmerung steht die Sonne unter dem Horizont. Das Licht muss einen weiteren Weg durch die Atmosphäre zurücklegen und das blaue Licht wird so stark zerstreut, dass es nicht mehr zu sehen ist – der Himmel erscheint rot.

Lichtmischung

Durch unterschiedliche Kombination von rotem, grünem und blauem Licht lassen sich alle Farben bilden. Daher werden diese drei Farben Primärfarben genannt.

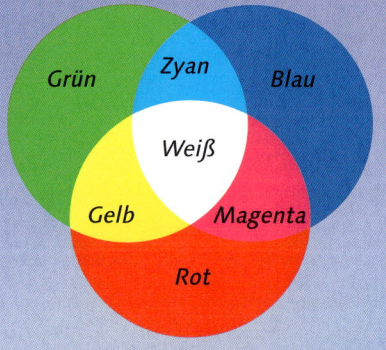

Zyan, Magenta und Gelb sind die Sekundärfarben des Lichtes.

Mischt man zwei der Primärfarben miteinander, entsteht eine Sekundärfarbe. Durch die Kombination von zwei einander gegenüberliegenden Farben – z. B. Rot und Zyan – bildet sich Weiß. Solche Farben werden Komplementärfarben genannt.

Ein Regenbogen bildet sich, weil das Sonnenlicht durch Wassertröpfchen in der Luft in seine Farben zerlegt wird.

Farben sehen

Man sieht farbig, weil die Farbsinneszellen in den Augen das Licht wahrnehmen, das an der Oberfläche eines Gegenstandes reflektiert wird.

Alle farbigen Gegenstände und die Malerfarben enthalten Pigmente. Diese Substanzen verschlucken (absorbieren) bestimmte Farben, andere reflektieren sie. Nur die jeweils reflektierte Farbe kann man sehen.

So reflektiert eine rote Blüte nur den roten Anteil des Lichtes. Alle anderen Farben des Spektrums absorbiert sie. Weiße Oberflächen reflektieren dagegen alle Farben des Lichtes, und schwarze Oberflächen verschlucken sie fast vollständig.

Die weißen Federn auf dem Bauch des Pinguins reflektieren das gesamte Licht, während die schwarzen Federn alles Licht schlucken.

Farben mischen

Die drei Grundfarben beim Malen sind Magenta, Zyan und Gelb. Sie entsprechen aber nicht den Primärfarben des Lichtes. Werden sie auf einer Palette miteinander vermischt, entstehen fast alle anderen Farben außer Weiß. Mischt man alle drei zusammen, entsteht Schwarz.

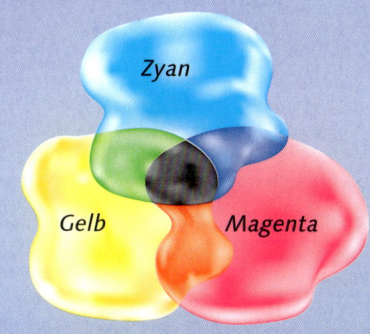

Zyan

Gelb   Magenta

Bei den Malerfarben sind Grün, Blau und Rot Sekundärfarben.

Sieh selbst!

Mithilfe dieses Farbkreisels kannst du die Farben des Spektrums zu Weiß zusammenmischen. Zeichne einen Kreis (mit Zirkel oder Glas) auf eine feste Pappe und schneide ihn aus. Teile ihn in sieben möglichst gleich große Segmente und male jedes Segment mit einer Regenbogenfarbe an. Stecke einen Stift durch die Mitte und drehe den Kreisel. Die Farbflächen werden sich vermischen und Weiß bilden.

Farbendruck

Die farbigen Bilder in Büchern und Zeitschriften und die Computer-Farbausdrucke bestehen aus kleinen Punkten in Magenta, Zyan, Gelb und Schwarz (macht das Bild schärfer), die dicht auf das Papier gesetzt werden. Diese Technik heißt Vierfarbendruck.

In dieser Vergrößerung wird sichtbar, dass gedruckte Bilder aus winzigen Punkten in Magenta, Gelb, Zyan und Schwarz bestehen.

Wenn du die Bilder in diesem Buch mit einem guten Vergrößerungsglas betrachtest, kannst du die Farbpunkte sehen.

Die Farben im Vierfarbendruck:

Zyan   Magenta   Gelb   Schwarz

Die Flasche sieht blau aus, weil sie nur Blau reflektiert und alle anderen Farben absorbiert werden.

Elektrizität

Elektrizität ist eine nützliche Form von Energie, weil sie sich leicht in andere Energieformen umwandeln und sehr gut transportieren lässt. Elektrizität fließt als Strom durch Kabel und treibt zahlreiche Geräte an, vom Wasserkocher bis zum Computer.

Auch Blitze sind eine Form von Elektrizität.

Elektrische Ladung

Ein Atom hat drei Bestandteile: Protonen, Neutronen und Elektronen. Die Protonen und Neutronen sind extrem dicht im so genannten Atomkern zusammengepresst, die Elektronen kreisen auf Bahnen um den Kern herum.

Protonen sind positiv, Elektronen negativ geladen. Neutronen sind neutral, d. h. ohne elektrische Ladung. Atome enthalten gewöhnlich die gleiche Zahl Elektronen und Protonen – die Ladungen „heben sich auf" –, Atome sind daher als Ganzes elektrisch neutral. Es gibt aber Elektronen, die von Atom zu Atom überspringen.

Nimmt ein Atom Elektronen auf, wird es negativ (–), gibt es Elektronen ab, ist es positiv (+) geladen. Elektrizität entsteht durch vorhandene oder bewegte geladene Teilchen.

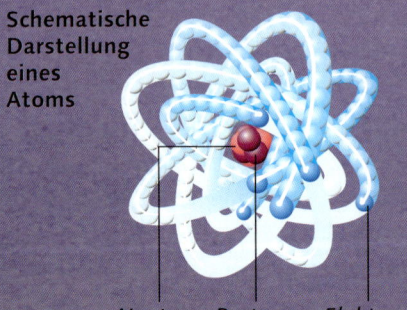

Schematische Darstellung eines Atoms

Neutron Proton Elektron

Kräfte und Felder

Wenn sich elektrisch geladene Teilchen annähern, üben sie eine Kraft aus – gleich geladene Teilchen stoßen sich ab, ungleich geladene ziehen sich an. Die Zone, in der diese Kräfte wirksam sind, heißt elektrisches Feld.

Elektrischer Strom

In bestimmten Materialien, z. B. in Metallen, können die Elektronen leicht von Atom zu Atom wandern. Dabei erzeugen sie einen Fluss von Ladungen, der als elektrischer Strom bezeichnet wird. Alle Stoffe, in denen Strom fließen kann, heißen elektrische Leiter.

Es gibt aber auch Materialien, deren Elektronen kaum von Atom zu Atom springen können; dazu gehören Holz, Kunststoff oder Gummi. Durch sie kann kein elektrischer Strom fließen – sie wirken isolierend.

Die Abbildungen zeigen, was geschieht, wenn geladene Teilchen aufeinander treffen.

Ungleich geladene Teilchen ziehen sich an.

 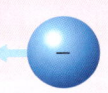

Gleich geladene Teilchen stoßen sich ab.

Stromquellen

Unser elektrischer Strom stammt aus Kraftwerken. Dort wandeln große Maschinen, die Generatoren, Energie aus Öl, Kohle oder Gas in elektrische Energie um. Die Elektrizität fließt durch Hochspannungsleitungen oder unterirdische Kabel bis in die einzelnen Haushalte.

Die elektrischen Leitungen im Haus leiten den Strom weiter in jedes Zimmer zu Steckdosen und Lichtschaltern. Stromkabel bestehen meist aus Kupfer und sind durch Plastikröhren isoliert.

Statische Elektrizität

Manche isolierenden Materialien laden sich elektrisch auf, wenn man sie reibt. Dadurch werden Elektronen von einem auf das andere Material übertragen. Da das Material isoliert, fließen die Teilchen nicht ab, sondern sammeln sich auf der Oberfläche. Diese Form der Elektrizität heißt statische Elektrizität.

Wie statische Elektrizität funktioniert, zeigt ein einfaches Experiment: Reibe einen Luftballon an deinem Pullover. Dabei werden einige Elektronen vom Stoff auf den Ballon übertragen – der Ballon lädt sich negativ auf, dein Pullover positiv. Wenn du den Ballon nun loslässt, bleibt er an dir hängen, weil sich unterschiedliche Ladungen anziehen.

Statische Elektrizität entsteht, wenn man einen Ballon am Pullover reibt.

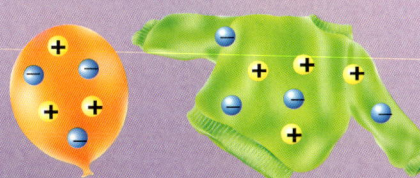

Zunächst sind Ballon und Stoff elektrisch neutral.

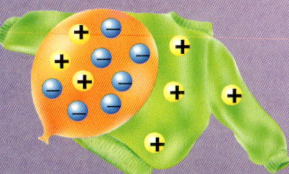

Nach dem Reiben ist der Pullover positiv, der Ballon negativ geladen. Da sich unterschiedliche Ladungen anziehen, bleibt der Ballon am Stoff haften.

Blitze

Auch Blitze beruhen auf statischer Elektrizität. In den Wolken eines Gewitters reiben sich fallende Wassertröpfchen und aufsteigende Eiskristalle aneinander.

Wenn sich Wassertröpfchen und Eiskristalle aneinander und an Luftteilchen reiben, baut sich statische Elektrizität auf.

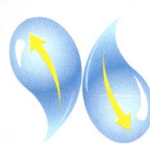

Im oberen Teil der Wolken sammeln sich positive, im unteren negative Ladungen. Auf der Erde bilden sich unter den Wolken positive Ladungen.

Schließlich kommt es zu einer Verbindung zwischen den negativen Ladungen in der Wolke und den positiven Ladungen am Boden. Eine Art Funke springt von oben nach unten, es blitzt.

Wenn sich die Unterseite der Wolke negativ auflädt, sammeln sich am Erdboden positive Ladungen an.

Beim Blitz fließen elektrische Ladungen zwischen Wolke und Boden, bis beide wieder elektrisch neutral sind.

Der Blitz heizt die Luft enorm auf; sie dehnt sich schlagartig aus – es donnert. Da das Licht viel schneller ist als der Schall, sieht man zuerst den Blitz und hört erst nach einiger Zeit den Donner, es sei denn, das Gewitter ist sehr nahe.

Blitze enthalten eine enorme Menge an Energie; sie wird in Licht, Wärme und Schall (Donner) umgewandelt.

Magnetismus

Ein Magnet ist ein Stück Metall, das andere Metalle anzieht. Der Bereich um den Magnet, in dem die magnetische Kraft wirksam ist, heißt magnetisches Feld. Es ist besonders stark an den Enden eines Magneten, an den so genannten Polen.

Der Hufeisenmagnet hat kleine Eisenfeilspäne angezogen.

Norden und Süden

Wenn man einen Magnet an eine Schnur bindet und frei hängen lässt, richtet er sich immer in Nord-Süd-Richtung aus. Das nach Norden zeigende Magnetende wird Nordpol genannt, das nach Süden zeigende Ende Südpol.

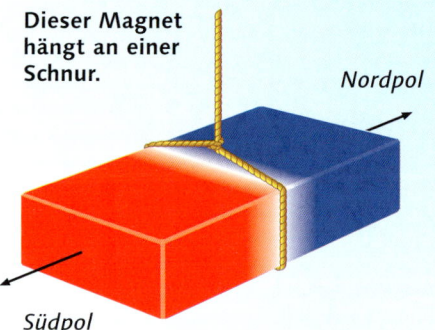

Dieser Magnet hängt an einer Schnur.

Nordpol

Südpol

Bringt man den Nordpol eines Magneten in die Nähe des Südpols eines zweiten Magneten, ziehen sie sich gegenseitig an. Zwei Nord- oder zwei Südpole stoßen einander jedoch immer ab.

Unterschiedliche Pole ziehen sich an:

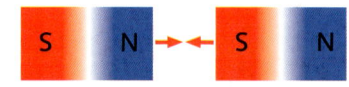

Gleiche Pole stoßen sich ab:

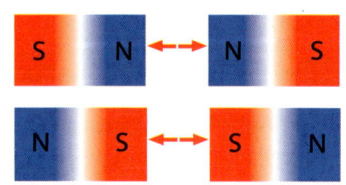

Magnetische Metalle

Ein Magnet (Dauermagnet) zieht Eisen, Kobalt, Nickel und verschiedene Legierungen an. Das sind Mischungen aus einem oder mehreren metallischen Elementen oder einem Metall und einem anderen Element. Stahl ist eine weit verbreitete Legierung. Metalle dieser Art werden in der Nähe eines Magneten selbst magnetisch (ferromagnetisch).

Einige ferromagnetische Metalle bleiben nur so lange magnetisch, wie sie Kontakt mit einem Magnet haben. Wird der Magnet entfernt, verlieren sie ihre magnetischen Eigenschaften. Magnetisierbare Metalle bleiben auch dann magnetisch, wenn der Dauermagnet entfernt wird.

Der Dauermagnet hat alle Büroklammern in der Kette magnetisch gemacht.

Ohne den Magnet sind die Büroklammern nicht mehr magnetisch.

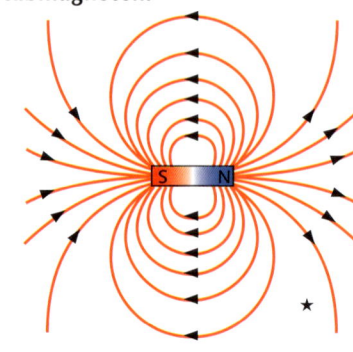

Magnetische Felder

Magnetische Felder sind unsichtbar, aber Wissenschaftler zeichnen sie als gedachte Linien um einen Magneten ein, um das Feld zu beschreiben. Diese so genannten Feldlinien werden mit Pfeilen versehen, sie zeigen immer vom Nord- auf den Südpol. An den Magnetpolen sind die Feldlinien besonders dicht, hier ist das Magnetfeld am stärksten.

Die roten Feldlinien bezeichnen die Lage des magnetischen Feldes um den Stabmagneten.

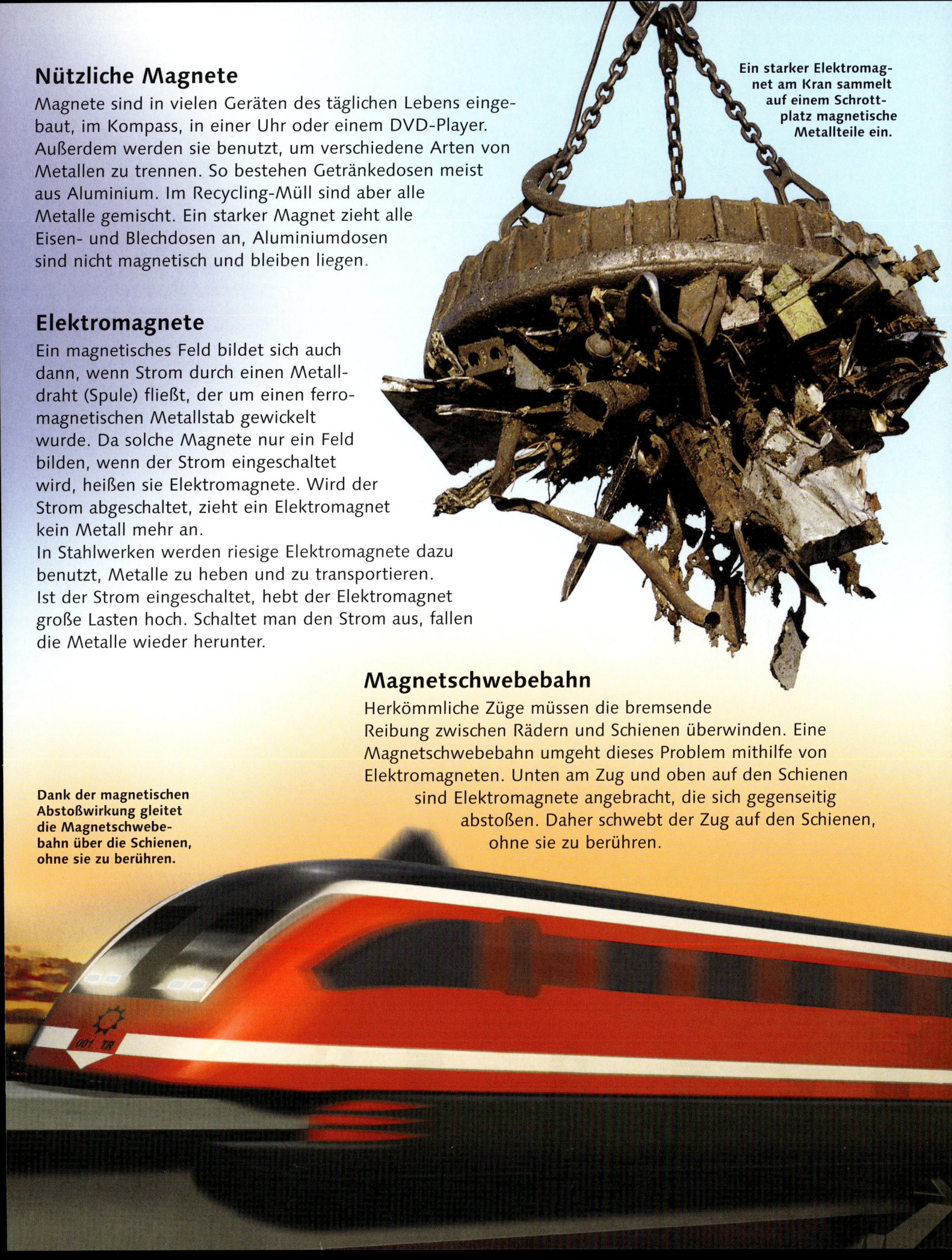

Nützliche Magnete

Magnete sind in vielen Geräten des täglichen Lebens einge-
baut, im Kompass, in einer Uhr oder einem DVD-Player.
Außerdem werden sie benutzt, um verschiedene Arten von
Metallen zu trennen. So bestehen Getränkedosen meist
aus Aluminium. Im Recycling-Müll sind aber alle
Metalle gemischt. Ein starker Magnet zieht alle
Eisen- und Blechdosen an, Aluminiumdosen
sind nicht magnetisch und bleiben liegen.

**Ein starker Elektromag-
net am Kran sammelt
auf einem Schrott-
platz magnetische
Metallteile ein.**

Elektromagnete

Ein magnetisches Feld bildet sich auch
dann, wenn Strom durch einen Metall-
draht (Spule) fließt, der um einen ferro-
magnetischen Metallstab gewickelt
wurde. Da solche Magnete nur ein Feld
bilden, wenn der Strom eingeschaltet
wird, heißen sie Elektromagnete. Wird der
Strom abgeschaltet, zieht ein Elektromagnet
kein Metall mehr an.
In Stahlwerken werden riesige Elektromagnete dazu
benutzt, Metalle zu heben und zu transportieren.
Ist der Strom eingeschaltet, hebt der Elektromagnet
große Lasten hoch. Schaltet man den Strom aus, fallen
die Metalle wieder herunter.

Magnetschwebebahn

Herkömmliche Züge müssen die bremsende
Reibung zwischen Rädern und Schienen überwinden. Eine
Magnetschwebebahn umgeht dieses Problem mithilfe von
Elektromagneten. Unten am Zug und oben auf den Schienen
sind Elektromagnete angebracht, die sich gegenseitig
abstoßen. Daher schwebt der Zug auf den Schienen,
ohne sie zu berühren.

**Dank der magnetischen
Abstoßwirkung gleitet
die Magnetschwebe-
bahn über die Schienen,
ohne sie zu berühren.**

Das Fliegen

Vor rund einem Jahrhundert gelang der erste Flug mit einem Motorflugzeug – er dauerte nur 12 Sekunden. Heute fliegen Flugzeuge schneller als der Schall und Hubschrauber können in der Luft stehen.

Drachen waren die ersten Flugobjekte der Menschen.

Die Kräfte beim Flug

Auf ein fliegendes Flugzeug wirken vier Kräfte ein: Auftrieb, Vorschub, Schwerkraft und Reibung. Es kann nur dank Auftrieb und Vorschub fliegen. Bei sehr leichten Flugzeugen (Segelflugzeugen) oder Vögeln reicht bereits der Auftrieb aus, um sich in der Luft halten zu können. Schwere Flugzeuge brauchen zusätzlich den Vorschub.

Der Auftrieb

Die Tragflächen eines Flugzeuges sind ähnlich wie Vogelflügel konstruiert: Beide sind oben gewölbt und auf der Unterseite flach. Auf diese Weise strömt die Luft über den Tragflächen schneller als darunter. Es entsteht ein Luftdruckunterschied, oben eine „saugende", unten eine „drückende" Kraft – das nennt man Auftrieb.

Der Auftrieb am Flügel eines fliegenden Vogels:

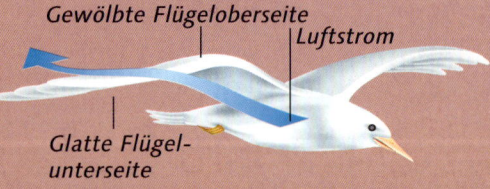

Gewölbte Flügeloberseite
Luftstrom
Glatte Flügelunterseite

Der Vorschub

Der Vorschub sorgt dafür, dass sich das Flugzeug nach vorn bewegt. Er wird von den Motoren und Propellern des Flugzeuges erzeugt. Je größer der Vorschub, desto schneller bewegt sich das Flugzeug. Damit erhöht sich auch der Auftrieb, denn die Luftbewegung und damit die Druckunterschiede am Flügel werden größer.

Düsentriebwerke stoßen nach hinten einen Strahl heißer Gase aus, der das Flugzeug nach vorn treibt.

Der Propeller vorne am Flugzeug drückt die Luft nach hinten und „zieht" damit das Flugzeug nach vorn.

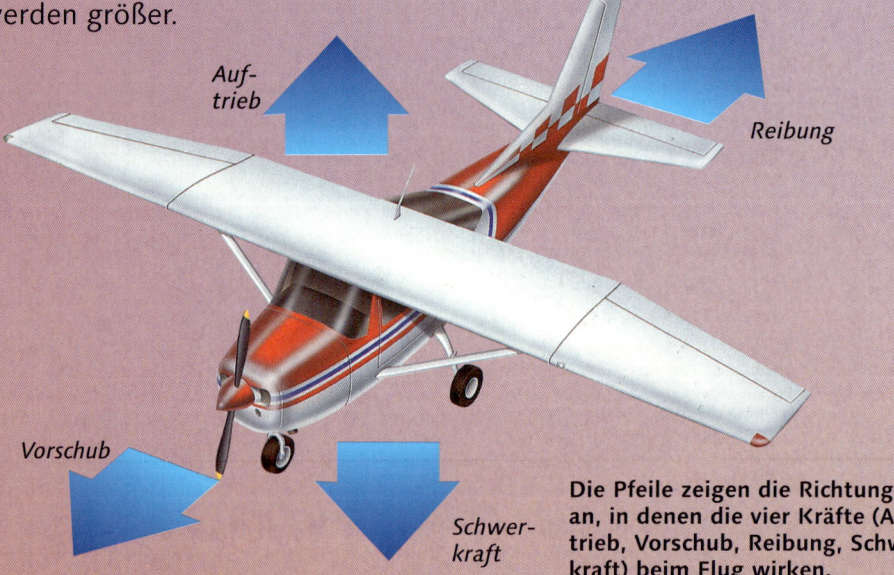

Auftrieb

Reibung

Vorschub

Schwerkraft

Die Pfeile zeigen die Richtungen an, in denen die vier Kräfte (Auftrieb, Vorschub, Reibung, Schwerkraft) beim Flug wirken.

Reibung senken

Ein Flugzeug wird durch die Luftreibung gebremst, weil die Luftteilchen gegen die Oberfläche des Flugzeuges reiben. Flugzeugbauer versuchen die Reibung zu vermindern, indem sie die Maschinen stromlinienförmig bauen. Dadurch strömt die Luft leichter am Flugzeug entlang.

Die Schwerkraft

Sobald das Flugzeug in der Luft ist, wirkt die Schwerkraft dem Auftrieb entgegen. Deshalb verwenden Flugzeugbauer Materialien, die leicht und dennoch stabil sind.

So wird ein Flugzeug gesteuert

Ein Flugzeug muss sich nach oben und unten bewegen und sich zum Kurvenflug neigen können. Dabei helfen ihm bewegliche Klappen in den Tragflächen und dem Leitwerk am Ende des Flugzeuges (mit Seiten- und Höhenflosse). Die beweglichen Teile der Tragflächen heißen Querruder, die am Ende des Flugzeuges Seiten- bzw. Höhenruder. Wenn der Pilot eine der Steuerklappen bewegt, erhöht er die Reibung auf einen bestimmten Teil des Flugzeuges. Damit bewegt sich das Flugzeug in eine andere Position, so wie unten dargestellt.

So funktionieren die Steuerklappen:

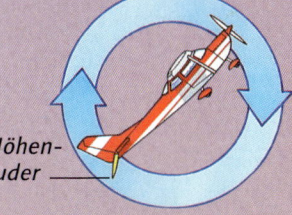

Querruder

Seitenruder

Höhenruder

Um eine weite Kurve zu fliegen, muss sich das Flugzeug neigen. Dazu verändert der Pilot die Stellung der Querruder.

Für leichte Kurven nach rechts oder links verstellt der Pilot das Seitenruder im senkrechten Teil des Leitwerkes.

Beim Steig- oder Sinkflug werden die Höhenruder im waagerechten Teil des Leitwerkes verstellt.

Ein Airbus kurz vor der Landung. Beim Sinkflug muss der Pilot ständig Querruder, Höhen- und Seitenruder auf und ab bewegen, damit das Flugzeug stabil in der Luft bleibt.

Große Passagiermaschinen haben drei bis vier Triebwerke.

Wenn der Pilot nach und nach den Schub aus den Triebwerken nimmt, verringert sich der Auftrieb. Das Flugzeug sinkt langsam immer tiefer.

Große Düsenflugzeuge klappen das Fahrwerk während des Fluges in die Tragflächen, um die Reibung zu vermindern.

Hier sitzt eines der Querruder; achte bei deinem nächsten Flug darauf, wie sie sich bewegen.

Sieh selbst!

Mit einem Blatt Papier und einem Bleistift kannst du den Auftrieb eines Flügels simulieren. Schneide einen 15 cm langen und 5 cm breiten Streifen aus und falte ihn in der Mitte zusammen. Klebe die Enden wie im Bild aneinander. So entsteht eine glatte und eine gewölbte Oberfläche – der Querschnitt eines Flügels. Hänge das Papier über einen Bleistift. Halte den Bleistift nahe an deine Lippen und blase leicht und gleichmäßig auf die Knickkante. Die unterschiedliche Luftströmung oben und unten heben den „Flügel" an.

Hier blasen

Der Flügel hebt sich

Von vorn weiterblasen

Fernsehen und Radio

Vor rund 100 Jahren gelangen die ersten Radioübertragungen. Das Fernsehen wurde 1926 erfunden. Zuerst ließen sich die Signale nur über kurze Entfernungen übertragen, aber mit den heute verwendeten Satelliten kann man Rundfunk- und Fernsehsignale auf der ganzen Welt empfangen.

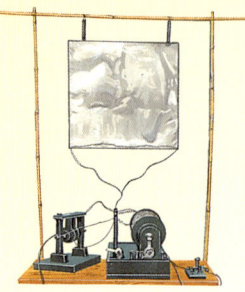

Dieses frühe Radio wurde von Marconi erfunden, daher hieß es Marconiphon.

Radiowellen

Unsere ganze Umgebung ist von Radiowellen erfüllt. Sie bewegen sich mit Lichtgeschwindigkeit und übertragen Signale. Es gibt unterschiedliche Radiowellen. Sie breiten sich verschieden aus und dienen jeweils anderen Zwecken.

Langwellen (LW) folgen der Erdkrümmung. Sie werden für Schiffsnavigation, militärische Kommunikation und bestimmte Radioprogramme eingesetzt. Mittelwellen (MW) bewegen sich normalerweise nahe am Erdboden; einige breiten sich jedoch nach oben aus und werden an der Ionosphäre reflektiert. Man nutzt sie für Radioprogramme. Kurzwellen (KW) breiten sich über große Entfernungen aus, denn sie werden ebenfalls von der Ionosphäre reflektiert. Funkgeräte von Taxifahrern oder Polizisten nutzen Kurzwellen.

Hochfrequente (VHF) und ultrahochfrequente (UHF) Wellen breiten sich in gerader Linie aus, sie durchdringen sogar die Ionosphäre und werden von künstlichen Satelliten zur Erde zurückgeworfen. Sie werden für die Navigation von Schiffen, bei der Kommunikation mit Flugzeugen und für Fernseh- und Radioprogramme verwendet.

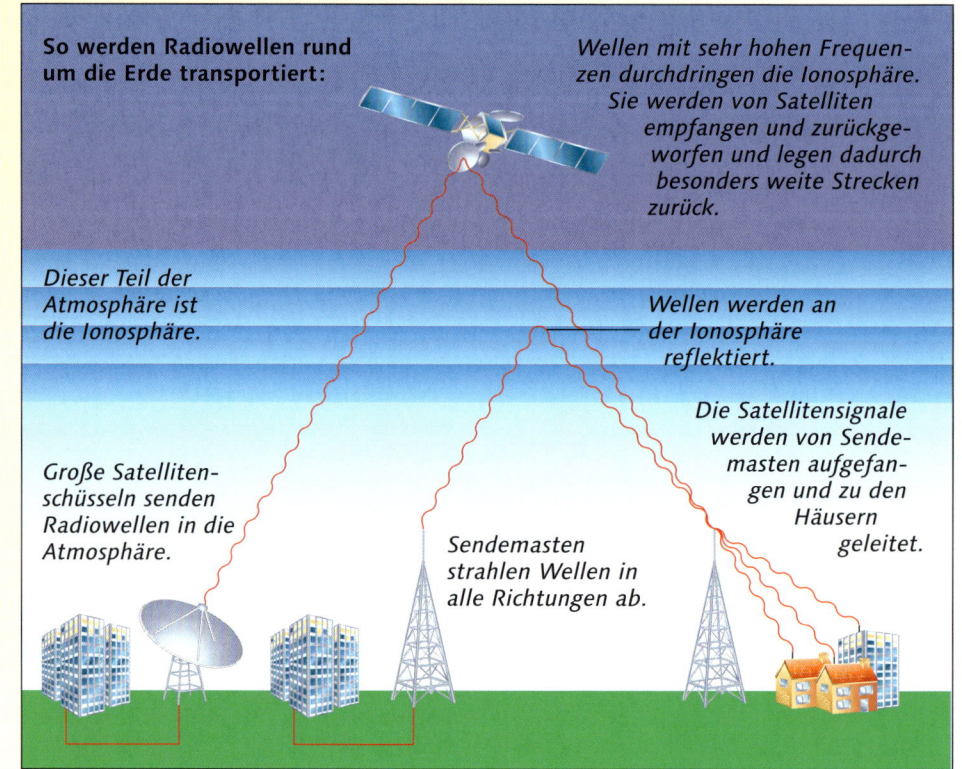

So werden Radiowellen rund um die Erde transportiert:

Wellen mit sehr hohen Frequenzen durchdringen die Ionosphäre. Sie werden von Satelliten empfangen und zurückgeworfen und legen dadurch besonders weite Strecken zurück.

Dieser Teil der Atmosphäre ist die Ionosphäre.

Wellen werden an der Ionosphäre reflektiert.

Große Satellitenschüsseln senden Radiowellen in die Atmosphäre.

Die Satellitensignale werden von Sendemasten aufgefangen und zu den Häusern geleitet.

Sendemasten strahlen Wellen in alle Richtungen ab.

Radio

Im Funkhaus werden die Schallwellen über ein Mikrofon aufgenommen, das sie in elektrische Signale umwandelt. Diese werden dem Sender zugeleitet, wo sie einer dort erzeugten elektromagnetischen Schwingung mit sehr hoher Schwingungszahl ausgesetzt (moduliert) und als Radiowellen von einer riesigen Sendeantenne in die Atmosphäre abgestrahlt werden. Die Antenne im Radio empfängt diese Wellen und der Empfänger wandelt sie wieder in elektrische Signale um. Durch Drehen an einem Regler des Radios kann man verschiedene Sender hören. Ein Lautsprecher wandelt die elektrischen Wellensignale wieder in hörbare Schallwellen um.

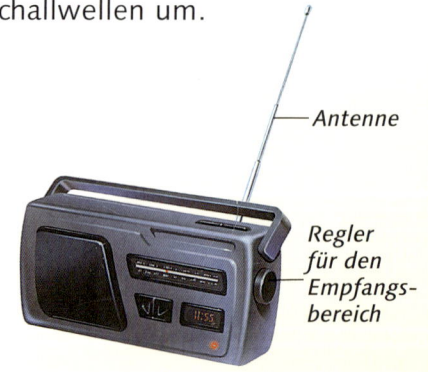

Antenne

Regler für den Empfangsbereich

Fernsehen

Das normale Fernsehen funktioniert ähnlich wie das Radio. Die Fernsehkameras in den Studios zeichnen Lichtwellen auf, zerlegen das Licht in seine drei Primärfarben – Rot, Grün und Blau – und wandeln sie in elektrische Signale um. Diese werden in Radiowellen verwandelt und durch Antennen abgestrahlt.

Eine Dachantenne empfängt die Wellen und wandelt sie wieder in elektrische Signale um, die durch ein Kabel bis zum Fernsehgerät geleitet werden. Der wichtigste Teil eines Fernsehers ist die Kathodenstrahlröhre, die das analoge Signal in seine Farbwerte umwandelt und auf dem Bildschirm sichtbar macht.

So funktioniert die Kathodenstrahlröhre im Fernseher:

1. Ankommende analoge Wellen werden in drei Elektronenstrahlen umgewandelt: je einer für die roten, blauen und grünen Farbpunkte des Bildes.

2. Die Strahlen werden durch eine Röhre auf den Schirm geleitet.

3. Die Strahlen gleiten zeilenweise über den Schirm und erzeugen ein Bild. Das geschieht so schnell, dass die Bewegung nicht wahrnehmbar ist.

Das Bild auf einem Fernsehschirm besteht aus rund 350 000 roten, grünen und blauen Punkten (Pixel). Bei starker Vergrößerung sieht ein Fernsehbild so aus.

Kabelfernsehen

Die umgewandelten Fernsehsignale lassen sich auch per Kabel transportieren. Das Kabelnetz besteht aus unzähligen unterirdisch verlegten Kabeln, die bis in die Häuser reichen. Über Kabel lassen sich mehr Signale transportieren als über Radiowellen, daher bieten die Fernsehsender über Kabel viel mehr Kanäle an.

Satellitensignale

Beim Satellitenfernsehen werden die TV-Signale in Radiowellen umgewandelt und zu Satelliten geleitet. Diese senden ihre Signale direkt zu den Satellitenschüsseln auf den Hausdächern.

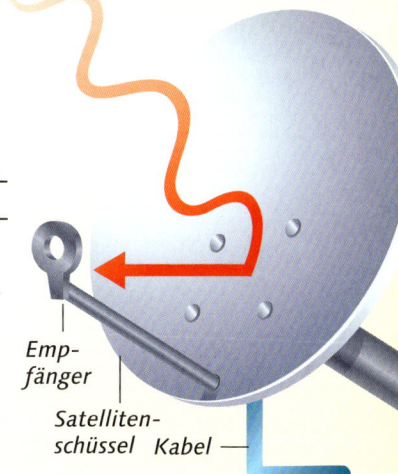

Die Satellitenschüssel bündelt die Radiowellen auf den Empfänger.

Empfänger

Satellitenschüssel Kabel

Digitales Radio und Fernsehen

Ab 2010 werden die meisten Radio- und Fernsehprogramme digital gesendet: Zunächst werden die Radio- und Fernsehsignale in einen so genannten binären Code umgewandelt (diesen Code nutzen Computer). Die digitalen Signale werden über optische Kabelnetze aus Glas oder Kunststoff geleitet oder in Radiowellen umgewandelt und dann über Antenne oder Satellit gesendet.

Wenn die digitalen Signale in einem Fernsehgerät ankommen, wird der binäre Code durch einen Decoder wieder in Bilder und Töne umgesetzt. Neuere Fernseher haben einen eingebauten Decoder, man kann sie aber auch als Zusatzgeräte an ältere Fernseher anschließen. Digitale Radiosignale lassen sich entweder in digitalen Radios oder über das Internet empfangen.

Die digitale Übertragung ermöglicht eine bessere Ton- und Bildqualität. Da man digitale Signale komprimieren kann, fassen sie mehr Informationen – mehr Fernsehprogramme werden möglich.

Interaktives Fernsehen

Die digitale Signaltechnik wird die Kommunikation in beide Richtungen möglich machen. Du könntest also Informationen über deinen Fernseher senden, bestimmte Filme bestellen, Waren kaufen oder an Wettbewerben teilnehmen.

In diesem Fernsehbild ist ein interaktives Spiel eingeblendet, das man während der Übertragung spielen kann.

Das Telefon

Seit der Erfindung des Telefons (1876) hat es viele technische Verbesserungen gegeben. Inzwischen kann man über das Telefonnetz nicht nur anrufen, sondern auch Informationen zwischen Computern austauschen. Die Gesamtheit dieser Möglichkeiten wird Telekommunikation genannt.

Alte Telefonhörer waren über ein Kabel mit dem Apparat verbunden. Die meisten modernen Telefone sind schnurlos. Sie stehen über Radiowellen mit dem Empfänger in Verbindung.

Anrufen

Die meisten Telefonanrufe werden über Kupferkabel weitergeleitet, die entweder unterirdisch oder als Hochleitungen verlegt sind. Bei Ferngesprächen wird der Anruf über Sende- und Empfangsantennen, über ausgedehnte Kabelnetze oder sogar über Kommunikationssatelliten in der Erdumlaufbahn weitergeleitet. Egal wie groß die Entfernungen auch sind, ein Anruf ist binnen weniger Sekunden am Ziel.

Dieses Schema verdeutlicht den Weg eines Telefonanrufes:

Analog und digital

Telefongespräche wurden bis vor wenigen Jahren hauptsächlich als elektrische Signale in Form von analogen Wellen weitergeleitet. Inzwischen gibt es aber immer mehr digitale Signalverarbeitung.

Zum Teil senden und empfangen moderne Telefone bereits digitale Signale. Da es aber noch viele analoge Geräte gibt, beginnen die meisten Anrufe als analoge Welle. In einer Telefonzentrale werden die Informationen digitalisiert und weitergeleitet. Eine Empfangszentrale wandelt die digitalen Signale in analoge Wellen um, die an den Empfänger geleitet werden.

Satellit

Sendemasten für Radiosignale

Telefonzentrale

Telefonzentrale

5. Ein Computer in der Telefonzentrale identifiziert die gewählte Nummer und leitet den Anruf weiter.

4. Digitale Signale fließen durch ein Glasfaserkabel zu einer Telefonzentrale.

6. Die digitalen Signale werden über die jeweils schnellste Verbindung weitergeleitet. Häufig ist dies ein optisches Kabel.

Lokale Telefonzentrale

Lokale Telefonzentrale

2. Die Leitungen münden in einem unterirdischen Telefonkabel.

3. Das Kabel führt zu einer lokalen Telefonzentrale. Hier werden die analogen Signale digitalisiert.

7. Wenn das digitale Signal bei der lokalen Telefonzentrale ankommt, wird es in analoge Signale zurückverwandelt.

8. Die analogen Wellen fließen durch unterirdische Kabel weiter.

Verteiler

Verteiler

1. Während eines Anrufs wird die Sprache in eine analoge Welle umgewandelt, die über ein Kupferkabel das Haus verlässt.

9. Kupferdrähte verbinden den Verteiler mit dem Haus des Empfängers. Sobald die Wellen am Endapparat ankommen, ertönt das Klingelzeichen. Die Verbindung wird hergestellt, sobald jemand den Hörer abhebt.

Modems

Ein Modem (Abkürzung für Modulator Demodulator) ist ein Hilfsmittel, das es Computern und Faxgeräten erlaubt, digitale Informationen über eine analoge Leitung zu versenden und zu empfangen. Bei vielen Computern und Faxgeräten ist das Modem eingebaut. Ein Modem wandelt (moduliert) ein digitales Signal in eine analoge Welle um, die über die Telefonleitungen zu einem anderen Modem – im Computer oder Fax des Empfängers – transportiert wird. Das empfangende Modem verwandelt die Welle zurück in digitale Signale, die der Computer bzw. das Fax versteht. Sobald alle Telefonnetze auf digitaler Basis arbeiten, werden keine Modems mehr erforderlich sein.

Übertragungsgeschwindigkeit

Die Geschwindigkeit, mit der Informationen übertragen werden, richtet sich nach der Leistung, mit der ein Modem die Daten moduliert. Die Geschwindigkeit einer Botschaft kann zusätzlich gesteigert werden, wenn man alle unnötigen Informationen daraus entfernt. So lässt sich Musik mit MP3-Software „komprimieren". Dabei werden die Teile ausgefiltert, die für das menschliche Ohr unhörbar sind – übrig bleibt ein kürzerer Datensatz, der rascher übertragen wird.

Das Licht tritt am Ende der Glasfaserkabel aus. Diese optischen Leitungen können große Mengen an Informationen übertragen.

Bandbreite

Die Informationsmenge, die pro Sekunde über eine Telefonverbindung übertragen werden kann, nennt man Bandbreite. Kupferkabel haben eine beschränkte Bandbreite. Optische Kabel (Glasfaserkabel) haben zwar eine deutlich höhere Bandbreite, sind aber sehr viel teurer.

Handys

Handys senden ein digitales Signal als Radiowelle an die nächste Feststation. Dort wird es aufgefangen und über Glasfaserkabel bis zu der Feststation weitergeleitet, die dem Empfänger am nächsten ist. Von dort aus gelangt die Botschaft zum Handy des Empfängers.

Informationsmenge auf einer CD

Digitale Informationsmenge als MP3

Bei der Umwandlung in eine MP3-Information werden sehr hohe und sehr tiefe Schallwellen „abgeschnitten", sodass nur noch hörbare Wellen übrig bleiben; auch alle nicht hörbaren Hintergrundgeräusche werden entfernt.

Sieh selbst!

Rufe von einem normalen Telefon einen Fax-Anschluss an. Nach dem Freizeichen hörst du einen hohen Pfeifton. Er stammt vom Modem des Empfängers und enthält eine Botschaft an den Sender. Wird es von einem anderen Faxgerät angewählt, beginnt die Übertragung nach dem Signal.

So funktioniert ein Anruf zwischen zwei Handys:

1. Du wählst die Nummer und drückst die „Verbinden"-Taste.

2. Das Handy sucht nach einem passenden Mobilfunknetz und schickt digitale Signale an die nächste Feststation.

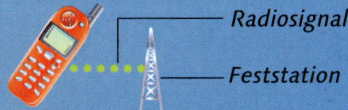

Radiosignal

Feststation

3. Von dort wird die digitale Nachricht über Glasfaserkabel zu einem günstigen Verteiler und von dort an die Feststation gesandt, die dem Empfängerhandy am nächsten ist. Diese nimmt über einen geeigneten Kanal Verbindung zum Empfängerhandy auf.

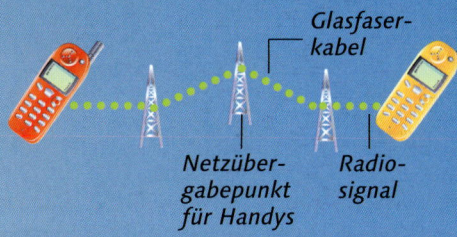

Glasfaserkabel

Netzübergabepunkt für Handys

Radiosignal

4. Die Verbindung zwischen Sender- und Empfängerhandy ist hergestellt; das Handy klingelt.

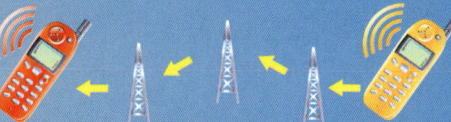

Der Computer

Im Prinzip sind Computer nichts als Maschinen, die Rechenoperationen ausführen und Daten verwalten. Die ersten Computer aus den 1940er-Jahren waren so groß wie ein Zimmer. Inzwischen wurden sie immer kleiner und leistungsfähiger. Ein moderner Computer mit weit höherer Leistung als die ersten Modelle ist kaum größer als dieses Buch.

So ungefähr stellt sich ein Künstler vor, wie Datenströme aus 1 und 0 durch den Computer fließen (rechts).

Solche „Differenzmaschinen" waren Vorläufer der Computer. Diese ist über 100 Jahre alt.

Hardware

Die festen Teile eines Computers bilden die Hardware. Der Prozessor und andere integrierte Schaltkreise sind auf einer Platte (Motherboard) im Gehäuse untergebracht. Zusatzgeräte werden als Peripherie bezeichnet. Dazu gehören Tastatur (Keyboard), Maus und Monitor (Bildschirm).

Tragbare Computer (Laptops) und Handheld-Computer (Palmtops) arbeiten mit flachen Bildschirmen. Sie enthalten eine dünne Schicht Flüssigkristalle, die sich dunkel färben, wenn sie von Strom durchflossen werden – so entsteht das Bild.

Die Tastatur hat ein Tastenfeld wie eine Schreibmaschine, dazu einige Zusatztasten (Funktionstasten) für verschiedene weitere Aufgaben.

Die Maus bewegt einen Zeiger über den Bildschirm. Durch Anklicken von Symbolen werden Befehle ausgeführt, schneller als über die Tastatur.

Software

Ein Computer funktioniert mithilfe von Programmen, die man auch Software nennt. Die wichtigste Software ist das Betriebssystem; es steuert die grundsätzlichen Abläufe. Die meisten Computer benutzen heute das Betriebssystem Windows© von Microsoft©.

Daneben gibt es zahlreiche andere Programme: Man kann Briefe schreiben, Musik hören, ins Internet gehen, sich mit Computerspielen vergnügen und vieles mehr.

Monitor

Diese Form des Computers wird PC (Personal Computer) genannt.

Das ist die Tastatur eines Computers. Die Funktionstasten sind oben angeordnet.

Maus

Hier ist das Motherboard mit den Prozessoren untergebracht.

Sieh selbst!

Wenn du deinen Computer einschaltest, laufen zuerst Textzeilen über den Bildschirm. Sie zeigen an, welche automatischen Tests der Computer gerade durchführt, um Hardware und Software zu überprüfen. Erst wenn alles funktioniert, wird dein Betriebssystem aktiviert.

Computersprache

Alle Computer arbeiten mit einem binären Code, d.h. sie verwenden nur die beiden Werte 0 und 1. Jede 0 oder 1 wird als ein Bit (eigentlich „binäres Bit") bezeichnet. Acht Bits in einer Folge sind ein Byte; damit kann eine Information – z. B. ein Buchstabe des Alphabets, eine Zahl, Symbol oder ein Punkt – gespeichert werden.

Reiht man mehrere Bytes aneinander, lassen sich auch komplexere Informationen wie z. B. Bilder speichern. Ein Kilobyte (KB) entspricht einer Menge von 1000 Bytes, 1000 Kilobytes sind ein Megabyte (MB) und 1000 Megabytes ein Gigabyte (GB).

```
0 1 0 0 0 0 1 0
```

Diese Sequenz aus 0 und 1 ist der binäre Code für den Buchstaben „B".

Berechnungen

Alle Rechenvorgänge eines Computers werden von den Mikroprozessoren durchgeführt. In jedem PC sitzt ein zentraler Prozessor oder Chip (CPU, central processing unit), der die Funktion des Computer-Gehirns übernimmt. Eine CPU kann pro Sekunde mehrere Milliarden Rechenoperationen durchführen. Dabei werden die Bytes innerhalb des Computers über elektronische Wege (Bus) zwischen der CPU und den anderen Teilen des Computers verschoben.

Rechengeschwindigkeit

Wie schnell ein Computer Informationen verarbeitet, richtet sich nach zwei Faktoren:

• die Zahl der Bits, die er gleichzeitig berechnen kann (z. B. 16-Bit-, 32-Bit-Prozessor);
• die Zahl der Rechnungen, die er pro Sekunde ausführen kann (Taktfrequenz). Je nachdem, wie schnell der Chip arbeitet, misst man diesen Wert in Millionen pro Sekunde (Megahertz; MHz) oder in Milliarden pro Sekunde (Gigahertz; GHz). Eine CPU mit 2 000 000 000 Rechenoperationen pro Sekunde hat eine Taktfrequenz von 2 GHz.

Eine CPU (Computerchip) von Intel©

Datenspeicher

Jeder Computer besitzt einen Speicher, in dem Daten über einen längeren Zeitraum sicher gespeichert werden. Das geschieht gewöhnlich in besonderen Laufwerken, den so genannten Festplatten.

Die kurzfristig benötigten Daten, z. B. ein gerade benutztes Programm, werden in einen Kurzzeitspeicher (RAM; random access memory) transferiert. Damit wird der Computer deutlich schneller, denn er muss nicht jedes Mal seine Festplatte nach den gerade benötigten Daten durchsuchen.

Informationen können auch auf CDs gespeichert werden – z. B. zur Nutzung in anderen Computern.

129

Das Internet

Das Internet ist ein riesiges Netzwerk, das Millionen von Computern auf der ganzen Welt miteinander verbindet. Hier kann man z. B. Informationen austauschen, Mails versenden und Waren kaufen.

Zwei Beispiele für Websites

Verbindung

Die meisten Computer im Internet sind über das Telefonnetz verbunden. Die Computerdaten werden in Telefonsignale umgewandelt und sekundenschnell über Telefonleitungen und -verbindungen weitergeleitet.

Die meisten Internet-User (Nutzer) sind über einen Vertrag mit einer Firma (Provider) an das Internet angeschlossen. Solche Provider betreiben sehr große Computer oder Server, die so ähnlich funktionieren wie ein elektronisches Postamt. Dein Computer ist über den Server mit dem Internet verbunden. Sobald die Verbindung mit dem Internet besteht, ist der Computer „online".

World Wide Web

Der wichtigste Teil des Internets ist das World Wide Web (WWW). Darin sind die Informationen als Websites (Internetpräsenzen) gespeichert. Mithilfe eines Web-Browsers kannst du solche Websites aufrufen.
Damit du eine Seite sehen kannst, muss die Information vom Computer des Servers auf deinen Computer übertragen und am Bildschirm sichtbar gemacht werden. Dieser Vorgang heißt Download.

Internetsprache

Damit jeder Computer auf der Welt die Websites auch wirklich empfangen und darstellen kann, werden sie in einer besonderen Sprache geschrieben, der Hyper-Text Markup Language (HTML). Um diese Sprache in einem Web-Browser zu sehen, musst du in der Symbolleiste deines Browsers in einem Pulldown-Menü auf „Ansicht" und dann auf „Quelltext" klicken.

```
<HTML>
<HEAD>
<TITLE>NASA Homepage</TITLE>
<META HTTP-EQUIV="pragma" CONTENT="no-cache">
</HEAD>

<BODY BACKGROUND="/images/bg_tile3.gif" BGCOLOR="#FFFFFF" TEXT="#000000" LINK="00
VLINK="#003366" ALINK="#99CCFF">
<TABLE WIDTH=600 BORDER=0 CELLPADDING=0 CELLSPACING=0>
<TR VALIGN-TOP>
<TD ALIGN=CENTER WIDTH=600>

  <TABLE WIDTH=598 BORDER=0 CELLPADDING=0 CELLSPACING=0>
   <TR VALIGN-TOP>
   <TD WIDTH=140>

     <TABLE WIDTH=140 BORDER=0 CELLPADDING=0 CELLSPACING=0>
      <TR VALIGN-TOP>
      <TD WIDTH=140 align-center>
```

Der HTML-Code für eine Website

Du kannst mit deinem Computer zu Hause ins Internet gehen.

Kabel und Telefonleitungen verbinden die Teilnehmer des Internets miteinander.

Dieser Server gehört einem Internetprovider, der damit Menschen zu Hause oder in Büros die Verbindung ins Internet ermöglicht.

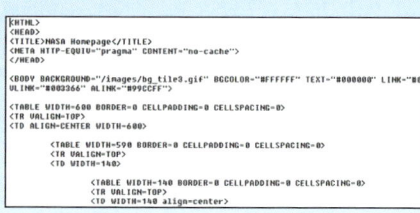

Kinder können in der Schule mit dem Internet lernen und mit anderen Kindern kommunizieren.

Universitäten tauschen über das Internet ihre Forschungsergebnisse aus.

Firmen können über das Internet Informationen austauschen und Waren verkaufen.

Manche Leute nutzen Internet-Cafés, um ins Internet zu gehen.

Websites finden

Jede Seite im Internet hat eine eigene Adresse, die als URL (uniform resource locator) bezeichnet wird. Um eine bestimmte Seite aufzurufen, tippt man diese Adresse ins Eingabefeld des Web-Browsers und drückt die „Enter"-Taste.

Die meisten Organisationen haben in ihrer Website mehrere Seiten, die untereinander verbunden sind. Man gelangt leicht zu den einzelnen Seiten, wenn man die markierten Buttons, Textstellen oder Bilder anklickt. Solche direkten Verbindungen werden Hyperlinks oder Links genannt. Manchmal sind die Hyperlinks farbig gekennzeichnet, manchmal verändert der Mauszeiger sein Aussehen, z. B. in eine Hand. Einige dieser Hyperlinks führen zu anderen Websites.

Ein Beispiel für eine URL:

http://www.ravensburger.de/portal

Dieser Teil sagt dem Computer, dass es sich um eine Website handelt.

Dies gibt den Namen des gesuchten Files (Einzelseite) an.

Das ist der Name der Domain. Er gibt an, auf welchem Server die Seite gespeichert ist. In diesem Beispiel handelt es sich um eine Seite des Ravensburger Verlages.

E-Mails

Eine E-Mail (electronic mail) ist ein elektronischer Brief, der als Botschaft über das Internet verschickt wird. Mithilfe von E-Mail-Programmen wie Microsoft© Outlook© Express kann man eigene E-Mails versenden und empfangen.

Diese E-Mails werden über die Telefonleitungen an den Server deines Providers geschickt. Von da werden sie über das Internet an den Server des Empfängers wei-tergeleitet. Sobald der Empfänger seine E-Mails abruft, werden sie von seinem Server an ihn übertragen.

Um den E-Mail-Dienst benutzen zu können, braucht man eine eigene Adresse, die sich aus drei Teilen zusammensetzt: dem Namen des Users (man kann ihn selbst auswählen), dem Zeichen @ (at) und dem Namen der so genannten Domain. Das ist der Name des Servers, der die Botschaften weiterleitet. Gewöhnlich sind Name von Server und Provider identisch.

Ein Beispiel für eine E-Mail Adresse:

Torsten.Mustermann@web.de

Das ist der Name des Users.

Das ist der Name der Domain.

Das Symbol bedeutet „at".

Dot-Com

Der letzte Teil des Domain-Namens besteht aus einem Punkt und einer Abkürzung. Er gibt an, um welches Land oder welche Organisation es sich handelt. Hier einige Beispiele:

com oder .co	eine Firma
.edu oder .ac	eine Schule, Hochschule oder Universität
.go	eine Regierungsorganisation
.org	eine gemeinnützige Organisation, z. B. ein Wohlfahrtsverband

Bei manchen Domain-Namen werden zwei Buchstaben angehängt, um das Land zu kennzeichnen, in dem sich die Domain befindet, zum Beispiel:

.de	Deutschland
.at	Österreich
.ch	Schweiz
.uk	Großbritannien
.es	Spanien

Dieser Web–Browser heißt Microsoft® Internet Explorer.

In dieses Eingabefeld wird die Adresse (URL) eingetippt.

Die Symbole in dieser Leiste sind Werkzeuge, die bestimmte Funktionen des Browsers in Gang setzen.

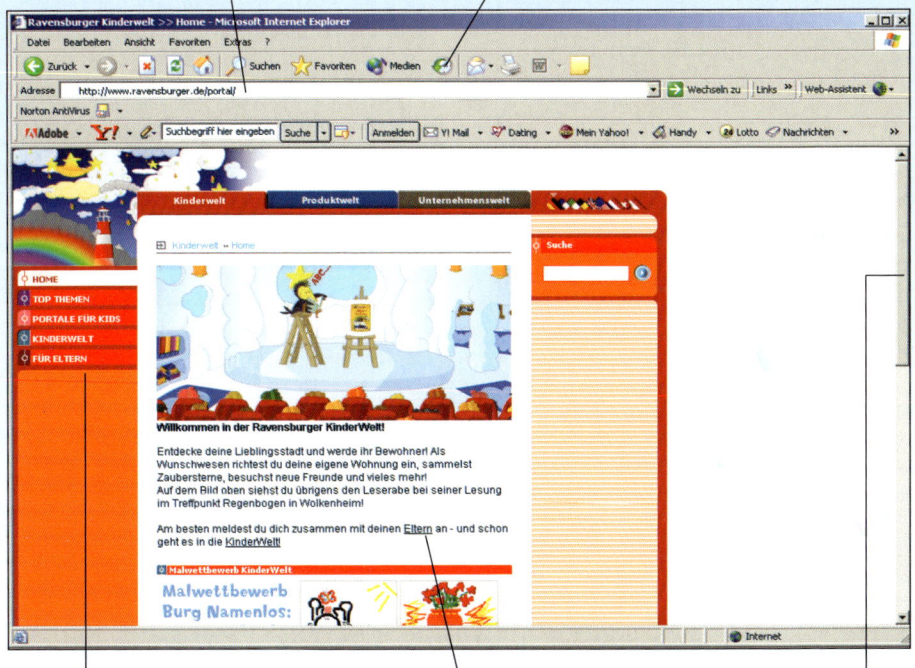

Hier werden einige weitere Websites vorgestellt.

Wenn man auf bestimmte Wörter einer Website klickt, wird eine andere Seite geöffnet. Diese Verbindungen heißen Links.

Mit der Leiste kann man die Seite weiter nach oben oder unten schieben.

Dieses Satellitenbild zeigt den südlichen Teil der Halbinsel Florida (USA).

Karten

Die Länder der Erde (politisch)

80°

160° 140° 120° 100° 80° 60° 40° 20° W 0°

GRÖNLAND
(Dänemark)

Nördlicher Polarkreis

ISLAND

NORW

ALASKA
(USA)

60°

GROSS-
BRITANNIEN
IRLAND BEL

KANADA

FRANKREI

40°

SPANIEN

VEREINIGTE STAATEN
VON AMERIKA

PORTUGAL

Azoren
(Portugal)

MAROKKO

Kanarische Inseln
(Spanien)

Nördlicher Wendekreis

WESTSAHARA

ALGERI

20°
N

Hawaii-Inseln
(USA)

BAHAMAS

KUBA

MAURETANIEN

MALI

MEXIKO

HAITI
DOMINIKANISCHE
REPUBLIK

SENEGAL

BURKINA
FASO

BELIZE
GUATEMALA HONDURAS
EL SALVADOR NICARAGUA

JAMAIKA

Karibisches Meer

DOMINICA

GAMBIA
GUINEA-BISSAU

GUINEA

BEN
TOGO

N

KAP VERDE

SIERRA LEONE

ELFEN-
BEIN-
KÜSTE

COSTA RICA
PANAMA

TRINIDAD UND TOBAGO

LIBERIA

GHANA

Pazifischer

VENEZUELA

GUYANA

SÃO TOMÉ UND
PRINCIPE

ÄQU
G

KOLUMBIEN

SURINAME
FRANZÖSISCH-
GUAYANA

Ozean

Galapagos-Inseln
(Ecuador)

ECUADOR

Atlantischer

0°
Äquator

KIRIBATI

Ozean

PERU

BRASILIEN

Cook-Inseln
(Neuseeland)

Französisch Polynesien
(Frankreich)

BOLIVIEN

20°
S

Südlicher Wendekreis

Pitcairn-
Inseln
(G.B.)

PARAGUAY

URUGUAY

CHILE

40°

ARGENTINIEN

1:80 000 000
0   1000   2000   3000   4000   5000 km

0   1000   2000   3000 Meilen

Falkland-Inseln
(G.B.)

Südgeorgien
(G.B.)

60°

Südlicher Polarkreis

Weddellmeer

80°

160° 140° 120° 100° 80° 60° 40° 20° W

Nordpolarmeer

40° 60° 80° 100° 120° 140° 160° 180°

80°

Nördlicher Polarkreis

60°

RUSSLAND

DEN FINNLAND
ESTLAND
LETTLAND
ISLAND LITAUEN WEISS-
POLEN RUSSLAND
OWAKEI UKRAINE
NGARN MOLDAWIEN
RUMÄNIEN
J.H. S.M. BULGARIEN
ALB. MAZ. Schwarzes Meer
GRIECHEN- Kaspisches
LAND ZYPERN SYRIEN GEORGIEN Meer
ISRAEL JOR. ARM. ASERB.
TÜRKEI TURKMENISTAN
Mittelmeer

KASACHSTAN

USBEKISTAN
KIRGISISTAN

TADSCHIKISTAN

MONGOLEI

40°

NORD-
KOREA
SÜD-
KOREA

JAPAN

Pazifischer

Ozean

Nördlicher Wendekreis

20°
N

BYEN ÄGYPTEN
SAUDI-
ARABIEN
AFGHANISTAN
IRAK IRAN
KUWAIT
BAHRAIN PAKISTAN
KATAR V.A.E.
OMAN

CHINA

NEPAL BHUTAN
BANGLA-
DESCH
INDIEN MYANMAR LAOS
THAILAND
VIETNAM
KAMBODSCHA

TAIWAN

PHILIPPINEN

Nördliche
Marianen
(USA)

Marshall-Inseln

TSCHAD SUDAN
ERITREA
JEMEN
DSCHIBUTI
ÄTHIOPIEN
SOMALIA
ZENTRAL-
AFRIKANISCHE
REPUBLIK
SRI LANKA
MALEDIVEN

Indischer

Ozean

VEREINIGTE STAATEN
VON MIKRONESIEN

PALAU

Äquator 0°

DEMOKRATI-
SCHE REPUBLIK
KONGO
UGANDA KENIA
RUANDA
BURUNDI
TANSANIA
SEYCHELLEN

MALAYSIA
SINGAPUR

INDONESIEN
OSTTIMOR

PAPUA-
NEUGUINEA

NAURU KIRIBATI

SALOMONEN TUVALU

GOLA
SAMBIA MALAWI
KOMOREN
MADAGASKAR
MAURITIUS
Reunion
(Frankreich)
IBIA
BOTSUANA SIMBABWE
MOSAMBIK
SWASILAND
LESOTHO
SÜDAFRIKA

Korallen-
see-Inseln
(austral.
Territorium)
Neu-
kaledonien
(Frankreich)

VANUATU

SAMOA

FIDSCHI TONGA

20°
S

Südlicher Wendekreis

AUSTRALIEN

40°

NEUSEELAND

Kerguelen
(Frankreich)

Südpolarmeer

60°

Südlicher Polarkreis

80°

ANTARKTIS Die Länder auf dieser Karte wurden farbig unterlegt,
damit man die Grenzen besser erkennen kann.

40° 60° 80° 100° 120° 140° 160° 180°

Legende

Internationale Grenze
Internationale Grenze im Wasser
Meer
See oder Stausee

Abkürzungen auf dieser Karte

ALB.	ALBANIEN
ARM.	ARMENIEN
ASERB.	ASERBAIDSCHAN
BELG.	BELGIEN
B.H.	BOSNIEN-HERZEGOWINA
JORD.	JORDANIEN
KRO.	KROATIEN
LIB.	LIBANON
LUX.	LUXEMBURG
MAZ.	MAZEDONIEN
NIED.	NIEDERLANDE
ÖST.	ÖSTERREICH
SLOW.	SLOWENIEN
S.M.	SERBIEN UND MONTENEGRO
SW.	SCHWEIZ
TSCH. R.	TSCHECHISCHE REPUBLIK
V.A.E.	VEREINIGTE ARABISCHE EMIRATE

Physische Weltkarte

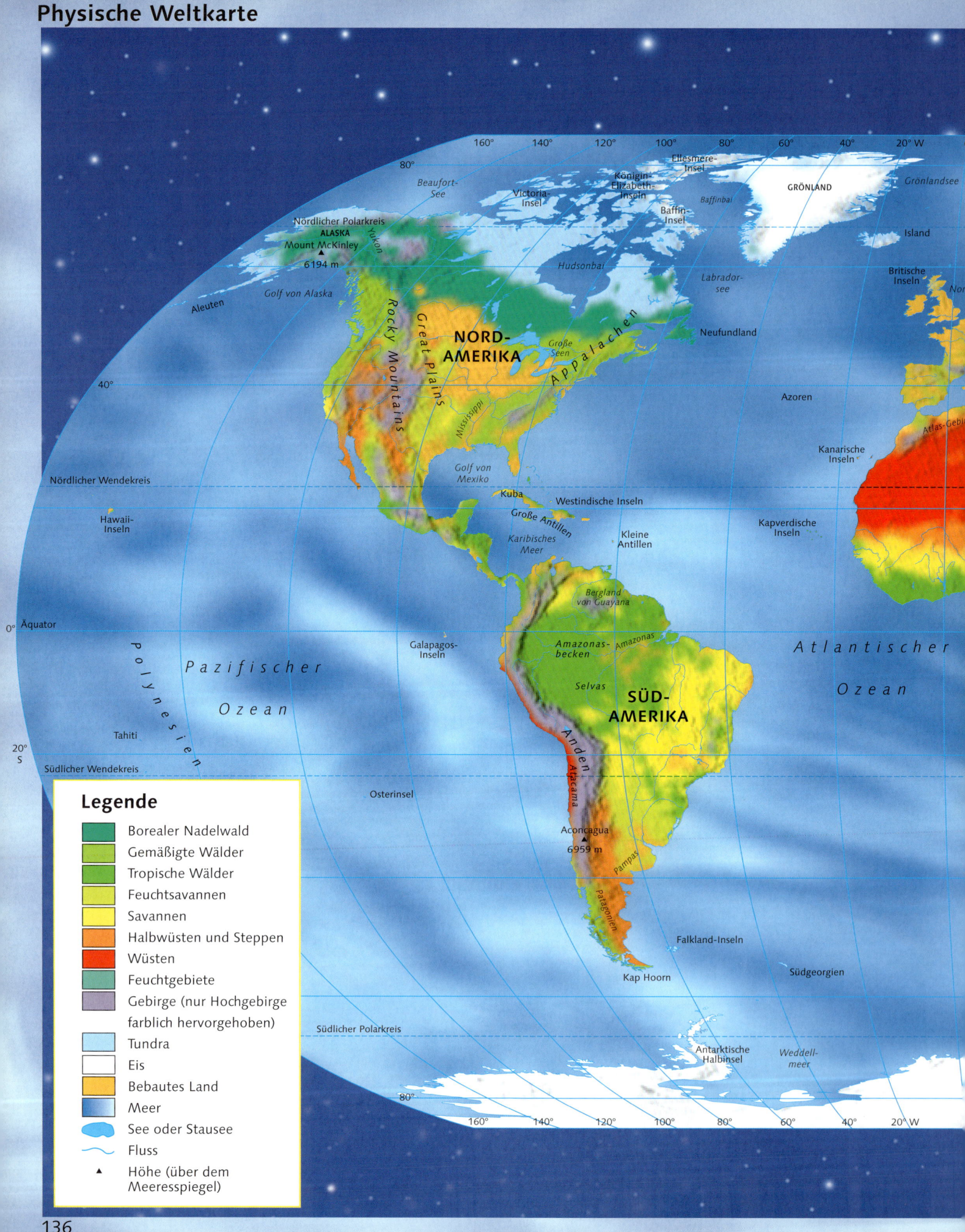

160° 140° 120° 100° 80° 60° 40° 20° W

80°

Beaufort-See

Victoria-Insel

Königin-Elizabeth-Inseln

Ellesmere-Insel

GRÖNLAND

Grönlandsee

Baffin-Insel

Baffinbai

Island

Nördlicher Polarkreis

ALASKA
▲ Mount McKinley
6194 m

Yukon

Hudsonbai

Labrador-see

Britische Inseln

Nor

Golf von Alaska

Aleuten

Rocky Mountains

Great Plains

NORD-AMERIKA

Große Seen

Appalachen

Neufundland

40°

Mississippi

Azoren

Atlas-Gebi

Nördlicher Wendekreis

Golf von Mexiko

Kanarische Inseln

Hawaii-Inseln

Kuba

Westindische Inseln

Große Antillen

Kleine Antillen

Kapverdische Inseln

Karibisches Meer

Bergland von Guayana

0° Äquator

Galapagos-Inseln

Amazonas-becken

Amazonas

Atlantischer

P o l y n e s i e n

P a z i f i s c h e r

O z e a n

Selvas

SÜD-AMERIKA

O z e a n

Tahiti

Anden

20° S

Atacama

Südlicher Wendekreis

Osterinsel

Aconcagua
▲ 6959 m

Pampas

Patagonien

Falkland-Inseln

Südgeorgien

Kap Hoorn

Südlicher Polarkreis

Antarktische Halbinsel

Weddell-meer

80°

160° 140° 120° 100° 80° 60° 40° 20° W

Legende

- Borealer Nadelwald
- Gemäßigte Wälder
- Tropische Wälder
- Feuchtsavannen
- Savannen
- Halbwüsten und Steppen
- Wüsten
- Feuchtgebiete
- Gebirge (nur Hochgebirge farblich hervorgehoben)
- Tundra
- Eis
- Bebautes Land
- Meer
- See oder Stausee
- Fluss
- ▲ Höhe (über dem Meeresspiegel)

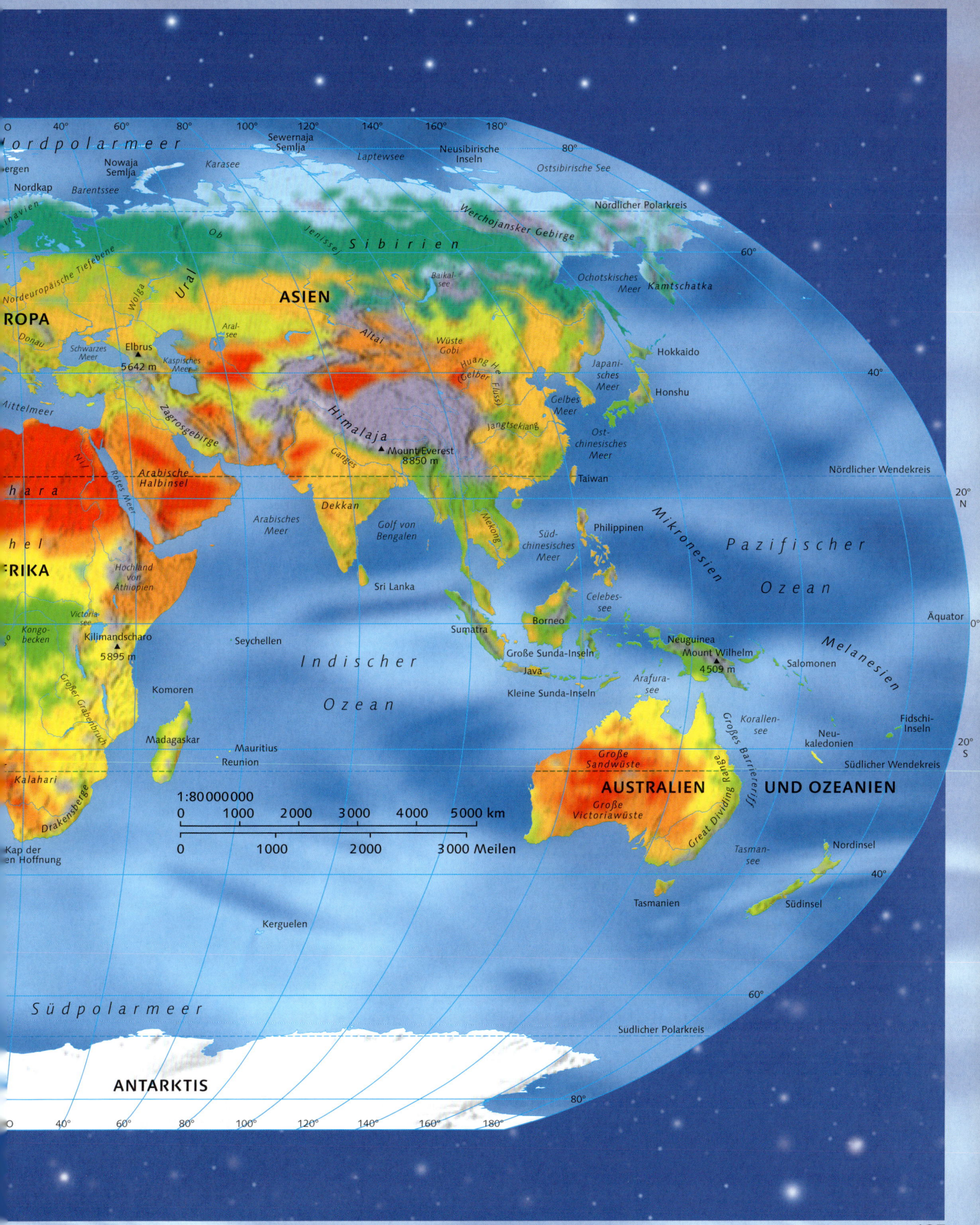

Nordpolarmeer

40° 60° 80° 100° 120° 140° 160° 180° 80°

Sewernaja Semlja
Laptewsee
Neusibirische Inseln
Ostsibirische See

Spergen
Nowaja Semlja
Karasee
Nordkap
Barentssee

Nördlicher Polarkreis

Sibirien
Werchojansker Gebirge
60°

Ob
Jenissei
Ochotskisches Meer
Kamtschatka

ROPA
Nordeuropäische Tiefebene
ASIEN
Baikal-see
40°

Wolga
Ural
Altai
Wüste Gobi
Huang He (Gelber Fluss)
Japanisches Meer
Hokkaido
Honshu

Schwarzes Meer
Elbrus
5642 m
Kaspisches Meer
Aral-see
Himalaja
Jangtsekiang
Gelbes Meer
Ost-chinesisches Meer

Mittelmeer
Zagrosgebirge
Arabische Halbinsel
Mount Everest
8850 m
Ganges
Taiwan
Nördlicher Wendekreis
20° N

hara
Arabisches Meer
Dekkan
Golf von Bengalen
Mekong
Süd-chinesisches Meer
Philippinen
Mikronesien
Pazifischer Ozean

hel
Hochland von Äthiopien
FRIKA
Sri Lanka
Celebes-see

Victoria-see
Kilimandscharo
5895 m
Seychellen
Sumatra
Borneo
Neuguinea
Mount Wilhelm
4509 m
Melanesien
Salomonen
Äquator 0°

Kongo-becken
Großer Grabenbruch
Komoren
Indischer
Große Sunda-Inseln
Java
Kleine Sunda-Inseln
Arafura-see
Korallen-see
Neu-kaledonien
Fidschi-Inseln

Madagaskar
Mauritius
Reunion
Ozean
Großes Barriereriff
Große Sandwüste
AUSTRALIEN UND OZEANIEN
20° S
Südlicher Wendekreis

Kalahari
Drakensberge
1:80000000
0 1000 2000 3000 4000 5000 km
0 1000 2000 3000 Meilen
Große Victoriawüste
Great Dividing Range
Tasman-see
Nordinsel
Südinsel

Kap der en Hoffnung
Kerguelen
Tasmanien
40°

Südpolarmeer
60°

Südlicher Polarkreis

ANTARKTIS
80°

40° 60° 80° 100° 120° 140° 160° 180°

137

Nordamerika

In diesem Buch werden zum nord-
amerikanischen Kontinent nicht nur
Kanada und die Vereinigten Staaten
(USA), sondern auch die Länder der
Karibik und Mittelamerikas gezählt.
Mittelamerika ist der schmale
Landstreifen, der Nord- und Süd-
amerika miteinander verbindet.
Diesen großen Kontinent teilen sich
über 20 Länder, von Kanada, dem
zweitgrößten Land der Erde, bis zu
winzigen Inseln wie Grenada oder
Saint Lucia.

**Diese Felssäulen im Bryce-
Canyon-Nationalpark (USA)
werden Hoodoos genannt.**

Nördlicher Polarkreis

Nordpolarmeer

*Beaufort-
see*

*Bering-
meer*

Yukon

ALASKA
(USA)

⊙ Anchorage

Victoria-
Insel

KANADA

Vancouver ⊙

Columbia

*Pazifischer
Ozean*

VEREINIGTE STAAT
(U

Hawaii-Inseln
(USA)

Colorado

Los Angeles ⊙

Rio Grande

Nördlicher Wendekreis

MEXIKO

Mexiko-Stac

Legende

- ■ Landeshauptstadt
- ⊙ Großstadt
- —— Internationale Grenze
- - - - Internationale Grenze im Wasser
- Meer
- See oder Stausee
- Fluss

Die Länder auf dieser Karte wurden farbig unterlegt, damit man die Grenzen besser erkennen kann.

GRÖNLAND
(Dänemark)

Nördlicher Polarkreis

Baffin-Insel

Nuuk ■

mere-sel

gin-beth-eln

Hudson-bai

Neufundland

Sankt-Lorenz-Strom

Montreal
Ottawa ■

Große Seen

Chicago ⊙

AMERIKA

⊙ New York

■ **Washington D.C.**

A t l a n t i s c h e r

O z e a n

Mississippi

Houston

Nördlicher Wendekreis

Bahamas

Golf von Mexiko

Havanna ■
KUBA

Puerto Rico (USA)

Guadeloupe (Frankreich)

HAITI

DOMINIKANISCHE REPUBLIK

DOMINICA
MARTINIQUE (Frankreich)

JAMAIKA

BARBADOS

Karibisches Meer

TRINIDAD UND TOBAGO

BELIZE
HONDURAS

GUATEMALA

NICARAGUA

EL SALVADOR

COSTA RICA

PANAMA

Fakten

Gesamte Fläche
22 656 190 km²
Einwohnerzahl 487 Mio.
Größte Stadt Mexiko-Stadt, Mexiko
Größtes Land Kanada
9 984 670 km²
Kleinstes Land Saint Kitts und Nevis 269 km²

Höchster Berg Mount McKinley, Alaska, USA 6198 m
Längster Fluss Mississippi/Missouri 6091 km
Größter See Oberer See zwischen USA und Kanada 82 414 km²
Höchster Wasserfall Yosemite-Fälle des Yosemite Creek, Kalifornien, USA 739 m
Größte Wüste Großes Becken, USA 492 000 km²
Größte Insel Grönland
2 175 600 km²

Wichtigste Bodenschätze
Silber, Gold, Kupfer, Blei, Zink, Graphit, Molybdän, Nickel
Wichtigste fossile Brennstoffe
Erdöl, Kohle, Erdgas, Uran

Der Weißkopfseeadler ist der Nationalvogel der USA. Er ernährt sich von Fischen, die er mit seinen Fängen dicht unter der Wasseroberfläche packt.

139

Südamerika

Der annähernd dreieckige Kontinent Südamerika besteht, mit Ausnahme von Französisch-Guayana, aus nur zwölf unabhängigen Ländern. Der Amazonasregenwald bedeckt weite Teile des Kontinents. Hier wächst ein Drittel aller Bäume der Erde. In Südamerika gibt es aber auch sandige Wüsten, hoch aufragende Berge und in Venezuela den höchsten Wasserfall der Erde – die Angel-Fälle.

Das ist ein Guanako, ein südamerikanischer Vertreter aus der Familie der Kamele. Aus der Wolle der Tiere werden Stoffe gewebt.

Karibisches Mee

Caracas

VENEZUELA

Medellín ⊙   Bogotá ■

KOLUMBIEN

Orinoco

Äquator

Quito ■

Galapagos-
Inseln
(Ecuador)

ECUADOR

Guayaquil ⊙

Ma

PERU

Lima ■

BOLIVIEN

La Paz ■

■ S

Südlicher Wendekreis

CHILE

Pazifischer

Ozean

Santiago ■   ⊙ Mendoz

ARGENTIN

Kap Hoo

Drake-Straße

Die Länder auf dieser Karte
wurden farbig unterlegt, damit
man die Grenzen besser erkennen kann. Die Legende zur
Karte steht auf der Seite 139.

Das ist ein Rotaugen-
laubfrosch. Er lebt in den
Regenwäldern Mittel-
und Südamerikas.

Fakten

Gesamte Fläche 17 866 130 km²
Einwohnerzahl 346 Mio.
Größte Stadt São Paulo,
Brasilien
Größtes Land Brasilien
8 547 404 km²
Kleinstes Land Suriname
163 265 km²

Höchster Berg Aconcagua,
Argentinien 6960 m
Längster Fluss Amazonas,
hauptsächlich in Brasilien
6440 km
Größter See Maracaibosee,
Venezuela 13 312 km²
Höchster Wasserfall Angel-
Fälle des Churun, Venezuela
979 m
Größte Wüste Patagonische
Wüste, Argentinien 673 000 km²
Größte Insel Feuerland
46 360 km²

Wichtigste Bodenschätze
Kupfer, Zinn, Molybdän, Bauxit,
Smaragde
Wichtigste fossile Brennstoffe
Erdöl, Kohle

141

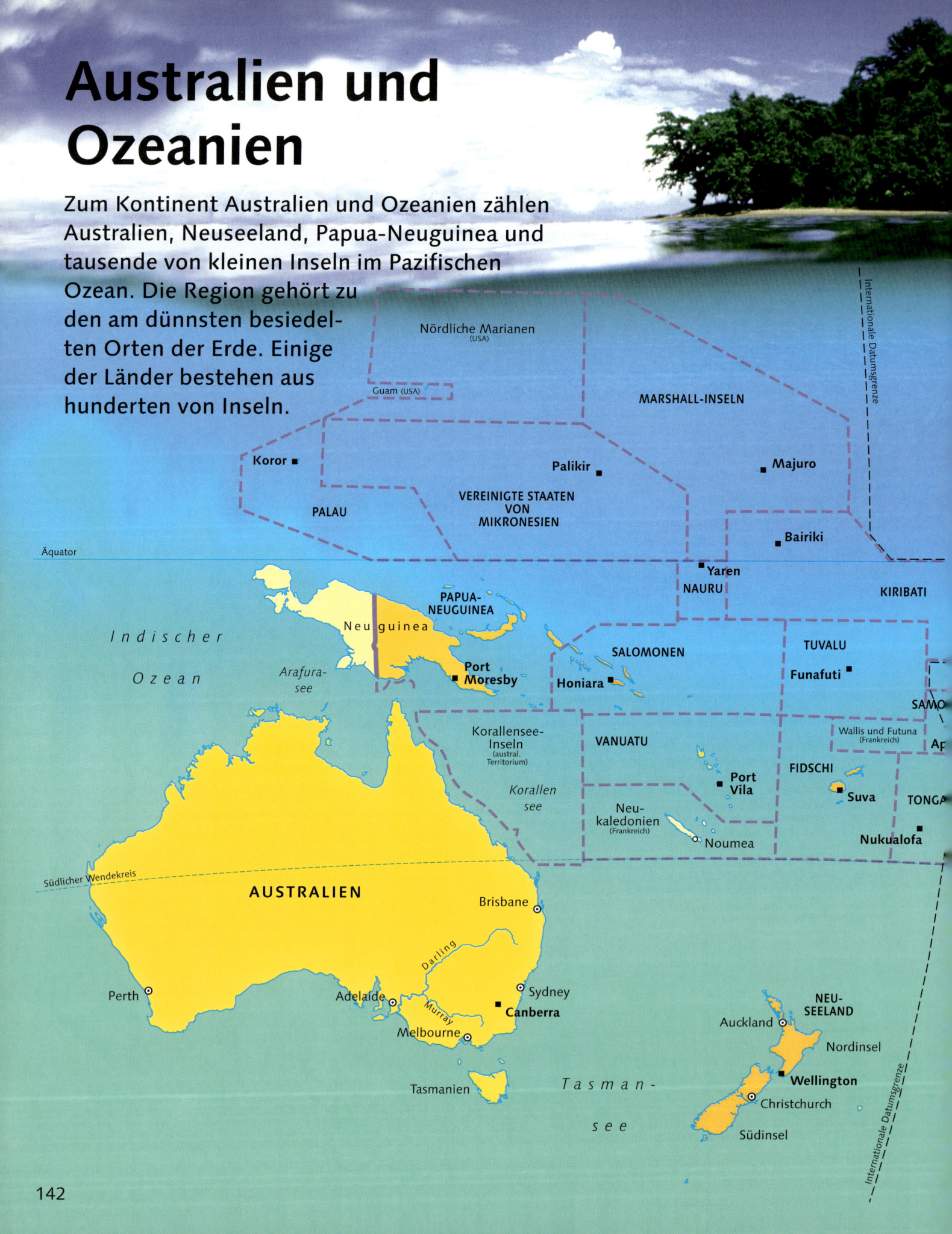

Australien und Ozeanien

Zum Kontinent Australien und Ozeanien zählen Australien, Neuseeland, Papua-Neuguinea und tausende von kleinen Inseln im Pazifischen Ozean. Die Region gehört zu den am dünnsten besiedelten Orten der Erde. Einige der Länder bestehen aus hunderten von Inseln.

Nördliche Marianen (USA)

Guam (USA)

MARSHALL-INSELN

Koror ■

Palikir ■

Majuro

PALAU

VEREINIGTE STAATEN VON MIKRONESIEN

Bairiki

Äquator

Yaren

NAURU

KIRIBATI

Neuguinea

PAPUA-NEUGUINEA

Indischer Ozean

Arafura-see

Port Moresby

SALOMONEN

TUVALU

Funafuti

Honiara

SAMO

Korallensee-Inseln (austral. Territorium)

Wallis und Futuna (Frankreich)

Korallensee

VANUATU

FIDSCHI

Port Vila

Suva

TONGA

Neu-kaledonien (Frankreich)

Noumea

Nukualofa

Südlicher Wendekreis

AUSTRALIEN

Brisbane

Darling

Perth

Sydney

Adelaide

Canberra

Murray

NEU-SEELAND

Auckland

Melbourne

Nordinsel

Tasmanien

Tasman-see

Wellington

Christchurch

Südinsel

Internationale Datumsgrenze

Internationale Datumsgrenze

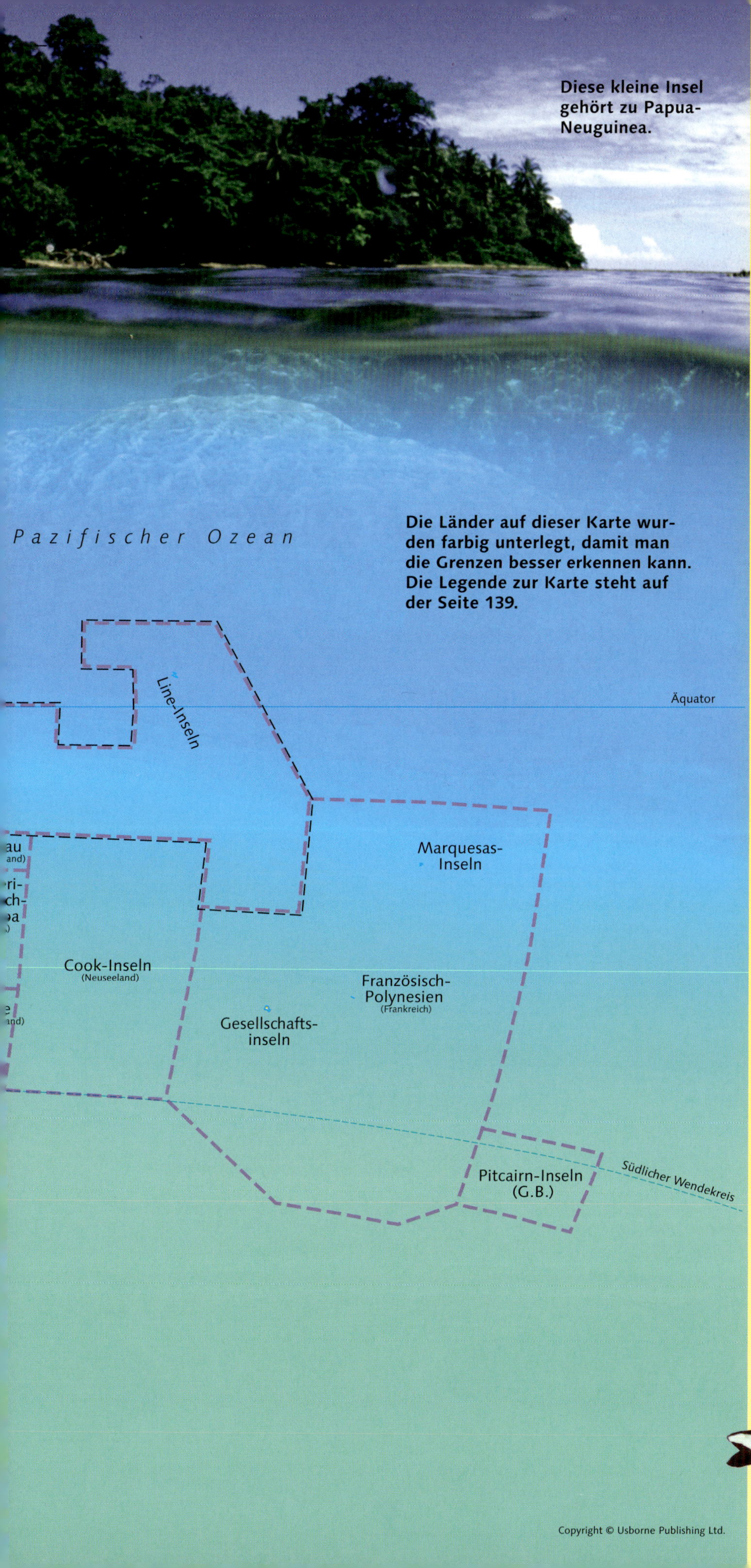

Diese kleine Insel gehört zu Papua-Neuguinea.

Pazifischer Ozean

Die Länder auf dieser Karte wurden farbig unterlegt, damit man die Grenzen besser erkennen kann. Die Legende zur Karte steht auf der Seite 139.

Äquator

Line-Inseln

Marquesas-Inseln

Cook-Inseln
(Neuseeland)

Französisch-Polynesien
(Frankreich)

Gesellschafts-inseln

Pitcairn-Inseln
(G.B.)

Südlicher Wendekreis

Fakten

Gesamte Fläche 8 564 400 km²
Einwohnerzahl 31 Mio.
Größte Stadt Sydney, Australien
Größtes Land Australien 7 692 030 km²
Kleinstes Land Nauru 21 km²

Höchster Berg Mount Wilhelm, Papua-Neuguinea (4508 m)
Längster Fluss Murray/Darling, Australien 3718 km
Größter See Eyresee, Australien 9000 km²
Höchster Wasserfall Sutherland-Fälle des Arthur, Neuseeland 580 m
Größte Wüste Große Victoria-Wüste, Australien 388 500 km²
Größte Insel Neuguinea 800 000 km² (Australien zählt als Kontinent und wird daher nicht berücksichtigt.)

Wichtigste Bodenschätze Eisen, Nickel, Edelsteine, Blei, Bauxit
Wichtigste fossile Brennstoffe Erdöl, Kohle, Uran

Halfterfische findet man überall in den flachen Gewässern des Pazifiks. Sie zeichnen sich durch eine lange, auffällige Rückenflosse aus.

Asien

Asien ist der größte Kontinent der Erde und besteht aus über 40 Ländern, darunter auch Russland, das größte Land der Erde. Da zu der riesigen Landmasse auch tausende von Inseln und Buchten gehören, hat der asiatische Kontinent eine Küstenlinie von mehr als 160 000 km. In Asien liegt mit dem Himalaja auch das höchste Gebirge der Erde. Obwohl Russland und die Türkei auch europäische Anteile besitzen, wurden beide Länder auf dieser Karte dargestellt.

Ein typisches chinesisches Segelboot, eine Dschunke, läuft in den Hafen von Singapur ein.

Die Länder auf dieser Karte wurden farbig unterlegt, damit man die Grenzen besser erkennen kann. Die Legende zur Karte steht auf der Seite 139.

Nordpolarme

Franz-Josef-Land

Nowaja Semlja

Barentssee

Karasee

Ob

Moskau

R U S

Wolga

Schwarzes Meer

Ankara

TÜRKEI

ZYPERN

GEORGIEN

ARMENIEN

Kaspisches Meer

ASERBAIDSCHAN

Astana

KASACHSTAN

Aral-see

USBEKISTAN

Bischkek

Taschkent

KIRGISISTAN

LIBANON
Beirut
Tel Aviv
ISRAEL

SYRIEN
Damaskus

Amman
JORDANIEN

Bagdad

IRAK

TURKMENISTAN
Aschchabat

Teheran

Duschanbe

TADSCHIKISTAN

IRAN

Kabul
AFGHANISTAN

Islamabad

Nördlicher Wendekreis

KUWAIT

SAUDI-ARABIEN

Riad

BAHRAIN

Doha
Katar

VEREINIGTE
ARABISCHE
EMIRATE

Abu Dhabi

Maskat

PAKISTAN

Indus

Neu Delhi

Ganges

NEPAL
Katmand

Th

BANGLAD

Sana

JEMEN

OMAN

INDIEN

Sokotra
(Jemen)

A r a b i s c h e s
M e e r

Golf
Beng

I n d i s c h e r   O z e a n

Äquator

SRI LANKA

Sri Jayawardenepura Kotte

Colombo

MALEDIVEN
Male

Fakten

Gesamte Fläche 44 537 920 km²
Einwohnerzahl 3,8 Mrd. (inklusive ganz Russland)
Größte Stadt Tokio, Japan
Größtes Land Russland, Gesamtfläche 17 075 200 km²; asiatisches Russland 12 780 800 km²
Kleinstes Land Malediven 298 km²

Höchster Berg Mount Everest, nepalesisch-chinesische Grenze 8850 m
Längster Fluss Jangtsekiang, China 6380 km
Größter See Kaspisches Meer, Westasien 370 999 km²
Höchster Wasserfall Jog-Fälle des Sharavati, Indien 253 m
Größte Wüste Große Arabische Wüste, Saudi-Arabien und angrenzende Länder 2 230 000 km²
Größte Insel Borneo 751 100 km²

Wichtigste Bodenschätze Zink, Glimmer, Zinn, Chrom, Eisen, Nickel
Wichtigste fossile Brennstoffe Erdöl, Kohle, Uran, Erdgas

Lotosblüten sind mit den Seerosen verwandt. In Indien sind sie ein Symbol für Fruchtbarkeit, für Buddhisten symbolisieren sie die Erleuchtung.

Karte

Wrangel-Insel
Beringsee
Ost-sibirische See
Neusibirische Inseln
vernaja Semlja
Laptew-see
Lena
Ochotskisches Meer
...LAND
Baikal-see
Hokkaido
Ulan Bator
MONGOLEI
Japanisches Meer
JAPAN
Pjöngjang
NORD-KOREA
Tokio
Beijing (Peking)
Seoul
SÜD-KOREA
Honshu
CHINA
Huang He (Gelber Fluss)
Ost-chinesisches Meer
Jangtsekiang
Nördlicher Wendekreis
Taipeh
TAIWAN
Pazifischer Ozean
MYANMAR
(Irawadi)
...ka
Hanoi
Südchinesisches Meer
PHILIPPINEN
LAOS
Vientiane
...gun
THAILAND
Mekong
Manila
Philippinen-see
VIETNAM
Bangkok
KAMBODSCHA
Anda-manen (Indien)
Phnom Penh
Äquator
Nikobaren (Indien)
MALAYSIA
BRUNEI
Neu guinea
Kuala Lumpur
SINGAPUR
Borneo
Celebes
Sumatra
INDONESIEN
Dili
OST-TIMOR
Jakarta
Java
Arafurasee

Europa

Auf dem kleinen Kontinent Europa drängen sich über 40 Länder mit mehr als 700 Mio. Menschen. Hier findet man zwar keine Wüsten, aber abwechslungsreiche Landschaften, vom Hochgebirge bis zur eisigen Tundra, von Felseninseln bis zu fruchtbaren Feldern. In Europa gibt es dutzende von kleinen und großen Inseln, und viele Länder haben sehr lange Küstenlinien.

Die Länder auf dieser Karte wurden farbig unterlegt, damit man die Grenzen besser erkennen kann. Die Legende zur Karte steht auf der Seite 139.

Nördlicher Polarkreis

Nordpolarmeer

ISLAND
Reykjavik

Europäisches Nordmeer

Färöer-Inseln
(Dänemark)

Shetland-Inseln

Orkney-Inseln

SCHWEDEN

NORWEGEN

Oslo

Stockholm

Nordsee

DÄNEMARK
Kopenhagen

Osts

IRLAND
Dublin

GROSS-BRITANNIEN

London

Den Haag

Amsterdam
NIEDERLANDE

Berlin

PO

Brüssel
BELGIEN

DEUTSCHLAND

LUXEMBURG
Luxemburg

Rhein

Prag
TSCHECHISCHE REPUBLIK

Paris

FRANKREICH

Wien

Brati

Golf von Biscaya

Atlantischer

Ozean

Bern
SCHWEIZ

LIECHTENSTEIN
Vaduz

ÖSTERREICH

Buda

SLOWENIEN
Ljubljana

UNC

Zagre
KROATIEN

PORTUGAL

ANDORRA
Andorra la Vella

MONACO

SAN MARINO

BOSNIE
HERZEGOV
Sarajewo

ITALIEN

Lissabon

Madrid

SPANIEN

Korsika

VATIKANSTADT
Rom

ALBA
Tira

Sardinien

Balearen

Mittelmeer

Sizilien

MALTA
Valletta

Barentssee

Nördlicher Polarkreis

Murmansk

Archangelsk

FINNLAND

RUSSLAND

elsinki

St. Petersburg

Tallinn
ESTLAND

Nishnij Nowgorod
Kasan

iga
LETTLAND

Moskau

LITAUEN
Vilnius

Wolga

Minsk
WEISSRUSSLAND

Warschau

Kiew
Wolgograd

UKRAINE
Dnjepr

WAKEI

MOLDAWIEN
Chisinau

RUMÄNIEN

grad
Bukarest
Donau

Schwarzes
Meer

IEN UND
TENEGRO
BULGARIEN
Sofia

Skopje

Ankara

ZEDONIEN
TÜRKEI

CHEN-
AND

Athen

Kreta

Fakten
Gesamte Fläche
10 205 720 km² (inklusive euro-
päisches Russland)
Einwohnerzahl 727 Mio.
(inklusive Russland)
Größte Stadt Paris, Frankreich
Größtes Land Russland
17 075 200 km², europäisches
Russland 4 294 400 km²
Kleinstes Land Vatikanstadt
0,44 km²

Höchster Berg Elbrus, Russland
5642 m
Längster Fluss Wolga, Russ-
land 3700 km
Größter See Ladogasee, Russ-
land 17 700 km²
Höchster Wasserfall Utigard-
Fälle am Jostedal-Gletscher,
Norwegen 800 m
Größte Wüste in Europa gibt
es keine Wüste
Größte Insel Großbritannien
229 870 km²

Wichtigste Bodenschätze
Bauxit, Zink, Eisen, Pottasche,
Kalziumfluorid
Wichtigste fossile Brennstoffe
Erdöl, Kohle, Erdgas, Torf, Uran

Eine Milchkuh in
Devon, im Süden Eng-
lands

147

Afrika

Afrika mit insgesamt 53 Ländern ist der zweitgrößte Kontinent der Erde. Etwa ein Viertel der Länder besitzt keinen eigenen Zugang zum Meer. In Afrika fließt der längste Fluss (Nil) und befindet sich die größte Wüste der Erde (Sahara). Der afrikanische Kontinent ist reich an Bodenschätzen wie Gold, Kupfer und Diamanten. Viele Vorkommen sind noch nicht erschlossen.

Eine Gruppe Massai aus Ostafrika hebt sich als Schatten vom roten Abendhimmel ab.

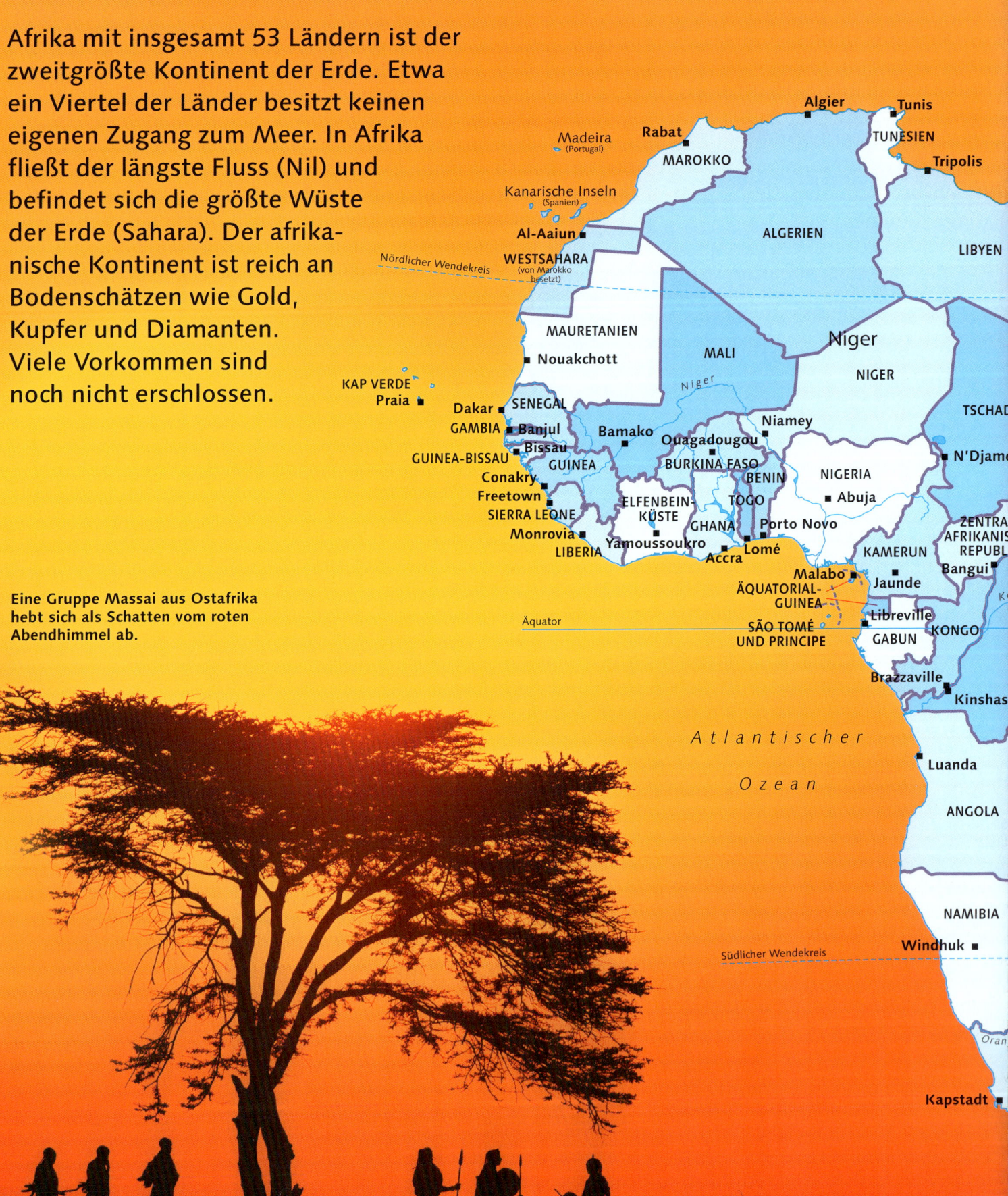

Algier
Tunis
Madeira
(Portugal)
Rabat
TUNESIEN
MAROKKO
Tripolis
Kanarische Inseln
(Spanien)
Al-Aaiun
ALGERIEN
LIBYEN
Nördlicher Wendekreis
WESTSAHARA
(von Marokko besetzt)
MAURETANIEN
Niger
Nouakchott
MALI
NIGER
Niger
KAP VERDE
TSCHAD
Praia
Dakar
SENEGAL
Niamey
GAMBIA
Banjul
Bamako
Ouagadougou
N'Djame
Bissau
BURKINA FASO
GUINEA-BISSAU
GUINEA
NIGERIA
Conakry
BENIN
Freetown
ELFENBEIN-
TOGO
Abuja
SIERRA LEONE
KÜSTE
GHANA
Porto Novo
ZENTRA
Monrovia
Yamoussoukro
Lomé
KAMERUN
AFRIKANIS
LIBERIA
Accra
REPUBL
Malabo
Jaunde
Bangui
ÄQUATORIAL-
GUINEA
Libreville
KONGO
Äquator
SÃO TOMÉ
GABUN
UND PRINCIPE
Brazzaville
Kinshas
Atlantischer
Luanda
Ozean
ANGOLA
NAMIBIA
Südlicher Wendekreis
Windhuk
Oran
Kapstadt

Die Länder auf dieser Karte wurden farbig unterlegt, damit man die Grenzen besser erkennen kann. Die Legende zur Karte steht auf der Seite 139.

Kairo

ÄGYPTEN

Nördlicher Wendekreis

N I L

Khartum

SUDAN

ERITREA
Asmara

DSCHIBUTI Dschibuti

Addis Abeba SOMALIA

ÄTHIOPIEN

UGANDA KENIA

Mogadischu

Äquator

...OKRATISCHE
REPUBLIK Kampala
KONGO

Kigali RUANDA
BURUNDI
Nairobi

Bujumbura

Dodoma Victoria

TANSANIA Daressalam SEYCHELLEN

I n d i s c h e r

MALAWI

SAMBIA Lilongwe Moroni
KOMÖREN

Lusaka O z e a n

...mbesi

Harare MOSAMBIK
SIMBABWE Antananarivo MAURITIUS
Port Louis
SUANA MADAGASKAR
...orone Reunion
Pretoria (Frankreich) Südlicher Wendekreis

Maputo
Mbabane SWASILAND
...mfontein Lobamba

Maseru
LESOTHO

...AFRIKA

Fakten

Gesamte Fläche 30 311 690 km²
Einwohnerzahl 794 Mio.
Größte Stadt Kairo, Ägypten
Größtes Land Sudan
2 505 813 km²
Kleinstes Land Seychellen
454 km²

Höchster Berg Kilimandscharo, Tansania 5895 m
Längster Fluss Nil, von Burundi bis Ägypten 6671 km
Größter See Victoriasee zwischen Tansania, Kenia und Uganda 69 215 km²
Höchster Wasserfall Tugela-Fälle des Tugela, Südafrika 610 m
Größte Wüste Sahara, Nordafrika 9 100 000 km²
Größte Insel Madagaskar 587 040 km²

Wichtigste Bodenschätze
Gold, Kupfer, Diamanten, Eisenerz, Mangan, Bauxit
Wichtigste fossile Brennstoffe
Kohle, Uran, Erdgas

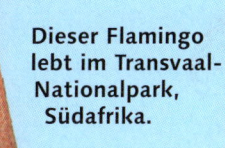

Dieser Flamingo lebt im Transvaal-Nationalpark, Südafrika.

Jedes Land hat seine eigene Staatsflagge. Hier wehen einige Beispiele im Wind. Die blaue Flagge mit dem goldenen Sternenkranz ist die Flagge Europas.

Die Staaten der Erde

Die Staaten der Erde

Afghanistan

Ägypten

Albanien

Diese Zusammenstellung enthält in alphabetischer Reihenfolge die 193 unabhängigen Staaten der Erde mit den wichtigsten Angaben zu den Ländern. Die am häufigsten gesprochene Sprache des Landes steht an erster Stelle, selbst wenn sie nicht die offizielle Landessprache sein sollte. Bei den Religionen wird die Glaubensgemeinschaft mit den meisten Anhängern an erster Stelle aufgeführt.

Jeder Staat hat eine Staatsflagge. Manche Länder besitzen verschiedene Flaggen für Anlässe im Inland und im Ausland. Ein Punkt neben dem Landesnamen zeigt dies an.

Äquatorialguinea

Argentinien

Armenien

Aserbaidschan

Äthiopien

Australien

Bahamas

Algerien

Andorra

Angola

Antigua und
Barbuda

AFGHANISTAN (Asien)
Fläche 652 225 km²
Einwohner 27 755 775
Hauptstadt Kabul
Landessprache(n) Dari, Paschtu
Wichtigste Religion(en) Islam
Staatsform Übergangsregierung
Währung 1 Afghani = 100 Puls

ÄGYPTEN (Afrika)
Fläche 1 001 450 km²
Einwohner 70 712 345
Hauptstadt Kairo
Landessprache(n) Arabisch
Wichtigste Religion(en) Islam (sunnitisch)
Staatsform Präsidialrepublik
Währung 1 Ägyptisches Pfund = 100 Piaster

ALBANIEN (Europa)
Fläche 28 748 km²
Einwohner 3 544 841
Hauptstadt Tirana
Landessprache(n) Albanisch
Wichtigste Religion(en) Islam, Christentum (albanisch-orthodox)
Staatsform Präsidialrepublik (Verfassung 1998)
Währung 1 Lek = 100 Qintar

ALGERIEN (Afrika)
Fläche 2 381 741 km²
Einwohner 32 277 942
Hauptstadt Algier
Landessprache(n) Arabisch, Französisch, Berberdialekte
Wichtigste Religion(en) Islam (sunnitisch)
Staatsform Republik
Währung 1 Algerischer Dinar = 100 Centimes

ANDORRA (Europa)
Fläche 468 km²
Einwohner 68 403
Hauptstadt Andorra la Vella
Landessprache(n) Katalanisch, Spanisch
Wichtigste Religion(en) Christentum

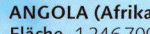

(römisch-katholisch)
Staatsform Parlamentarische Demokratie
Währung 1 Euro = 100 Cent

ANGOLA (Afrika)
Fläche 1 246 700 km²
Einwohner 10 593 171
Hauptstadt Luanda
Landessprache(n) Kikongo, Kimbundu, andere Bantusprachen, Portugiesisch
Wichtigste Religion(en) Stammesreligionen, Christentum (römisch-katholisch, protestantisch)
Staatsform Übergangsregierung
Währung 1 Kwanza = 100 Lwei

ANTIGUA UND BARBUDA (Nordamerika)
Fläche 442 km²
Einwohner 67 448
Hauptstadt Saint John's
Landessprache(n) Karibisches Kreolisch, Englisch
Wichtigste Religion(en) Christentum (protestantisch)
Staatsform Konstitutionelle Monarchie (Commonwealth*)
Währung 1 Ostkaribischer Dollar = 100 Cent

ÄQUATORIALGUINEA (Afrika)
Fläche 28 051 km²
Einwohner 498 144
Hauptstadt Malabo
Landessprache(n) Fang, Bubi, andere Bantusprachen, Spanisch, Französisch, Pidgin-Englisch
Wichtigste Religion(en) Christentum
Staatsform Präsidialrepublik
Währung 1 CFA-Franc** = 100 Centimes

ARGENTINIEN (Südamerika)
Fläche 2 780 400 km²
Einwohner 37 812 817
Hauptstadt Buenos Aires
Landessprache(n) Spanisch
Wichtigste Religion(en) Christentum (römisch-katholisch)

*Commonwealth = Freiwilliger Staatenbund, dessen Mitglieder die englische Krone als Staatsoberhaupt anerkennen   **CFA = Communaute Financiere Africaine

Bahrain

Bangladesch

Barbados

Belgien

Belize

Benin

Bhutan

Staatsform Bundesrepublik
Währung 1 Peso = 100 Centavos

ARMENIEN (Asien)
Fläche 29 800 km²
Einwohner 3 336 100
Hauptstadt Jerewan
Landessprache(n) Armenisch
Wichtigste Religion(en) Christentum (armenisch-apostolisch)
Staatsform Republik
Währung 1 Dram = 100 Luma

ASERBAIDSCHAN (Asien)
Fläche 86 600 km²
Einwohner 7 798 497
Hauptstadt Baku
Landessprache(n) Azeri
Wichtigste Religion(en) Islam
Staatsform Präsidialrepublik
Währung 1 Manat = 100 Gopiks

ÄTHIOPIEN (Afrika)
Fläche 1 133 380 km²
Einwohner 67 673 031
Hauptstadt Addis Abeba
Landessprache(n) Amhari, Tigrinya, Arabisch
Wichtigste Religion(en) Islam, Christentum (äthiopisch-orthodox), Naturreligionen
Staatsform Bundesrepublik
Währung 1 Birr = 100 Cent

AUSTRALIEN (Australien und Ozeanien)
Fläche 7 692 030 km²
Einwohner 19 546 792
Hauptstadt Canberra
Landessprache(n) Englisch
Wichtigste Religion(en) Christentum
Staatsform Parlamentarische Monarchie (Commonwealth*)
Währung 1 Australischer Dollar = 100 Cent

BAHAMAS (Nordamerika)
Fläche 13 939 km²
Einwohner 300 529
Hauptstadt Nassau
Landessprache(n) Bahama-Kreolisch, Englisch
Wichtigste Religion(en) Christentum
Staatsform Parlamentarische Monarchie (Commonwealth*)
Währung 1 Bahama-Dollar = 100 Cent

BAHRAIN (Asien)
Fläche 710 km²
Einwohner 656 397
Hauptstadt Manama
Landessprache(n) Arabisch, Englisch
Wichtigste Religion(en) Islam
Staatsform Konstitutionelle Monarchie
Währung 1 Bahrain-Dollar = 1000 Fils

BANGLADESCH (Asien)
Fläche 147 570 km²
Einwohner 133 376 684
Hauptstadt Dhaka
Landessprache(n) Bengali, Englisch
Wichtigste Religion(en) Islam, Hinduismus
Staatsform Republik (Commonwealth*)
Währung 1 Taka = 10 Poischa

BARBADOS (Nordamerika)
Fläche 430 km²
Einwohner 276 607
Hauptstadt Bridgetown
Landessprache(n) Bajan, Englisch
Wichtigste Religion(en) Christentum
Staatsform Parlamentarische Monarchie

(Commonwealth*)
Währung 1 Barbados-Dollar = 100 Cent

BELGIEN (Europa)
Fläche 32 545 km²
Einwohner 10 274 595
Hauptstadt Brüssel
Landessprache(n) Niederländisch, Französisch
Wichtigste Religion(en) Christentum (römisch-katholisch, protestantisch)
Staatsform Parlamentarische Monarchie
Währung 1 Euro = 100 Cent

BELIZE (Nordamerika)
Fläche 22 965 km²
Einwohner 262 999
Hauptstadt Belmopan
Landessprache(n) Spanisch, Belize-Kreolisch, Englisch, Garifuna, Maya
Wichtigste Religion(en) Christentum (römisch-katholisch, protestantisch)
Staatsform Parlamentarische Monarchie (Commonwealth*)
Währung 1 Belize-Dollar = 100 Cent

BENIN (Afrika)
Fläche 112 622 km²
Einwohner 6 787 625
Hauptstadt Porto Novo
Landessprache(n) Fon, Französisch, Yoruba
Wichtigste Religion(en) Stammesreligionen, Christentum, Islam
Staatsform Präsidialrepublik
Währung 1 CFA-Franc** = 100 Centimes

BHUTAN (Asien)
Fläche 46 500 km²
Einwohner 2 144 000
Hauptstadt Thimbu
Landessprache(n) Dzongkha, Nepali
Wichtigste Religion(en) Buddhismus, Hinduismus
Staatsform Konstitutionelle Monarchie
Währung 1 Ngultrum = 100 Chetrum

BOLIVIEN (Südamerika)
Fläche 1 098 581 km²
Einwohner 8 445 134
Hauptstädte La Paz, Sucre
Landessprache(n) Spanisch, Ketschua, Aimara
Wichtigste Religion(en) Christentum (römisch-katholisch)
Staatsform Präsidialrepublik
Währung 1 Boliviano = 100 Centavos

BOSNIEN-HERZEGOWINA (Europa)
Fläche 51 129 km²
Einwohner 3 964 388
Hauptstadt Sarajewo
Landessprache(n) Bosnisch, Serbisch, Kroatisch
Wichtigste Religion(en) Islam, Christentum (serbisch-orthodox, römisch-katholisch)
Staatsform Republik
Währung 1 Marka = 100 Pfenninga

BOTSUANA (Afrika)
Fläche 581 730 km²
Einwohner 1 591 232
Hauptstadt Gaborone
Landessprache(n) Setswana, Kalanga, Englisch
Wichtigste Religion(en) Stammesreligionen, Christentum
Staatsform Präsidialrepublik (Commonwealth*)
Währung 1 Pula = 100 Thebe

BRASILIEN (Südamerika)
Fläche 8 547 404 km²

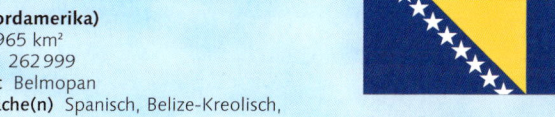

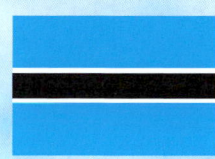

Bolivien

Bosnien-Herzegowina

Botsuana

Brasilien

Brunei

Bulgarien

Burkina Faso

Die Staaten der Erde (Fortsetzung)

Burundi

Einwohner 176 029 560
Hauptstadt Brasilia
Landessprache(n) Portugiesisch
Wichtigste Religion(en) Christentum (römisch-katholisch)
Staatsform Bundesrepublik
Währung 1 Real = 100 Centavos

BRUNEI (Asien)
Fläche 5765 km²
Einwohner 350 898
Hauptstadt Bandar Seri Begawan
Landessprache(n) Malaiisch, Englisch, Chinesisch
Wichtigste Religion(en) Islam, Buddhismus
Staatsform Islamische Monarchie (Sultanat)
Währung 1 Brunei-Dollar = 100 Cent

BULGARIEN (Europa)
Fläche 110 994 km²
Einwohner 7 621 337
Hauptstadt Sofia
Landessprache(n) Bulgarisch
Wichtigste Religion(en) Christentum (bulgarisch-orthodox)
Staatsform Republik
Währung 1 Lew = 100 Stotinki

BURKINA-FASO (Afrika)
Fläche 274 200 km²
Einwohner 12 603 185
Hauptstadt Ouagadougou
Landessprache(n) Arabisch, Jula, Französisch
Wichtigste Religion(en) Islam, Stammes-religionen
Staatsform Präsidialrepublik
Währung 1 CFA-Franc** = 100 Centimes

Chile

BURUNDI (Afrika)
Fläche 27 834 km²
Einwohner 6 373 002
Hauptstadt Bujumbura
Landessprache(n) Kirundi, Französisch, Kisuaheli
Wichtigste Religion(en) Christentum, Stammes-religionen
Staatsform Präsidialrepublik
Währung 1 Burundi-Franc = 100 Centimes

China, Volksrepublik

CHILE (Südamerika)
Fläche 756 096 km²
Einwohner 15 498 930
Hauptstadt Santiago
Landessprache(n) Spanisch
Wichtigste Religion(en) Christentum (römisch-katholisch, protestantisch)
Staatsform Präsidialrepublik
Währung 1 Chilenischer Peso = 100 Centavos

CHINA, VOLKSREPUBLIK (Asien)
Fläche 9 572 419 km²
Einwohner 1 284 303 705
Hauptstadt Beijing (Peking)
Landessprache(n) Mandarin-Chinesisch, Yue, Wu
Wichtigste Religion(en) Taoismus, Buddhismus
Staatsform Kommunistische Volksrepublik
Währung 1 Yuan = 10 Jiao

Costa Rica

COSTA RICA (Nordamerika)
Fläche 51 100 km²
Einwohner 3 834 934
Hauptstadt San José
Landessprache(n) Spanisch
Wichtigste Religion(en) Christentum (römisch-katholisch, protestantisch)
Staatsform Präsidialrepublik
Währung 1 Costa-Rica-Colon = 100 Centimos

Dänemark

Deutschland

Dominica

DÄNEMARK (Europa)
Fläche 43 096 km²
Einwohner 5 368 854
Hauptstadt Kopenhagen
Landessprache(n) Dänisch
Wichtigste Religion(en) Christentum (lutherisch)
Staatsform Parlamentarische Monarchie
Währung 1 Dänische Krone = 100 Öre

DEUTSCHLAND (Europa)
Fläche 357 023 km²
Einwohner 83 251 851
Hauptstadt Berlin
Landessprache(n) Deutsch
Wichtigste Religion(en) Christentum (protestantisch, römisch-katholisch)
Staatsform Bundesrepublik
Währung 1 Euro = 100 Cent

DOMINICA (Nordamerika)
Fläche 751 km²
Einwohner 70 158
Hauptstadt Roseau
Landessprache(n) Englisch, Französisch (Patois)
Wichtigste Religion(en) Christentum (römisch-katholisch, protestantisch)
Staatsform Republik (Commonwealth*)
Währung 1 Ostkaribischer Dollar = 100 Cent

DOMINIKANISCHE REPUBLIK (Nordamerika)
Fläche 48 422 km²
Einwohner 8 721 594
Hauptstadt Santo Domingo
Landessprache(n) Spanisch
Wichtigste Religion(en) Christentum (römisch-katholisch)
Staatsform Präsidialrepublik
Währung 1 Dominikanischer Peso = 100 Centavos

DSCHIBUTI (Afrika)
Fläche 23 200 km²
Einwohner 644 000
Hauptstadt Dschibuti
Landessprache(n) Afar, Somali, Arabisch, Französisch
Wichtigste Religion(en) Islam
Staatsform Präsidialrepublik
Währung 1 Dschibuti-Franc = 100 Centimes

ECUADOR (Südamerika)
Fläche 256 370 km²
Einwohner 13 447 494
Hauptstadt Quito
Landessprache(n) Spanisch, Ketschua
Wichtigste Religion(en) Christentum (römisch-katholisch)
Staatsform Präsidialrepublik
Währung 1 Sucre = 100 Centavos

EL SALVADOR (Nordamerika)
Fläche 21 041 km²
Einwohner 6 353 681
Hauptstadt San Salvador
Landessprache(n) Spanisch
Wichtigste Religion(en) Christentum (römisch-katholisch)
Staatsform Präsidialrepublik
Währung 1 Salvador-Colón = 100 Centavos

ELFENBEINKÜSTE (Afrika)
Fläche 322 462 km²
Einwohner 16 804 784
Hauptstadt Yamoussoukro
Landessprache(n) Baoulé, Dioula, Französisch

• Dominikanische Republik

Dschibuti

Ecuador

El Salvador

Elfenbeinküste

Eritrea

Estland

*Commonwealth = Freiwilliger Staatenbund, dessen Mitglieder die englische Krone als Staatsoberhaupt anerkennen   **CFA = Communaute Financiere Africaine

Fidschi

Wichtigste Religion(en) Christentum, Islam, Naturreligionen
Staatsform Präsidialrepublik
Währung 1 CFA-Franc** = 100 Centimes

ERITREA (Afrika)
Fläche 121 144 km²
Einwohner 4 465 651
Hauptstadt Asmara
Landessprache(n) Tigrinya, Afar, Arabisch
Wichtigste Religion(en) Islam, Christentum (koptisch, römisch-katholisch, protestantisch)
Staatsform Republik (provisorisches Parlament)
Währung 1 Nafka = 100 Cent

Finnland

ESTLAND (Europa)
Fläche 45 227 km²
Einwohner 1 415 681
Hauptstadt Tallinn
Landessprache(n) Estnisch, Russisch
Wichtigste Religion(en) Christentum (lutherisch, russisch-orthodox, estnisch-orthodox, andere christliche Kirchen)
Staatsform Republik
Währung Estnische Krone = 100 Senti

FIDSCHI (Australien und Ozeanien)
Fläche 18 376 km²
Einwohner 856 346
Hauptstadt Suva
Landessprache(n) Fidschianisch, Hindustanisch, Englisch
Wichtigste Religion(en) Christentum, Hinduismus
Staatsform Republik (Commonwealth*)
Währung 1 Fidschi-Dollar = 100 Cent

Frankreich

FINNLAND (Europa)
Fläche 338 144 km²
Einwohner 5 183 545
Hauptstadt Helsinki
Landessprache(n) Finnisch
Wichtigste Religion(en) Christentum (lutherisch)
Staatsform Republik
Währung 1 Euro = 100 Cent

Gabun

FRANKREICH (Europa)
Fläche 543 965 km²
Einwohner 59 765 983
Hauptstadt Paris
Landessprache(n) Französisch
Wichtigste Religion(en) Christentum (römisch-katholisch)
Staatsform Republik
Währung 1 Euro = 100 Cent

Gambia

GABUN (Afrika)
Fläche 267 667 km²
Einwohner 1 233 353
Hauptstadt Libreville
Landessprache(n) Fang, Myene, Französisch
Wichtigste Religion(en) Christentum, Naturreligionen
Staatsform Präsidialrepublik
Währung 1 CFA-Franc** = 100 Centimes

Georgien

GAMBIA (Afrika)
Fläche 11 295 km²
Einwohner 1 455 842
Hauptstadt Banjul
Landessprache(n) Mandinka, Fula, Wolof, Englisch
Wichtigste Religion(en) Islam
Staatsform Präsidialrepublik (Commonwealth*)
Währung 1 Dalasi = 100 Butut

Ghana

GEORGIEN (Asien)
Fläche 69 700 km²
Einwohner 4 960 951
Hauptstadt Tiflis
Landessprache(n) Georgisch, Russisch
Wichtigste Religion(en) Christentum (georgisch-orthodox), Islam, Christentum (russisch-orthodox)
Staatsform Präsidialrepublik
Währung 1 Lari = 100 Tetri

GHANA (Afrika)
Fläche 238 537 km²
Einwohner 20 244 154
Hauptstadt Accra
Landessprache(n) Twi, Fanti, Ga, Hausa, Dagbani, Ewe, Nzima, Englisch
Wichtigste Religion(en) Stammesreligionen, Islam, Christentum
Staatsform Präsidialrepublik (Commonwealth*)
Währung 1 Neuer Cedi = 100 Pesewas

GRENADA (Nordamerika)
Fläche 344 km²
Einwohner 89 211
Hauptstadt Saint George's
Landessprache(n) Englisch, Französisch (Patois)
Wichtigste Religion(en) Christentum (römisch-katholisch, protestantisch)
Staatsform Parlamentarische Monarchie (Commonwealth*)
Währung 1 Ostkaribischer Dollar = 100 Cent

GRIECHENLAND (Europa)
Fläche 131 957 km²
Einwohner 10 645 343
Hauptstadt Athen
Landessprache(n) Griechisch
Wichtigste Religion(en) Christentum (griechisch-orthodox)
Staatsform Parlamentarische Republik
Währung 1 Euro = 100 Cent

GROSSBRITANNIEN (Europa)
Fläche 242 910 km²
Einwohner 60 090 000
Hauptstadt London
Landessprache(n) Englisch
Wichtigste Religion(en) Christentum (anglikanisch, römisch-katholisch)
Staatsform Parlamentarische Monarchie (Commonwealth*)
Währung 1 britisches Pfund = 100 Pence

GUATEMALA (Nordamerika)
Fläche 108 889 km²
Einwohner 13 314 079
Hauptstadt Guatemala
Landessprache(n) Spanisch, indianische Sprachen, darunter Quiché, Kekchi, Cakchiquel, Mam
Wichtigste Religion(en) Christentum (römisch-katholisch, protestantisch), traditioneller Maya-Glaube
Staatsform Präsidialrepublik
Währung 1 Quetzal = 100 Centavos

GUINEA (Afrika)
Fläche 245 857 km²
Einwohner 7 775 065
Hauptstadt Conakry
Landessprache(n) Fuuta Jalon, Mallinke, Susu, Französisch
Wichtigste Religion(en) Islam
Staatsform Präsidialrepublik
Währung 1 Guinea-Franc = 100 Centimes

GUINEA-BISSAU
Fläche 36 125 km²

Grenada

Griechenland

Großbritannien

Guatemala

Guinea

Guinea-Bissau

Guyana

Die Staaten der Erde (Fortsetzung)

Haiti

Einwohner 1 354 479
Hauptstadt Bissau
Landessprache(n) Crioulo*, Balante, Pulaar,
Mandjak, Mandinka, Portugiesisch
Wichtigste Religion(en) Stammesreligionen,
Islam
Staatsform Präsidialrepublik
Währung 1 CFA-Franc*** = 100 Centimes

GUYANA (Südamerika)
Fläche 214 969 km²
Einwohner 702 000
Hauptstadt Georgetown
Landessprache(n) Guyana-Kreolisch, Englisch,
indianische Sprachen, karibisches Hindi
Wichtigste Religion(en) Christentum,
Hinduismus
Staatsform Präsidialrepublik (Commonwealth**)
Währung 1 Guyana-Dollar = 100 Cent

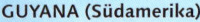

Honduras

HAITI (Nordamerika)
Fläche 27 750 km²
Einwohner 7 063 722
Hauptstadt Port-au-Prince
Landessprache(n) Haiti-Kreolisch, Französisch
Wichtigste Religion(en) Christentum (römisch-
katholisch, protestantisch), Voodoo
Staatsform Präsidialrepublik
Währung 1 Gourde = 10 Centimes

Indien

HONDURAS (Nordamerika)
Fläche 112 492 km²
Einwohner 6 560 608
Hauptstadt Tegicugalpa
Landessprache(n) Spanisch
Wichtigste Religion(en) Christentum (römisch-
katholisch)
Staatsform Präsidialrepublik
Währung 1 Lempira = 100 Centavos

Indonesien

INDIEN (Asien)
Fläche 3 287 263 km²
Einwohner 1 045 845 226
Hauptstadt Neu Delhi
Landessprache(n) Hindi, Englisch, Bengali, Urdu
und über 1600 weitere Sprachen und Dialekte
Wichtigste Religion(en) Hinduismus, Islam
Staatsform Bundesrepublik (Commonwealth**)
Währung 1 Indische Rupie = 100 Paise

INDONESIEN (Asien)
Fläche 1 912 988 km²
Einwohner 231 328 092
Hauptstadt Jakarta
Landessprache(n) Bahasa-Indonesisch, Englisch,
Niederländisch, Javanesisch
Wichtigste Religion(en) Islam
Staatsform Präsidialrepublik
Währung 1 Indonesische Rupie = 100 Sen

Irak

IRAK (Asien)
Fläche 438 317 km²
Einwohner 24 001 816
Hauptstadt Bagdad
Landessprache(n) Arabisch, Kurdisch
Wichtigste Religion(en) Islam
Staatsform Republik
Währung 1 Irakischer Dinar = 1000 Fils

Iran

IRAN (Asien)
Fläche 1 648 000 km²
Einwohner 66 622 704
Hauptstadt Teheran
Landessprache(n) Farsi und andere persische
Dialekte, Azeri
Wichtigste Religion(en) Islam (schiitisch,
sunnitisch)

Irland

Staatsform Islamische Präsidialrepublik
Währung 1 Iranischer Rial = 100 Dinar

IRLAND (Europa)
Fläche 70 273 km²
Einwohner 3 883 159
Hauptstadt Dublin
Landessprache(n) Englisch, Irisch (Gälisch)
Wichtigste Religion(en) Christentum (römisch-
katholisch)
Staatsform Republik
Währung 1 Euro = 100 Cent

ISLAND (Europa)
Fläche 103 000 km²
Einwohner 279 384
Hauptstadt Reykjavik
Landessprache(n) Isländisch
Wichtigste Religion(en) Christentum
(lutherisch)
Staatsform Republik
Währung 1 Isländische Krone = 100 Aurar

Island

ISRAEL (Asien)
Fläche 20 991 km²
Einwohner 6 029 529
Hauptstadt Tel Aviv
Landessprache(n) Hebräisch, Arabisch
Wichtigste Religion(en) Judentum, Islam
Staatsform Republik
Währung 1 Israelischer Schekel = 100 Agorot

Israel

ITALIEN (Europa)
Fläche 301 336 km²
Einwohner 57 715 625
Hauptstadt Rom
Landessprache(n) Italienisch
Wichtigste Religion(en) Christentum (römisch-
katholisch)
Staatsform Republik
Währung 1 Euro = 100 Cent

Italien

JAMAIKA (Nordamerika)
Fläche 10 991 km²
Einwohner 2 680 029
Hauptstadt Kingston
Landessprache(n) Jamaikanisches Kreolisch,
Englisch
Wichtigste Religion(en) Christentum
(protestantisch)
Staatsform Parlamentarische Monarchie
(Commonwealth**)
Währung 1 Jamaika-Dollar = 100 Cent

Jamaika

JAPAN (Asien)
Fläche 377 837 km²
Einwohner 126 974 628
Hauptstadt Tokio
Landessprache(n) Japanisch
Wichtigste Religion(en) Schintoismus,
Buddhismus
Staatsform Parlamentarische Monarchie
Währung 1 Yen = 100 Sen

Japan

JEMEN (Asien)
Fläche 536 869 km²
Einwohner 18 701 257
Hauptstadt Sana
Landessprache(n) Arabisch
Wichtigste Religion(en) Islam
Staatsform Islamische Präsidialrepublik
Währung 1 Jemen-Rial = 100 Fils

Jemen

JORDANIEN (Asien)
Fläche 89 342 km²
Einwohner 5 307 470
Hauptstadt Amman

Jordanien

*Crioulo = eine Mischung aus Portugiesisch und westafrikanischen Sprachen.
**Commonwealth = Freiwilliger Staatenbund, dessen Mitglieder die englische Krone als Staatsoberhaupt anerkennen   ***CFA = Communaute Financiere Africaine

Kambodscha

Landessprache(n) Arabisch, Englisch
Wichtigste Religion(en) Islam (sunnitisch)
Staatsform Konstitutionelle Monarchie
Währung 1 Jordanischer Dinar = 1000 Fils

KAMBODSCHA (Asien)
Fläche 181 035 km²
Einwohner 12 775 324
Hauptstadt Phnom Penh
Landessprache(n) Khmer
Wichtigste Religion(en) Buddhismus
Staatsform Parlamentarische Monarchie
Währung 1 Neuer Riel = 100 Sen

Kamerun

KAMERUN (Afrika)
Fläche 475 442 km²
Einwohner 16 184 748
Hauptstadt Jaunde
Landessprache(n) Kamerun Pidgin-Englisch,
Ewondo, Fula, Französisch, Englisch
Wichtigste Religion(en) Stammesreligionen,
Christentum, Islam
Staatsform Präsidialrepublik
(Commonwealth*)
Währung 1 CFA-Franc** = 100 Centimes

Kanada

KANADA (Nordamerika)
Fläche 9 984 670 km²
Einwohner 31 902 268
Hauptstadt Ottawa
Landessprache(n) Englisch, Französisch
Wichtigste Religion(en) Christentum (römisch-
katholisch, protestantisch)
Staatsform Bundesrepublik
(Commonwealth*)
Währung 1 Kanadischer Dollar = 100 Cent

Kap Verde

KAP VERDE (Afrika)
Fläche 4036 km²
Einwohner 408 760
Hauptstadt Praia
Landessprache(n) Crioulo***, Portugiesisch
Wichtigste Religion(en) Christentum (römisch-
katholisch, protestantisch)
Staatsform Republik
Währung 1 Kap-Verde-Escudo = 100 Centavos

Kasachstan

KASACHSTAN (Asien)
Fläche 2 717 300 km²
Einwohner 16 741 519
Hauptstadt Astana
Landessprache(n) Kasachisch, Russisch
Wichtigste Religion(en) Islam, Christentum
(russisch-orthodox)
Staatsform Präsidialrepublik
Währung 1 Kasachischer Tenge = 100 Tein

KATAR (Asien)
Fläche 11 437 km²
Einwohner 793 341
Hauptstadt Doha
Landessprache(n) Arabisch, Englisch
Wichtigste Religion(en) Islam
Staatsform Emirat (absolute Monarchie)
Währung 1 Katar-Rial = 100 Dirham

Katar

KENIA (Afrika)
Fläche 580 367 km²
Einwohner 31 138 735
Hauptstadt Nairobi
Landessprache(n) Kisuaheli, Englisch, Bantu-
Sprachen
Wichtigste Religion(en) Christentum, Stammes-
religionen
Staatsform Präsidialrepublik (Commonwealth*)
Währung 1 Kenianischer Schilling =
100 Cent

Kenia

KIRGISISTAN (Asien)
Fläche 199 900 km²
Einwohner 4 890 000
Hauptstadt Bischkek
Landessprache(n) Kirgisisch, Russisch
Wichtigste Religion(en) Islam, Christentum
(russisch-orthodox)
Staatsform Präsidialrepublik
Währung 1 Kirgisistan-Som = 100 Tyin

KIRIBATI (Australien und Ozeanien)
Fläche 811 km²
Einwohner 96 335
Hauptstadt Bairiki (auf der Insel Tarawa)
Landessprache(n) Gilbertesisch, Englisch
Wichtigste Religion(en) Christentum (römisch-
katholisch, protestantisch)
Staatsform Präsidialrepublik (Commonwealth*)
Währung 1 Australischer Dollar = 100 Cent

KOLUMBIEN (Südamerika)
Fläche 1 141 748 km²
Einwohner 41 008 227
Hauptstadt Bogotá
Landessprache(n) Spanisch
Wichtigste Religion(en) Christentum (römisch-
katholisch)
Staatsform Präsidialrepublik
Währung 1 Kolumbianischer Peso =
100 Centavos

KOMOREN (Afrika)
Fläche 1862 km²
Einwohner 614 382
Hauptstadt Moroni
Landessprache(n) Komorisch****, Französisch
Wichtigste Religion(en) Islam (sunnitisch)
Staatsform Bundesrepublik
Währung 1 Komoren-Franc = 100 Centimes

KONGO, REPUBLIK (Afrika)
Fläche 342 000 km²
Einwohner 2 958 448
Hauptstadt Brazzaville
Landessprache(n) Monokutuba, Lingala,
Französisch
Wichtigste Religion(en) Christentum, Natur-
religionen
Staatsform Präsidialrepublik
Währung 1 CFA-Franc** = 100 Centimes

KONGO, DEMOKRATISCHE REPUBLIK (Afrika)
Fläche 2 344 885 km²
Einwohner 55 225 478
Hauptstadt Kinshasa
Landessprache(n) Lingala, Kisuaheli, Kikongo,
Chiluba, Französisch
Wichtigste Religion(en) Christentum (römisch-
katholisch, protestantisch, kimbangistisch), Islam
Staatsform Präsidialrepublik mit Übergangs-
verfassung
Währung 1 Kongolesischer Franc = 100 Centimes

KROATIEN (Europa)
Fläche 56 542 km²
Einwohner 4 390 751
Hauptstadt Zagreb
Landessprache(n) Kroatisch
Wichtigste Religion(en) Christentum (römisch-
katholisch, orthodox)
Staatsform Republik
Währung 1 Kuna = 100 Lipas

KUBA (Nordamerika)
Fläche 110 860 km²
Einwohner 11 224 321
Hauptstadt Havanna

Kirgisistan

Kiribati

Kolumbien

Komoren

Kongo, Republik

Kongo, Volksrepublik

Kroatien

*Commonwealth = Freiwilliger Staatenbund, dessen Mitglieder die englische Krone als Staatsoberhaupt anerkennen   **CFA = Communauté Financiere Africaine
***Crioulo = eine Mischung aus Portugiesisch und westafrikanischen Sprachen.   ****Komorisch = eine Mischung aus Kisuaheli und Arabisch

Die Staaten der Erde (Fortsetzung)

Kuba

Landessprache(n) Spanisch
Wichtigste Religion(en) Christentum (römisch-katholisch)
Staatsform Sozialistische Republik
Währung 1 Kubanischer Peso = 100 Centavos

KUWAIT (Asien)
Fläche 17818 km²
Einwohner 2 111 561
Hauptstadt Kuwait
Landessprache(n) Arabisch, Englisch
Wichtigste Religion(en) Islam
Staatsform Emirat (Erbmonarchie)
Währung 1 Kuwait-Dinar = 1000 Fils

Kuwait

LAOS (Asien)
Fläche 236 800 km²
Einwohner 5 777 180
Hauptstadt Vientiane
Landessprache(n) Lao, Französisch, Englisch
Wichtigste Religion(en) Buddhismus, Naturreligionen
Staatsform Volksrepublik
Währung 1 Neuer Kip = 100 At

Laos

LESOTHO (Afrika)
Fläche 30 355 km²
Einwohner 2 207 954
Hauptstadt Maseru
Landessprache(n) Sesotho, Englisch, Zulu, Xhosa
Wichtigste Religion(en) Christentum, Stammesreligionen
Staatsform Parlamentarische Monarchie (Commonwealth*)
Währung 1 Loti = 100 Lisente

Lesotho

LETTLAND (Europa)
Fläche 64 589 km²
Einwohner 2 366 515
Hauptstadt Riga
Landessprache(n) Lettisch, Russisch
Wichtigste Religion(en) Christentum (lutherisch, römisch-katholisch, russisch-orthodox)
Staatsform Republik
Währung 1 Lettischer Lats = 100 Santims

Lettland

LIBANON (Asien)
Fläche 10 452 km²
Einwohner 3 677 780
Hauptstadt Beirut
Landessprache(n) Arabisch, Französisch, Englisch
Wichtigste Religion(en) Islam, Christentum
Staatsform Republik
Währung 1 Libanesisches Pfund = 100 Piaster

LIBERIA (Afrika)
Fläche 97 754 km²
Einwohner 3 288 198
Hauptstadt Monrovia
Landessprache(n) Kpelle, Englisch, Bassa
Wichtigste Religion(en) Stammesreligionen, Christentum, Islam
Staatsform Präsidialrepublik
Währung 1 Liberianischer Dollar = 100 Cent

Libanon

LIBYEN (Afrika)
Fläche 1 775 500 km²
Einwohner 5 368 585
Hauptstadt Tripolis
Landessprache(n) Arabisch, Italienisch, Englisch
Wichtigste Religion(en) Islam (sunnitisch)
Staatsform Islamisch-Sozialistische Volksrepublik
Währung 1 Libyscher Dinar = 1000 Dirham

LIECHTENSTEIN (Europa)
Fläche 160 km²

Liberia

Einwohner 32 842
Hauptstadt Vaduz
Landessprache(n) Deutsch, Alemannisch
Wichtigste Religion(en) Christentum (römisch-katholisch)
Staatsform Parlamentarische Monarchie
Währung 1 Schweizer Franken = 100 Rappen

LITAUEN (Europa)
Fläche 65 301 km²
Einwohner 3 601 138
Hauptstadt Vilnius
Landessprache(n) Litauisch, Polnisch, Russisch
Wichtigste Religion(en) Christentum (römisch-katholisch, lutherisch, russisch-orthodox)
Staatsform Republik
Währung 1 Litauischer Litas = 100 Centas

LUXEMBURG (Europa)
Fläche 2586 km²
Einwohner 448 569
Hauptstadt Luxemburg
Landessprache(n) Lëtzebuergesch, Deutsch, Französisch
Wichtigste Religion(en) Christentum (römisch-katholisch)
Staatsform Parlamentarische Monarchie (Großherzogtum)
Währung 1 Euro = 100 Cent

MADAGASKAR (Afrika)
Fläche 587 041 km²
Einwohner 16 473 477
Hauptstadt Antananarivo
Landessprache(n) Malagasy, Französisch
Wichtigste Religion(en) Stammesreligionen, Christentum
Staatsform Republik
Währung 1 Madagaskar-Franc = 100 Centimes

MALAWI (Afrika)
Fläche 118 484 km²
Einwohner 10 701 824
Hauptstadt Lilongwe
Landessprache(n) Chichewa, Englisch
Wichtigste Religion(en) Christentum (protestantisch, römisch-katholisch), Islam
Staatsform Präsidialrepublik (Commonwealth*)
Währung 1 Malawi-Kwacha = 100 Tambala

MALAYSIA (Asien)
Fläche 329 733 km²
Einwohner 22 662 365
Hauptstadt Kuala Lumpur
Landessprache(n) Bahasa Melayu, Englisch, chinesische Dialekte, Tamilisch
Wichtigste Religion(en) Islam, Buddhismus, Daoismus
Staatsform Wahlmonarchie (Commonwealth*)
Währung 1 Ringgit = 100 Sen

MALEDIVEN (Asien)
Fläche 298 km²
Einwohner 320 165
Hauptstadt Male
Landessprache(n) Maledivisch, Englisch
Wichtigste Religion(en) Islam (sunnitisch)
Staatsform Präsidialrepublik (Commonwealth*)
Währung 1 Rufiyaa = 100 Laari

MALI (Afrika)
Fläche 1 240 192 km²
Einwohner 11 340 480
Hauptstadt Bamako
Landessprache(n) Bambara, Fulani, Songhai,

Libyen

Liechtenstein

Litauen

Luxemburg

Madagaskar

Malawi

Malaysia

*Commonwealth = Freiwilliger Staatenbund, dessen Mitglieder die englische Krone als Staatsoberhaupt anerkennen

Malediven

Mali

Malta

Marokko

Marshall-Inseln

Mauretanien

Mauritius

Französisch
Wichtigste Religion(en) Islam
Staatsform Präsidialrepublik
Währung 1 CFA-Franc** = 100 Centimes

MALTA (Europa)
Fläche 316 km²
Einwohner 397 499
Hauptstadt Valletta
Landessprache(n) Maltesisch, Englisch
Wichtigste Religion(en) Christentum (römisch-katholisch)
Staatsform Republik (Commonwealth*)
Währung 1 Maltesische Lira = 100 Cent

MAROKKO (Afrika)
Fläche 458 730 km²
Einwohner 31 167 783
Hauptstadt Rabat
Landessprache(n) Arabisch, Berbersprachen, Französisch
Wichtigste Religion(en) Islam
Staatsform Parlamentarische Monarchie
Währung 1 Marokko-Dirham = 100 Centimes

MARSHALL-INSELN
(Australien und Ozeanien)
Fläche 181 km²
Einwohner 56 400
Hauptstadt Dalap-Uliga-Darrit
Landessprache(n) Marshallesisch, Englisch
Wichtigste Religion(en) Christentum (protestantisch)
Staatsform Republik
Währung 1 US-Dollar = 100 Cent

MAURETANIEN (Afrika)
Fläche 1 030 700 km²
Einwohner 2 828 858
Hauptstadt Nouakchott
Landessprache(n) Arabisch, Wolof, Französisch
Wichtigste Religion(en) Islam
Staatsform Präsidialrepublik
Währung 1 Ouguiya = 5 Khoums

MAURITIUS (Afrika)
Fläche 2040 km²
Einwohner 1 200 206
Hauptstadt Port Louis
Landessprache(n) Mauritianisch (französisches Kreolisch), Französisch, Hindi, Bhojpuri, Urdu, Tamilisch, Englisch
Wichtigste Religion(en) Hinduismus, Christentum, Islam
Staatsform Republik (Commonwealth*)
Währung 1 Mauritius-Rupie = 100 Cent

MAZEDONIEN (Europa)
Fläche 25 713 km²
Einwohner 2 054 800
Hauptstadt Skopje
Landessprache(n) Mazedonisch, Albanisch
Wichtigste Religion(en) Christentum (mazedonisch-orthodox), Islam
Staatsform Republik
Währung 1 Mazedonischer Dinar = 100 Deni

MEXIKO (Nordamerika)
Fläche 1 953 162 km²
Einwohner 103 400 165
Hauptstadt Mexiko-Stadt
Landessprache(n) Spanisch, Maya-Dialekte, Nahuatl
Wichtigste Religion(en) Christentum (römisch-katholisch)
Staatsform Bundesrepublik
Währung 1 Mexikanischer Peso = 100 Centavos

MIKRONESIEN, VEREINIGTE STAATEN
(Australien und Ozeanien)
Fläche 700 km²
Einwohner 135 869
Hauptstadt Palikir
Landessprache(n) Iruk, Ponapea, Englisch
Wichtigste Religion(en) Christentum (römisch-katholisch, protestantisch)
Staatsform Bundesrepublik
Währung 1 US-Dollar = 100 Cent

MOLDAWIEN (Europa)
Fläche 33 800 km²
Einwohner 4 434 547
Hauptstadt Chisinau
Landessprache(n) Moldauisch, Russisch, Gagausisch
Wichtigste Religion(en) Christentum (russisch-orthodox)
Staatsform Republik
Währung 1 Moldawischer Leu = 100 Bani

MONACO (Europa)
Fläche 1,95 km²
Einwohner 31 987
Hauptstadt Monaco-Ville
Landessprache(n) Französisch, Monegassisch
Wichtigste Religion(en) Christentum (römisch-katholisch)
Staatsform Parlamentarische Monarchie (Fürstentum)
Währung 1 Euro = 100 Cent

MONGOLEI (Asien)
Fläche 1 564 116 km²
Einwohner 2 694 432
Hauptstadt Ulan Bator
Landessprache(n) Chalcha-Mongolisch
Wichtigste Religion(en) Buddhismus (tibetischer Lamaismus)
Staatsform Republik
Währung 1 Tugrik = 100 Mongo

MOSAMBIK (Afrika)
Fläche 799 380 km²
Einwohner 19 607 519
Hauptstadt Maputo
Landessprache(n) Makua, Tsonga, Portugiesisch
Wichtigste Religion(en) Stammesreligionen, Christentum, Islam
Staatsform Republik (Commonwealth*)
Währung 1 Metical = 100 Centavos

MYANMAR (BURMA) (Asien)
Fläche 676 552 km²
Einwohner 42 238 224
Hauptstadt Rangun
Landessprache(n) Burmesisch
Wichtigste Religion(en) Buddhismus
Staatsform Militärdiktatur
Währung 1 Kyat = 100 Pyas

NAMIBIA (Afrika)
Fläche 824 292 km²
Einwohner 1 820 916
Hauptstadt Windhuk
Landessprache(n) Afrikaans, Deutsch, Englisch
Wichtigste Religion(en) Christentum, Stammesreligionen
Staatsform Republik (Commonwealth*)
Währung 1 Namibischer Dollar = 100 Cent

NAURU (Australien und Ozeanien)
Fläche 21,3 km²
Einwohner 12 329
Hauptstadt Yaren
Landessprache(n) Nauruisch, Englisch

Mazedonien

Mexiko

Mikronesien, Vereinigte Staaten

Moldawien

Monaco

Mongolei

Mosambik

*Commonwealth = Freiwilliger Staatenbund, dessen Mitglieder die englische Krone als Staatsoberhaupt anerkennen   **CFA = Communaute Financiere Africaine

Die Staaten der Erde (Fortsetzung)

Myanmar

Namibia

Nauru

Nepal

Neuseeland

Nicaragua

Niederlande

Wichtigste Religion(en) Christentum
Staatsform Republik (Commonwealth*)
Währung 1 Australischer Dollar = 100 Cent

NEPAL (Asien)
Fläche 147 181 km²
Einwohner 25 873 917
Hauptstadt Katmandu
Landessprache(n) Nepalesisch, Maithili
Wichtigste Religion(en) Hinduismus, Buddhismus
Staatsform Parlamentarische Monarchie
Währung 1 Nepalesische Rupie = 100 Paisa

NEUSEELAND (Australien und Ozeanien)
Fläche 270 534 km²
Einwohner 3 908 037
Hauptstadt Wellington
Landessprache(n) Englisch, Maori
Wichtigste Religion(en) Christentum
Staatsform Parlamentarische Monarchie (Commonwealth*)
Währung 1 Neuseeland-Dollar = 100 Cent

NICARAGUA (Nordamerika)
Fläche 120 254 km²
Einwohner 5 205 000
Hauptstadt Managua
Landessprache(n) Spanisch
Wichtigste Religion(en) Christentum (römisch-katholisch)
Staatsform Präsidialrepublik
Währung 1 Cordoba = 100 Centavos

NIEDERLANDE (Europa)
Fläche 41 526 km²
Einwohner 16 067 754
Hauptstädte Amsterdam, Den Haag
Landessprache(n) Niederländisch
Wichtigste Religion(en) Christentum
Staatsform Parlamentarische Monarchie
Währung 1 Euro = 100 Cent

NIGER (Afrika)
Fläche 1 267 000 km²
Einwohner 11 184 000
Hauptstadt Niamey
Landessprache(n) Hausa, Dscherma, Französisch
Wichtigste Religion(en) Islam
Staatsform Präsidialrepublik
Währung 1 CFA-Franc** = 100 Centimes

NIGERIA (Afrika)
Fläche 923 768 km²
Einwohner 129 934 911
Hauptstadt Abuja
Landessprache(n) Hausa, Yoruba, Igbo, Englisch
Wichtigste Religion(en) Islam, Christentum, Stammesreligionen
Staatsform Präsidiale Bundesrepublik (Commonwealth*)
Währung 1 Naira = 100 Kobo

NORDKOREA (Asien)
Fläche 122 762 km²
Einwohner 22 224 195
Hauptstadt Pjöngjang
Landessprache(n) Koreanisch
Wichtigste Religion(en) Buddhismus, Konfuzianismus
Staatsform Volksrepublik
Währung 1 Nordkoreanischer Won = 100 Con

NORWEGEN (Europa)
Fläche 323 759 km²
Einwohner 4 525 116
Hauptstadt Oslo

Landessprache(n) Norwegisch
Wichtigste Religion(en) Christentum (lutherisch)
Staatsform Parlamentarische Monarchie
Währung 1 Norwegische Krone = 100 Öre

OMAN (Asien)
Fläche 309 500 km²
Einwohner 2 713 462
Hauptstadt Maskat
Landessprache(n) Arabisch, Englisch, Balutschi
Wichtigste Religion(en) Islam
Staatsform Monarchie
Währung 1 Omanischer Rial = 1000 Baiza

ÖSTERREICH (Europa)
Fläche 83 871 km²
Einwohner 8 169 929
Hauptstadt Wien
Landessprache(n) Deutsch
Wichtigste Religion(en) Christentum (römisch-katholisch)
Staatsform Bundesrepublik
Währung 1 Euro = 100 Cent

OSTTIMOR (Asien)
Fläche 14 609 km²
Einwohner 952 618
Hauptstadt Dili
Landessprache(n) Tetum, Portugiesisch, Indonesisch
Wichtigste Religion(en) Christentum (römisch-katholisch), Naturreligionen
Staatsform Republik
Währung 1 US-Dollar = 100 Cent

PAKISTAN (Asien)
Fläche 796 095 km²
Einwohner 147 663 429
Hauptstadt Islamabad
Landessprache(n) Pandschabi, Sindhi, Urdu, Englisch
Wichtigste Religion(en) Islam
Staatsform Islamische Republik (Commonwealth*)
Währung 1 Pakistanische Rupie = 100 Paisa

PALAU (Australien und Ozeanien)
Fläche 508 km²
Einwohner 19 409
Hauptstadt Koror
Landessprache(n) Palauisch, Englisch
Wichtigste Religion(en) Christentum, Modekngei
Staatsform Präsidialrepublik
Währung 1 US-Dollar = 100 Cent

PANAMA (Nordamerika)
Fläche 75 517 km²
Einwohner 2 882 329
Hauptstadt Panama City
Landessprache(n) Spanisch, Englisch
Wichtigste Religion(en) Christentum (römisch-katholisch, protestantisch)
Staatsform Präsidialrepublik
Währung 1 Balboa = 100 Centesimos

PAPUA-NEUGUINEA (Australien und Ozeanien)
Fläche 462 840 km²
Einwohner 5 172 033
Hauptstadt Port Moresby
Landessprache(n) Tok Pisin, Hiri Motu, Englisch
Wichtigste Religion(en) Christentum, Stammesreligionen
Staatsform Parlamentarische Monarchie (Commonwealth*)
Währung 1 Kina = 100 Toea

Niger

Nigeria

Nordkorea

Norwegen

Oman

Österreich

Osttimor

*Commonwealth = Freiwilliger Staatenbund, dessen Mitglieder die englische Krone als Staatsoberhaupt anerkennen   **CFA = Communaute Financiere Africaine

Pakistan

Palau

Panama

Papua-Neuguinea

Paraguay

● Peru

Philippinen

PARAGUAY (Südamerika)
Fläche 406 752 km²
Einwohner 5 884 491
Hauptstadt Asunción
Landessprache(n) Guarani, Spanisch
Wichtigste Religion(en) Christentum (römisch-katholisch)
Staatsform Präsidialrepublik
Währung 1 Guarani = 100 Centimos

PERU (Südamerika)
Fläche 1 285 216 km²
Einwohner 28 410 000
Hauptstadt Lima
Landessprache(n) Spanisch, Ketschua, Aymará
Wichtigste Religion(en) Christentum (römisch-katholisch)
Staatsform Präsidialrepublik
Währung 1 Nuevo Sol = 100 Centimos

PHILIPPINEN (Asien)
Fläche 300 000 km²
Einwohner 84 620 000
Hauptstadt Manila
Landessprache(n) Tagalog, Englisch, Cebuano, Ilocano
Wichtigste Religion(en) Christentum (römisch-katholisch)
Staatsform Präsidialrepublik
Währung 1 Philippinischer Peso = 100 Centavos

POLEN (Europa)
Fläche 312 685 km²
Einwohner 38 625 478
Hauptstadt Warschau
Landessprache(n) Polnisch
Wichtigste Religion(en) Christentum (römisch-katholisch)
Staatsform Republik
Währung 1 Zloty = 100 Groszy

PORTUGAL (Europa)
Fläche 92 345 km²
Einwohner 10 084 245
Hauptstadt Lissabon
Landessprache(n) Portugiesisch
Wichtigste Religion(en) Christentum (römisch-katholisch)
Staatsform Republik
Währung 1 Euro = 100 Cent

RUANDA (Afrika)
Fläche 26 338 km²
Einwohner 7 398 074
Hauptstadt Kigali
Landessprache(n) Kinyarwanda, Französisch, Englisch, Kisuaheli
Wichtigste Religion(en) Christentum (römisch-katholisch, protestantisch, adventistisch)
Staatsform Präsidialrepublik
Währung 1 Ruanda-Franc = 100 Centimes

RUMÄNIEN (Europa)
Fläche 238 391 km²
Einwohner 22 317 730
Hauptstadt Bukarest
Landessprache(n) Rumänisch, Ungarisch, Deutsch
Wichtigste Religion(en) Christentum (rumänisch-orthodox)
Staatsform Republik
Währung 1 Leu = 100 Bani

RUSSLAND (Europa und Asien)
Fläche 17 075 409 km²
Einwohner 144 978 573

Hauptstadt Moskau
Landessprache(n) Russisch
Wichtigste Religion(en) Christentum (russisch-orthodox), Islam
Staatsform Präsidialrepublik
Währung 1 Rubel = 100 Kopeken

SAINT KITTS UND NEVIS (Nordamerika)
Fläche 269 km²
Einwohner 38 736
Hauptstadt Basseterre
Landessprache(n) Englisch
Wichtigste Religion(en) Christentum (protestantisch, römisch-katholisch)
Staatsform Parlamentarische Monarchie (Commonwealth*)
Währung 1 Ostkaribischer Dollar = 100 Cent

SAINT LUCIA (Nordamerika)
Fläche 616 km²
Einwohner 160 145
Hauptstadt Castries
Landessprache(n) Französisch (Patois), Englisch
Wichtigste Religion(en) Christentum (römisch-katholisch)
Staatsform Parlamentarische Monarchie (Commonwealth*)
Währung 1 Ostkaribischer Dollar = 100 Cent

SAINT VINCENT UND DIE GRENADINEN (Nordamerika)
Fläche 389 km²
Einwohner 116 394
Hauptstadt Kingstown
Landessprache(n) Englisch, Französisch (Patois)
Wichtigste Religion(en) Christentum (protestantisch, römisch-katholisch)
Staatsform Parlamentarische Monarchie (Commonwealth*)
Währung 1 Ostkaribischer Dollar = 100 Cent

SALOMONEN (Australien und Ozeanien)
Fläche 27 556 km²
Einwohner 494 786
Hauptstadt Honiara
Landessprache(n) Salomonen-Pidgin, Kwara'ae, To'abaita, Englisch
Wichtigste Religion(en) Christentum
Staatsform Parlamentarische Monarchie (Commonwealth*)
Währung 1 Salomonen-Dollar = 100 Cent

SAMBIA (Afrika)
Fläche 752 614 km²
Einwohner 10 310 000
Hauptstadt Lusaka
Landessprache(n) Ichibemba, Chitonga, Chinyanja, Englisch
Wichtigste Religion(en) Christentum, Islam, Hinduismus
Staatsform Präsidialrepublik (Commonwealth*)
Währung 1 Kwacha = 100 Ngwee

SAMOA (Australien und Ozeanien)
Fläche 2 831 km²
Einwohner 178 631
Hauptstadt Apia
Landessprache(n) Samoanisch, Englisch
Wichtigste Religion(en) Christentum
Staatsform Parlamentarische Monarchie (Commonwealth*)
Währung 1 Tala = 100 Sene

SAN MARINO (Europa)
Fläche 61 km²
Einwohner 27 730
Hauptstadt San Marino

Polen

Portugal

Ruanda

Rumänien

Russland

Saint Kitts und Nevis

Saint Lucia

Die Staaten der Erde (Fortsetzung)

Saint Vincent und die Grenadinen

Landessprache(n) Italienisch
Wichtigste Religion(en) Christentum (römisch-katholisch)
Staatsform Republik
Währung 1 Euro = 100 Cent

SÃO TOMÉ UND PRINCIPE
Fläche 1001 km²
Einwohner 170372
Hauptstadt São Tomé
Landessprache(n) Crioulo-Dialekte, Portugiesisch
Wichtigste Religion(en) Christentum
Staatsform Republik
Währung 1 Dobra = 100 Centimos

SAUDI-ARABIEN (Asien)
Fläche 2240000 km²
Einwohner 23513330
Hauptstadt Riad
Landessprache(n) Arabisch
Wichtigste Religion(en) Islam
Staatsform Islamische absolute Monarchie
Währung 1 Saudi-Riyal = 100 Halala

Salomonen

SCHWEDEN (Europa)
Fläche 449964 km²
Einwohner 8876744
Hauptstadt Stockholm
Landessprache(n) Schwedisch
Wichtigste Religion(en) Christentum (lutherisch)
Staatsform Parlamentarische Monarchie
Währung 1 Schwedische Krone = 100 Öre

Sambia

SCHWEIZ (Europa)
Fläche 41285 km²
Einwohner 7301994
Hauptstadt Bern
Landessprache(n) Deutsch, Französisch, Italienisch
Wichtigste Religion(en) Christentum (römisch-katholisch, protestantisch)
Staatsform Bundesrepublik
Währung 1 Schweizer Franken = 100 Rappen

Samoa

SENEGAL (Afrika)
Fläche 196722 km²
Einwohner 10589571
Hauptstadt Dakar
Landessprache(n) Wolof, Französisch, Pulaar
Wichtigste Religion(en) Islam
Staatsform Präsidialrepublik
Währung 1 CFA-Franc** = 100 Centimes

• San Marino

SERBIEN UND MONTENEGRO (Europa)
Fläche 102173 km²
Einwohner 10656929
Hauptstadt Belgrad
Landessprache(n) Serbisch
Wichtigste Religion(en) Christentum (serbisch-orthodox), Islam
Staatsform Republik, Staatenunion
Währung 1 Neuer Dinar = 100 Para (in Montenegro 1 Euro = 100 Cent)

São Tomé und Principe

SEYCHELLEN (Australien und Ozeanien)
Fläche 454 km²
Einwohner 80098
Hauptstadt Victoria
Landessprache(n) Kreolisch, Englisch, Französisch
Wichtigste Religion(en) Christentum (römisch-katholisch)
Staatsform Präsidialrepublik (Commonwealth*)
Währung 1 Seychellen-Rupie = 100 Cent

Saudi-Arabien

SIERRA LEONE (Afrika)
Fläche 71740 km²
Einwohner 5614743
Hauptstadt Freetown
Landessprache(n) Mende, Temne, Krio, Englisch
Wichtigste Religion(en) Islam, Stammesreligionen, Christentum
Staatsform Präsidialrepublik (Commonwealth*)
Währung 1 Leone = 100 Cent

SIMBABWE (Afrika)
Fläche 390757 km²
Einwohner 12580000
Hauptstadt Harare
Landessprache(n) Shona, Ndebele, Englisch
Wichtigste Religion(en) Christentum, Stammesreligionen
Staatsform Präsidialrepublik
Währung 1 Simbabwe-Dollar = 100 Cent

SINGAPUR (Asien)
Fläche 683 km²
Einwohner 4452732
Hauptstadt Singapur
Landessprache(n) Chinesisch, Malaiisch, Englisch, Tamilisch
Wichtigste Religion(en) Buddhismus, Islam
Staatsform Republik (Commonwealth*)
Währung 1 Singapur-Dollar = 100 Cent

SLOWAKEI (Europa)
Fläche 49034 km²
Einwohner 5422366
Hauptstadt Bratislava
Landessprache(n) Slowakisch, Ungarisch
Wichtigste Religion(en) Christentum (römisch-katholisch)
Staatsform Republik
Währung 1 Slowakische Krone = 100 Haleru

SLOWENIEN (Europa)
Fläche 20253 km²
Einwohner 1932917
Hauptstadt Ljubljana
Landessprache(n) Slowenisch
Wichtigste Religion(en) Christentum (römisch-katholisch)
Staatsform Republik
Währung 1 Tolar = 100 Stotin

SOMALIA (Afrika)
Fläche 637657 km²
Einwohner 8030000
Hauptstadt Mogadischu
Landessprache(n) Somali, Arabisch, Oromo
Wichtigste Religion(en) Islam (sunnitisch)
Staatsform Republik
Währung 1 Somali-Schilling = 100 Cent

SPANIEN (Europa)
Fläche 504782 km²
Einwohner 40077100
Hauptstadt Madrid
Landessprache(n) Spanisch, Katalanisch
Wichtigste Religion(en) Christentum (römisch-katholisch)
Staatsform Parlamentarische Monarchie
Währung 1 Euro = 100 Cent

SRI LANKA (Asien)
Fläche 65610 km²
Einwohner 19576783
Hauptstadt Colombo
Landessprache(n) Singhalesisch, Tamilisch, Englisch
Wichtigste Religion(en) Buddhismus, Hinduismus

Schweden

Schweiz

Senegal

Serbien und Montenegro

Seychellen

Sierra Leone

Simbabwe

*Commonwealth = Freiwilliger Staatenbund, dessen Mitglieder die englische Krone als Staatsoberhaupt anerkennen   **CFA = Communaute Financiere Africaine

Singapur

Slowakei

Slowenien

Somalia

Spanien

Sri Lanka

Südafrika

Staatsform Sozialistische Präsidialrepublik (Commonwealth*)
Währung 1 Sri-Lanka-Rupie = 100 Cent

SÜDAFRIKA (Afrika)
Fläche 1 219 080 km²
Einwohner 43 647 658
Hauptstadt Pretoria
Landessprache(n) Zulu, Xhosa, Afrikaans, Pedi, Englisch, Tswana, Sotho, Tsonga, Siswati, Venda, Ndebele
Wichtigste Religion(en) Christentum, Stammesreligionen
Staatsform Republik (Commonwealth*)
Währung 1 Rand = 100 Cent

SUDAN (Afrika)
Fläche 2 505 813 km²
Einwohner 37 090 298
Hauptstadt Khartum
Landessprache(n) Arabisch, Englisch
Wichtigste Religion(en) Islam (sunnitisch), Stammesreligionen
Staatsform Islamische Republik
Währung 1 Sudanesischer Dinar = 100 Piaster

SÜDKOREA (Asien)
Fläche 99 313 km²
Einwohner 48 324 000
Hauptstadt Seoul
Landessprache(n) Koreanisch
Wichtigste Religion(en) Christentum, Buddhismus
Staatsform Präsidialrepublik
Währung 1 Südkoreanischer Won = 100 Chun

SURINAME
Fläche 163 265 km²
Einwohner 436 494
Hauptstadt Paramaribo
Landessprache(n) Sranang Tongo, Niederländisch, Englisch
Wichtigste Religion(en) Christentum, Hinduismus, Islam
Staatsform Präsidialrepublik
Währung 1 Surinam-Gulden = 100 Cent

SWASILAND (Afrika)
Fläche 17 363 km²
Einwohner 1 123 605
Hauptstadt Mbabane
Landessprache(n) Siswati, Englisch
Wichtigste Religion(en) Christentum, Stammesreligionen, Islam
Staatsform Parlamentarische Monarchie (Commonwealth*)
Währung 1 Lilangeni = 100 Cent

SYRIEN (Asien)
Fläche 185 180 km²
Einwohner 17 155 814
Hauptstadt Damaskus
Landessprache(n) Arabisch, Kurdisch
Wichtigste Religion(en) Islam, Christentum
Staatsform Präsidialrepublik
Währung 1 Syrisches Pfund = 100 Piaster

TADSCHIKISTAN (Asien)
Fläche 143 100 km²
Einwohner 6 719 567
Hauptstadt Duschanbe
Landessprache(n) Tadschikisch, Russisch
Wichtigste Religion(en) Islam (sunnitisch)
Staatsform Präsidialrepublik
Währung 1 Somoni (Rubel) = 100 Dirham (Kopeken)

TAIWAN, REPUBLIK CHINA (Asien)
Fläche 36 006 km²
Einwohner 22 548 009
Hauptstadt Taipeh
Landessprache(n) Taiwanesisch, Chinesisch (Mandarin, Hakka)
Wichtigste Religion(en) Buddhismus, Konfuzianismus, Daoismus
Staatsform Republik
Währung 1 Taiwan-Dollar = 100 Cent

TANSANIA (Afrika)
Fläche 945 087 km²
Einwohner 37 187 939
Hauptstadt Dodoma
Landessprache(n) Kisuaheli, Englisch, Sukuma
Wichtigste Religion(en) Christentum, Islam, Stammesreligionen
Staatsform Föderative Präsidialrepublik (Commonwealth*)
Währung 1 Tansania-Schilling = 100 Cent

THAILAND (Asien)
Fläche 513 115 km²
Einwohner 62 354 402
Hauptstadt Bangkok
Landessprache(n) Thai, Englisch, Chaochow
Wichtigste Religion(en) Buddhismus
Staatsform Parlamentarische Monarchie
Währung 1 Baht = 100 Satang

TOGO (Afrika)
Fläche 56 785 km²
Einwohner 5 285 501
Hauptstadt Lome
Landessprache(n) Mina, Ewe, Kabre, Französisch
Wichtigste Religion(en) Stammesreligionen, Christentum, Islam
Staatsform Präsidialrepublik
Währung 1 CFA** Franc = 100 Centimes

TONGA (Australien und Ozeanien)
Fläche 748 km²
Einwohner 106 137
Hauptstadt Nuku'alofa
Landessprache(n) Tonganesisch, Englisch
Wichtigste Religion(en) Christentum
Staatsform konstitutionelle Monarchie (Commonwealth*)
Währung 1 Pa'anga = 100 Seniti

TRINIDAD UND TOBAGO (Nordamerika)
Fläche 5128 km²
Einwohner 1 163 724
Hauptstadt Port-of-Spain
Landessprache(n) Englisch, Französisch, Spanisch, Hindi
Wichtigste Religion(en) Christentum, Hinduismus
Staatsform Präsidialrepublik (Commonwealth*)
Währung 1 Trinidad- und Tobago-Dollar = 100 Cent

TSCHAD (Afrika)
Fläche 1 284 000 km²
Einwohner 8 997 237
Hauptstadt N'Djamena
Landessprache(n) Arabisch, Sara, Französisch
Wichtigste Religion(en) Islam, Christentum
Staatsform Präsidialrepublik
Währung 1 CFA-Franc** = 100 Centimes

TSCHECHISCHE REPUBLIK (Europa)
Fläche 78 866 km²
Einwohner 10 256 760
Hauptstadt Prag
Landessprache(n) Tschechisch

Sudan

Südkorea

Suriname

Swasiland

Syrien

Tadschikistan

Taiwan

*Commonwealth = Freiwilliger Staatenbund, dessen Mitglieder die englische Krone als Staatsoberhaupt anerkennen **CFA = Communaute Financiere Africaine

Die Staaten der Erde (Fortsetzung)

Tansania

Wichtigste Religion(en) Christentum (römisch-katholisch)
Staatsform Republik
Währung 1 Tschechische Krone = 100 Haleru

TUNESIEN (Afrika)
Fläche 163 610 km²
Einwohner 9 815 644
Hauptstadt Tunis
Landessprache(n) Arabisch, Französisch
Wichtigste Religion(en) Islam
Staatsform Präsidialrepublik
Währung 1 Tunesischer Dinar = 1000 Millimes

Thailand

TÜRKEI (Europa und Asien)
Fläche 779 452 km²
Einwohner 67 308 928
Hauptstadt Ankara
Landessprache(n) Türkisch
Wichtigste Religion(en) Islam
Staatsform Republik
Währung 1 Türkische Lira = 100 Kurus

TURKMENISTAN (Asien)
Fläche 488 100 km²
Einwohner 4 688 963
Hauptstadt Aschchabat
Landessprache(n) Turkmenisch, Russisch
Wichtigste Religion(en) Islam
Staatsform Präsidialrepublik
Währung 1 Turkmenischer Manat = 100 Tenesi

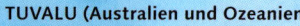

Togo

TUVALU (Australien und Ozeanien)
Fläche 26 km²
Einwohner 11 146
Hauptstadt Funafuti
Landessprache(n) Tuvalu, Englisch
Wichtigste Religion(en) Christentum (kongregationalistisch)
Staatsform Parlamentarische Monarchie (Commonwealth*)
Währung 1 Tuvalu-Dollar oder 1 Australischer Dollar = 100 Cent

Tonga

UGANDA (Afrika)
Fläche 241 548 km²
Einwohner 24 699 073
Hauptstadt Kampala
Landessprache(n) Luganda, Englisch, Suaheli
Wichtigste Religion(en) Christentum, Islam, Stammesreligionen
Staatsform Präsidialrepublik (Commonwealth*)
Währung 1 Uganda-Schilling = 100 Cent

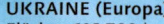

Trinidad und Tobago

UKRAINE (Europa)
Fläche 603 700 km²
Einwohner 48 396 470
Hauptstadt Kiew
Landessprache(n) Ukrainisch, Russisch
Wichtigste Religion(en) Christentum (ukrainisch-orthodox)
Staatsform Republik
Währung 1 Griwna = 100 Kopeken

UNGARN (Europa)
Fläche 93 030 km²
Einwohner 10 075 034
Hauptstadt Budapest
Landessprache(n) Ungarisch
Wichtigste Religion(en) Christentum (römisch-katholisch, calvinistisch)
Staatsform Republik
Währung 1 Forint = 100 Filler

URUGUAY (Südamerika)
Fläche 176 215 km²
Einwohner 3 386 575

Tschad

Hauptstadt Montevideo
Landessprache(n) Spanisch
Wichtigste Religion(en) Christentum (römisch-katholisch)
Staatsform Präsidialrepublik
Währung 1 Uruguay-Peso = 100 Centesimos

USBEKISTAN (Asien)
Fläche 447 400 km²
Einwohner 25 563 441
Hauptstadt Taschkent
Landessprache(n) Usbekisch, Russisch
Wichtigste Religion(en) Islam, Christentum (russisch-orthodox)
Staatsform Präsidialrepublik
Währung 1 Usbekischer Sum = 100 Tijin

VANUATU (Australien und Ozeanien)
Fläche 12 190 km²
Einwohner 196 178
Hauptstadt Port-Vila
Landessprache(n) Bislama, Französisch, Englisch
Wichtigste Religion(en) Christentum
Staatsform Republik (Commonwealth*)
Währung 1 Vatu = 100 Centimes

VATIKANSTADT (Europa)
Fläche 0,44 km²
Einwohner 900
Hauptstadt Vatikanstadt
Landessprache(n) Italienisch, Latein
Wichtigste Religion(en) Christentum (römisch-katholisch)
Staatsform Selbstständiges Bistum unter Leitung des Papstes
Währung 1 Euro = 100 Cent

VENEZUELA (Südamerika)
Fläche 912 050 km²
Einwohner 24 287 670
Hauptstadt Caracas
Landessprache(n) Spanisch
Wichtigste Religion(en) Christentum (römisch-katholisch)
Staatsform Präsidiale Bundesrepublik
Währung 1 Bolivar = 100 Centimos

VEREINIGTE ARABISCHE EMIRATE (Asien)
Fläche 77 700 km²
Einwohner 2 445 989
Hauptstadt Abu Dhabi
Landessprache(n) Arabisch, Englisch
Wichtigste Religion(en) Islam
Staatsform Föderation autonomer Emirate
Währung 1 Dirham = 100 Fils

VEREINIGTE STAATEN VON AMERIKA (Nordamerika)
Fläche 9 809 155 km²
Einwohner 290 340 000
Hauptstadt Washington D.C.
Landessprache(n) Englisch
Wichtigste Religion(en) Christentum (protestantisch, römisch-katholisch)
Staatsform Präsidiale Bundesrepublik
Währung 1 US-Dollar = 100 Cent

VIETNAM (Asien)
Fläche 331 114 km²
Einwohner 81 098 416
Hauptstadt Hanoi
Landessprache(n) Vietnamesisch, Französisch, Englisch, Khmer, Chinesisch
Wichtigste Religion(en) Buddhismus
Staatsform Sozialistische Republik
Währung 1 Neuer Dong = 100 Xu

Tschechische Republik

Tunesien

Türkei

Turkmenistan

Tuvalu

Uganda

*Commonwealth = Freiwilliger Staatenbund, dessen Mitglieder die englische Krone als Staatsoberhaupt anerkennen

Ukraine

Ungarn

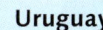

Uruguay

Usbekistan

Vanuatu

Vatikanstadt

WEISSRUSSLAND (Europa)
Fläche 207 595 km²
Einwohner 10 335 382
Hauptstadt Minsk
Landessprache(n) Weißrussisch
Wichtigste Religion(en) Christentum (russisch-orthodox)
Staatsform Präsidialrepublik
Währung 1 Weißrussischer Rubel = 100 Kopeken

ZENTRALAFRIKANISCHE REPUBLIK (Afrika)
Fläche 622 984 km²
Einwohner 3 642 739
Hauptstadt Bangui
Landessprache(n) Sango, Französisch
Wichtigste Religion(en) Stammesreligionen, Christentum, Islam
Staatsform Präsidialrepublik
Währung 1 CFA-Franc* = 100 Centimes

ZYPERN (Europa)
Fläche 9 251 km²
Einwohner 767 314
Hauptstadt Nikosia (Lefkosia)
Landessprache(n) Griechisch, Türkisch
Wichtigste Religion(en) Christentum (griechisch-orthodox)
Staatsform Präsidialrepublik (Commonwealth**), im Norden selbst ausgerufene, selbstständige türkische Region
Währung griechisches Zypern: 1 Zypriotisches Pfund = 100 Cent; türkisches Zypern: 1 Türkische Lira = 100 Kurus

Commonwealth = Freiwilliger Staatenbund, dessen Mitglieder die englische Krone als Staatsoberhaupt anerkennen
Länder des Commonwealth: Antigua und Barbuda, Australien, Bahamas, Bangladesch, Barbados, Belize, Botsuana, Dominice, Fidschi, Gambia, Ghana, Grenada, Großbritannien, Guyana, Indien, Jamaika, Kamerun, Kanada, Kenia, Kiribati, Lesotho, Malawi, Malaysia, Malediven, Malta, Mauritius, Mosambik, Namibia, Nauru, Neuseeland, Nigeria, Pakistan, Papua-Neuguinea, St. Kitts und Nevis, Saint Lucia, Saint Vincent und die Grenadinen, Salomonen, Sambia, Samoa, Seychellen, Sierra Leone, Singapur, Sri Lanka, Südafrika, Swasiland, Tansania, Tonga, Trinidad und Tobago, Tuvalu, Uganda, Vanatu, Zypern

CFA = Communaute Financiere Africaine
Länder, die zur CFA gehören: Äquatorialguinea, Benin, Burkina-Faso, Elfenbeinküste, Gabun, Guinea-Bissau, Kamerun, Kongo Republik, Mali, Niger, Togo, Tschad, Zentralafrikanische Republik

Venezuela

Vereinigte Arabische Emirate

Vereinigte Staaten von Amerika

Vietnam

Weißrussland

Zentralafrikanische Republik

Zypern

Die Vereinten Nationen

In den Vereinten Nationen (UN) haben sich 191 der 193 Staaten der Welt zusammengeschlossen, um gemeinsam den Frieden und die wirtschaftliche und politische Entwicklung zu sichern. Nur Taiwan und die Vatikanstadt gehören nicht der UN an.

Kofi Annan, der Generalsekretär der UN, zusammen mit dem UN-Botschafter Pelé

*CFA = Communaute Financiere Africaine **Commonwealth = Freiwilliger Staatenbund, dessen Mitglieder die englische Krone als Staatsoberhaupt anerkennen

165

Das ist Tokio bei Nacht. Mit über 26 Mio. Einwohnern ist die japanische Hauptstadt die größte Stadt der Welt.

Zum Weiterlesen

Die Zeitzonen

Die Erde ist in verschiedene Zeitzonen unterteilt. Innerhalb einer Zone stellen die Menschen ihre Uhren auf dieselbe Zeit ein. Wenn man in eine neue Zone kommt, muss man seine Uhr umstellen.

Der geteilte Tag

Die Erde ist in 25 Zeitzonen eingeteilt. Die Grenzen einer Zeitzone verlaufen etwa im Abstand von 15 Längengraden von Nord nach Süd. In benachbarten Zeitzonen unterscheidet sich die Uhrzeit um jeweils eine Stunde. Als Bezugspunkt mit der Zeit „null" gilt der Längenkreis, der genau durch die Sternwarte von Greenwich (Großbritannien) verläuft (Greenwich Mean Time, GMT). Beiderseits der GMT gehen die Uhren um je eine Stunde vor bzw. nach. Man kann die Zeit gesetzlich verändern, damit z. B. in großen Ländern mit mehreren Zeitzonen überall die gleiche Uhrzeit herrscht. In China werden die Uhren überall gleich eingestellt. In anderen Ländern, z. B. Indien, Iran oder Australien, werden die Zeitzonen in 30-Minuten-Abschnitte unterteilt.

Sommerzeit

In vielen Ländern der EU, auch in Deutschland, wird die Uhr im Sommer eine Stunde vorgestellt. Dadurch hat man mehr helle Tagesstunden und verbraucht weniger Strom.

Datumswechsel

Auf der anderen Seite der Erde, entlang dem 180. Längengrad, verläuft die Internationale Datumsgrenze. Alle Orte westlich dieser Grenze sind im Datum einen Tag voraus. Wenn man mit dem Flugzeug von West nach Ost über diese Grenze fliegt, gewinnt man einen Tag, weil man dasselbe Datum zweimal erlebt. Fliegt man von Ost nach West, verliert man einen Tag.

Eine Karte der Zeitzonen. Die Zeitleiste oben gibt an, wie spät es auf der Welt ist, wenn es in Greenwich 12.00 Uhr ist. In den beiden Zeitzonen beiderseits der Datumsgrenze ist es dann 24.00 Uhr.

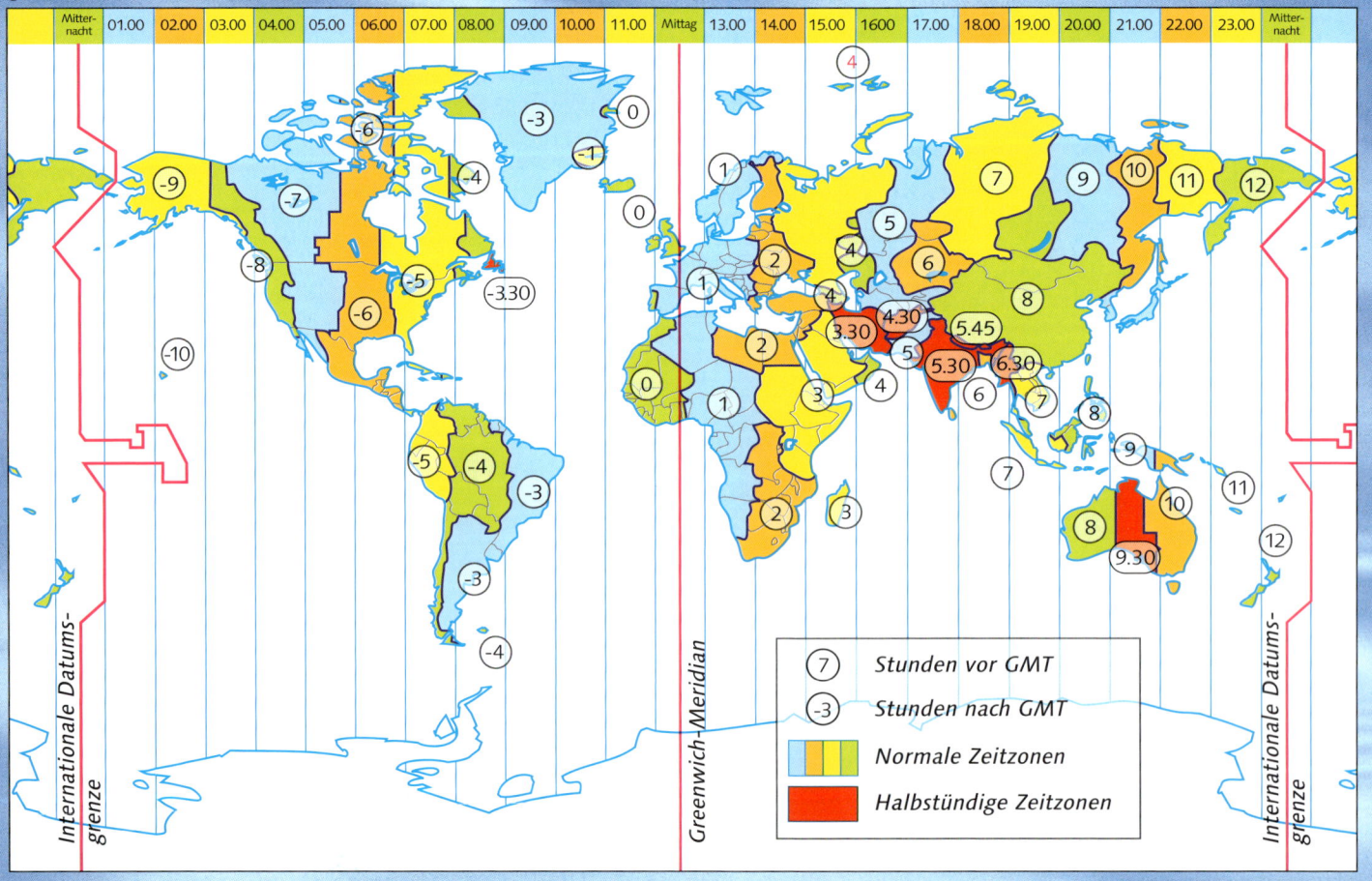

Maße und Gewichte

Ohne genaue Maße, z. B. für Längen und Flächen, ist keine exakte Wissenschaft möglich. In einigen Ländern sind immer noch britische (nicht metrische) Messwerte üblich. Auf dieser Seite sind einige metrische und britische Maße und Gewichte und ihre Umrechnung aufgeführt.

Britische Maße

Längenmaße

12 inches (Inch)	= 1 foot (Fuß)
3 Fuß	= 1 yard
1760 yards	= 1 mile (Meile)
3 Meilen	= 1 league

Flächenmaße

144 square inches	= 1 square foot
9 square feet	= 1 square yard
4840 square yards	= 1 acre
640 acres	= 1 square mile

Gewichte

16 drams (dr)	= 1 ounce (oz)
16 ounces	= 1 pound (lb)
14 pounds	= 1 stone
160 stone	= 1 ton

Volumen und Hohlmaße

1728 cubic inches	= 1 cubic foot (ft^3)
27 cubic feet	= 1 cubic yard (yd^3)
5 fluid ounces (fl oz)	= 1 gill (gi)
20 fluid ounces	= 1 pint (pt)
2 pints	= 1 quart (qt)
8 pints	= 1 gallon (gal)

Metrische Maße

Beim metrischen System lassen sich alle Maße durch Multiplikation mit 10 (oder einem Vielfachen von 10) ineinander umrechnen.

Längenmaße

10 Millimeter (mm)	= 1 Zentimeter (cm)
100 Zentimeter	= 1 Meter (m)
1000 Meter	= 1 Kilometer (km)

Flächenmaße

100 Quadratmillimeter (mm²)	= 1 Quadratzentimeter (cm²)
10 000 Quadratzentimeter	= 1 Quadratmeter (m²)
10 000 Quadratmeter	= 1 Hektar (ha)
100 Hektar	= 1 Quadratkilometer (km²)

Gewichte

1000 Gramm (g)	= 1 Kilogramm (kg)
1000 Kilogramm	= 1 Tonne (t)

Volumen und Hohlmaße

1 Kubikzentimeter (cm³)	= 1 Milliliter (ml)
1000 Milliliter	= 1 Liter (l)
1000 Liter	= 1 Kubikmeter (m³)

Umrechnungstabelle

Mit dieser Tabelle kann man zwischen britischen und metrischen Maßen umrechnen.

Wird umgerechnet	in	durch Multiplikation mit	Wird umgerechnet	in	durch Multiplikation mit
Zentimeter	Inches	0,394	Inches	Zentimeter	2,54
Meter	Yards	1,094	Yards	Meter	0,914
Kilometer	Meilen	0,621	Meilen	Kilometer	1,609
Gramm	Ounces	0,035	Ounces	Gramm	28,35
Kilogramm	Pounds	2,205	Pounds	Kilogramm	0,454
Tonnen	Tons	0,984	Tons	Tonnen	1,016
cm²	Quadrat-Inches	0,155	Quadrat-Inches	cm²	6,452
m²	Quadrat-Yards	1,196	Quadrat-Yards	m²	0,836
km²	Quadrat-Meilen	0,386	Quadrat-Meilen	km²	2,59
Hektar	Acres	2,471	Acres	Hektar	0,405
Liter	Pints	1,76	Pints	Liter	0,5683

Maße für Naturerscheinungen

Naturerscheinungen oder Substanzen aus der Natur lassen sich nur schwer direkt messen. Die hier gezeigten Tabellen gehen daher von der Wirkung oder den Eigenschaften der Naturerscheinungen aus.

Die Beaufort-Skala der Windstärken

Die Beaufort-Skala wurde 1805 von dem Iren Sir Francis Beaufort entwickelt. Sie sollte die Windgeschwindigkeit auf See bestimmen helfen. Nachdem es möglich wurde, die Windgeschwindigkeit präzise zu messen, verbesserte man die Skala für den Gebrauch auf dem Land. Sie ist anschaulich und gut geeignet, um die Windstärke ohne Messinstrument zu bestimmen.

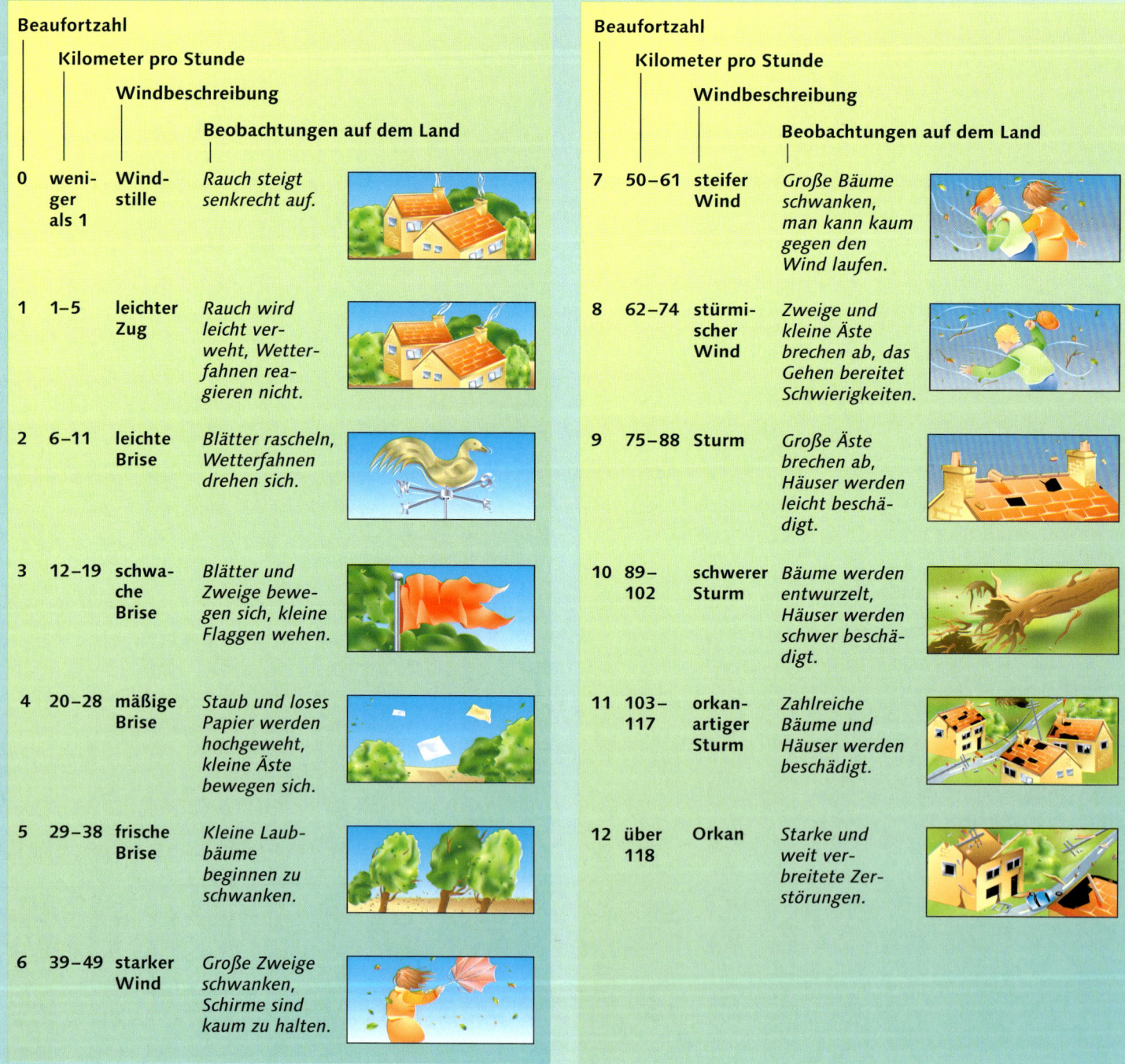

Beaufortzahl	Kilometer pro Stunde	Windbeschreibung	Beobachtungen auf dem Land	
0	weniger als 1	Windstille	Rauch steigt senkrecht auf.	
1	1–5	leichter Zug	Rauch wird leicht verweht, Wetterfahnen reagieren nicht.	
2	6–11	leichte Brise	Blätter rascheln, Wetterfahnen drehen sich.	
3	12–19	schwache Brise	Blätter und Zweige bewegen sich, kleine Flaggen wehen.	
4	20–28	mäßige Brise	Staub und loses Papier werden hochgeweht, kleine Äste bewegen sich.	
5	29–38	frische Brise	Kleine Laubbäume beginnen zu schwanken.	
6	39–49	starker Wind	Große Zweige schwanken, Schirme sind kaum zu halten.	
7	50–61	steifer Wind	Große Bäume schwanken, man kann kaum gegen den Wind laufen.	
8	62–74	stürmischer Wind	Zweige und kleine Äste brechen ab, das Gehen bereitet Schwierigkeiten.	
9	75–88	Sturm	Große Äste brechen ab, Häuser werden leicht beschädigt.	
10	89–102	schwerer Sturm	Bäume werden entwurzelt, Häuser werden schwer beschädigt.	
11	103–117	orkanartiger Sturm	Zahlreiche Bäume und Häuser werden beschädigt.	
12	über 118	Orkan	Starke und weit verbreitete Zerstörungen.	

Mohs'sche Härteskala

Die Härte von Gesteinen wird mit einer Tabelle des deutschen Mineralogen Friedrich Mohs (1773–1839) bestimmt. Für jeden Wert gibt es ein typisches Beispiel aus der Mineralienwelt: 1 steht für weichen, krümeligen Talk und 10 für Diamant, das härteste Mineral.

1. Talk
Leicht mit dem Finger–nagel einzuritzen.

2. Gips
Mit dem Fingernagel einzuritzen.

3. Kalkspat
Leicht mit dem Messer, gerade eben mit einer Kupfermünze einzuritzen.

4. Fluorit
Leicht mit dem Messer einzuritzen.

5. Apatit
Mit dem Messer gerade noch einzuritzen.

6. Orthoklas
Kann nicht mit dem Messer eingeritzt werden und ritzt selbst gerade Glas ein.

7. Quarz
Kann Glas leicht ein–ritzen.

8. Beryll oder Topas
Kann Glas sehr leicht einritzen.

9. Korund
Zerschneidet Glas.

10. Diamant
Zerschneidet Glas leicht und kann Korund einritzen.

Erdbeben

Wissenschaftler messen die Schwingungen bei einem Erdbeben mit Seismometern. Die Messwerte vergleichen sie mit der Richter-Skala. Jeder Wert auf der Richter-Skala ist genau zehnmal so hoch wie der jeweils tiefere Wert. So ist ein Erdbeben der Richterstärke drei genau zehnmal so stark wie ein Beben der Stärke zwei. Die Mercalli-Skala berücksichtigt die oberirdisch sichtbaren Folgen eines Erdbebens, die sich allerdings nur auf die Angaben von Augenzeugen stützen.

Mercalli	Auswirkungen	Richter
1	Nur durch Seismometer registrierbar.	0–2,9
2	Nur von einigen Menschen in oberen Stockwerken registrierbar.	3–3,4
3	Vergleichbar einem vorbeifahrenden schweren Laster; Hängelampen können schwingen.	3,5–4
4	Vergleichbar einem schweren Laster, der auf ein Haus prallt; Fenster und Geschirr scheppern.	4,1–4,4
5	Schlafende werden wach; von fast jedem bemerkt; kleine Gegenstände wackeln; Inhalt von Gläsern wird verschüttet.	4,5–4,8
6	Viele Menschen fürchten sich und verlassen die Häuser; schwere Möbel bewegen sich und Bilder fallen von den Wänden.	4,9–5,4
7	Risse zeigen sich in Wänden; Dachziegel oder Steine fallen von Häusern; man kann kaum noch stehen.	5,5–6
8	Schornsteine und leichtere Häuser brechen zusammen; Massenpanik.	6,1–6,5
9	Auch stabile Häuser brechen ein; unterirdische Leitungen bersten; Risse im Erdboden.	6,6–7
10	Erdrutsche; Eisenbahngleise ver-werfen sich; Flüsse treten über die Ufer; viele Steingebäude fallen zusammen.	7,1–7,3
11	Die meisten Häuser und Brücken sind zerstört; große Risse erscheinen im Boden.	7,4–8,1
12	Der Boden schwankt wellenartig, Land und Gebäude werden total zerstört.	über 8,2

Temperaturskalen

Es gibt drei Möglichkeiten, die Höhe der Temperatur anzugeben: in Fahrenheit (°F), in Grad Celsius (°C) und in Kelvin (K), als die so genannte „absolute Temperatur". Wissenschaftler benutzen häufig die Kelvin-Skala, die mit 0°K (-273°C) am absoluten Nullpunkt beginnt. Bei dieser Temperatur geben Körper keinerlei Wärme mehr ab. Nach der physikalischen Theorie wird man diesen absoluten Nullpunkt niemals erreichen.

Celsius (°C)	Fahrenheit (°F)	Kelvin (K)
110	230	383
100	212	373
90	194	363
80	176	353
70	158	343
60	140	333
50	122	323
40	104	313
30	86	303
20	68	293
10	50	283
0	32	273
-10	14	263
-20	-4	253
-30	-22	243
-40	-40	233
-50	-58	223
-60	-76	213
-70	-94	203
-80	-112	193
-90	-130	183
-100	-148	173
-110	-166	163

Umrechnung

Wird umgerechnet in		Berechnung
°C	°F	x 9, :5, +32
°C	K	+273
°F	°C	-32, x5, :9
°F	K	-32, x5, :9, +273
K	°C	-273
K	°F	-273, x9, :5, +32

Die Naturgesetze

Einige Gesetze, Prinzipien oder Sätze werden von allen Naturwissenschaftlern als wahr anerkannt. Solche Naturgesetze lassen sich als einfache Sätze und/oder als mathematische Formel formulieren.

Bekannte Naturgesetze

Archimedisches Prinzip Der Auftrieb eines Objektes in einer Flüssigkeit ist genauso groß wie das Gewicht der verdrängten Flüssigkeit.

Avogadro'sches Gesetz Alle Gase enthalten bei derselben Temperatur und demselben Druck dieselbe Anzahl von Molekülen.

Bernoulli-Prinzip In einer strömenden Flüssigkeit oder strömendem Gas nimmt der Druck mit steigender Geschwindigkeit ab.

Boyle-Mariottesches Gesetz Das Produkt aus Volumen und Druck eines Gases (V x p) ist bei einer vorgegebenen Temperatur konstant, d. h. je höher der Druck, desto kleiner das Volumen und umgekehrt.

Erstes Gay-Lussac'sches oder **ideales Gasgesetz** Bei konstantem Druck ist das Volumen eines idealen Gases proportional der Kelvin-Temperatur.

Hooke'sches Gesetz Die Elastizität (Verformbarkeit) eines Körpers ist proportional der verformenden Kraft.

Energieerhaltungssatz Energie kann weder geschaffen noch vernichtet werden. Sie kann nur eine andere Form annehmen.

Massenerhaltungssatz Masse kann in einer chemischen Reaktion weder erzeugt noch vernichtet werden.

Newtons erster Bewegungssatz Ein Körper, auf den keine Kraft einwirkt, bleibt entweder liegen oder bewegt sich konstant in gerader, unbeschleunigter Bewegung fort.

Newtons zweiter Bewegungssatz Wirkt eine Kraft auf einen Körper ein, ändert er seine Bewegung (Beschleunigung). Wie stark die Bewegung ist, hängt von der Masse des Objektes und der beschleunigenden Kraft ab.

Newtons dritter Bewegungssatz Wenn ein Objekt A eine Kraft auf Objekt B ausübt, dann ist die Gegenkraft von B genauso groß wie die Kraft von A.

Newton'sches Gravitationsgesetz Zwei Körper mit einer Masse ziehen sich gegenseitig an. Die Anziehungskraft ist abhängig von der Masse der Objekte und ihrem Abstand voneinander.

Satz des Pythagoras Im rechtwinkligen Dreieck ist die Fläche des Hypotenusenquadrates (c ist die Hypotenuse) genauso groß wie die Summe der Kathetenquadrate (a und b sind Katheten), d. h. $a^2 + b^2 = c^2$.

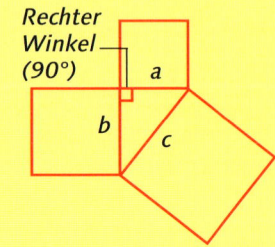

Rechter Winkel (90°)

a

b

c

Geometrische Formen

Es gibt zwei Arten von geometrischen Formen. Flächen haben nur die beiden Dimensionen Länge und Breite. Körper sind dreidimensional mit Länge, Breite und Höhe.

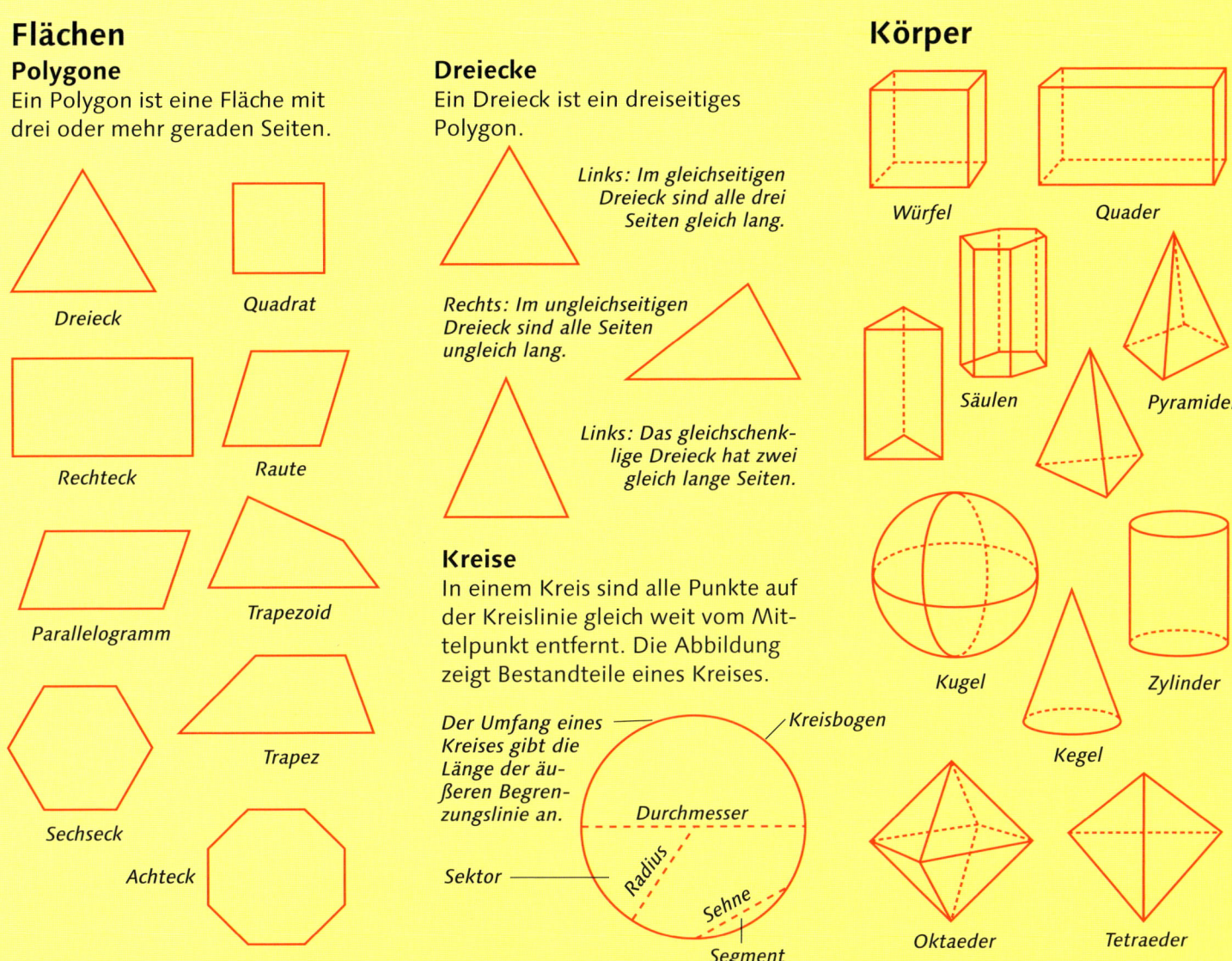

Flächen

Polygone
Ein Polygon ist eine Fläche mit drei oder mehr geraden Seiten.

Dreieck

Quadrat

Rechteck

Raute

Parallelogramm

Trapezoid

Sechseck

Trapez

Achteck

Dreiecke
Ein Dreieck ist ein dreiseitiges Polygon.

Links: Im gleichseitigen Dreieck sind alle drei Seiten gleich lang.

Rechts: Im ungleichseitigen Dreieck sind alle Seiten ungleich lang.

Links: Das gleichschenklige Dreieck hat zwei gleich lange Seiten.

Kreise
In einem Kreis sind alle Punkte auf der Kreislinie gleich weit vom Mittelpunkt entfernt. Die Abbildung zeigt Bestandteile eines Kreises.

Der Umfang eines Kreises gibt die Länge der äußeren Begrenzungslinie an.

Kreisbogen

Durchmesser

Radius

Sehne

Sektor

Segment

Körper

Würfel

Quader

Säulen

Pyramiden

Kugel

Zylinder

Kegel

Oktaeder

Tetraeder

Geometrische Formeln

In allen Formeln bedeutet: b = Basis (Grundlinie), h = Höhe, r = Radius, π = pi (3,142), θ = Winkel

Kreisfläche = π^2

Umfang eines Kreises = $2\pi r$

Länge eines Kreisbogens = $\dfrac{\theta\pi r}{180}$

Fläche eines Sektors = $\dfrac{\theta\pi r^2}{360}$

Volumen eines Zylinders = $\pi r^2 h$

Volumen eines Kegels = $\frac{1}{3}\pi r^2 h$

Volumen einer Kugel = $\frac{2}{3}\pi r^3$

Oberfläche einer Kugel = $4\pi r^2$

Volumen einer Pyramide = $\frac{1}{3}h \times$ Grundfläche

Fläche eines Dreiecks = $\frac{1}{2}bh$

Fläche eines Parallelogramms = bh

Rekorde

Auf diesen beiden Seiten sind die längsten Flüsse, höchsten Berge und andere Weltrekorde aufgelistet. Es kann vorkommen, dass in anderen Büchern andere Werte angegeben werden. Dafür gibt es mehrere Gründe: Die Welt verändert sich, Berge werden abgetragen, Flüsse verändern den Lauf, und außerdem werden immer genauere Messtechniken entwickelt.

Die höchsten Berge	
Mount Everest, Nepal/China	8850 m
Godwin Austen (K2), China/Pakistan	8610 m
Kangchenjunga, Indien/Nepal	8586 m
Lhotse I, Nepal/China	8516 m
Makalu, Nepal/China	8462 m
Lhotse II, Nepal/China	8400 m
Dhaulagiri, Nepal	8172 m
Manaslu I, Nepal	8156 m
Cho Oyu, Nepal/China	8153 m
Nanga Parbat, Pakistan	8126 m

Die längsten Flüsse	
Nil, Afrika	6565 km
Amazonas, Südamerika	6516 km
Jangtsekiang, China	6380 km
Mississippi/Missouri, USA	5969 km
Jenissej/Angara, Russland	5550 km
Gelber Fluss (Huang He), China	5464 km
Ob/Irtysch/Schwarzer Irtysch, Asien	5568 km
Kongo, Afrika	4667 km
Amur/Schilka/Onon, Asien	4416 km
Lena, Russland	4400 km

Die größten natürlichen Seen	
Kaspisches Meer, Asien/Europa	370990 km²
Oberer See, Nordamerika	82100 km²
Victoriasee, Afrika	68790 km²
Huronsee, Nordamerika	59600 km²
Michigansee, Nordamerika	57800 km²
Malawisee (Njassasee), Afrika	32900 km²
Großer Bärensee, Nordamerika	31330 km²
Baikalsee, Asien	30500 km²
Tanganyikasee, Afrika	30040 km²
Aralsee, Asien	28600 km²

Der tiefste Ozean
Im Marianengraben im Pazifischen Ozean fällt der Meeresboden auf 11022 m Tiefe ab.

Der tiefste See
Der Baikalsee in Russland ist der tiefste See der Erde. An seiner tiefsten Stelle ist er 1637 m tief.

Die größten Inseln	
Grönland, Nordpolarmeer	2175600 km²
Neuguinea, Pazifischer Ozean	808510 km²
Borneo, Pazifischer Ozean	745561 km²
Madagaskar, Indischer Ozean	587040 km²
Baffin-Insel, Nordpolarmeer	507451 km²
Sumatra, Pazifischer Ozean	437606 km²
Großbritannien, Nordsee	230700 km²
Honshu, Pazifischer Ozean	227414 km²
Victoria-Insel, Nordpolarmeer	217291 km²
Ellesmere-Insel, Nordpolarmeer	196236 km²

Die höchsten bewohnten Gebäude	
Petronas Towers, Malaysia	452 m
Sears Tower, USA	443 m
Jin-Mao-Gebäude, China	420 m
CITIC Plaza, China	391 m
Shun Hing Square, China	384 m
Plaza Rakyat, Malaysia	382 m
Empire State Building, USA	381 m
Central Plaza, China	373 m
Bank of China, China	368 m
Emirates Towers, VAE	350 m

Die größten Städte nach Einwohnerzahl	
Tokio, Japan	26,4 Mio.
Mexiko-Stadt, Mexiko	18,1 Mio.
Bombay (Mumbai), Indien	18,1 Mio.
São Paulo, Brasilien	17,8 Mio.
New York, USA	16,6 Mio
Lagos, Nigeria	13,4 Mio.
Los Angeles, USA	13,2 Mio.
Kalkutta, Indien	12,9 Mio.
Shanghai, China	12,9 Mio.
Buenos Aires, Argentinien	12,6 Mio.

Berühmte Wasserfälle	Fallhöhe
Angel-Fälle, Venezuela	979 m
Sutherland-Fälle, Neuseeland	580 m
Mardalfossen, Norwegen	517 m
Jog-Fälle, Indien	253 m
Victoriafälle, Simbabwe/Sambia	108 m
Iguaçu-Fälle, Brasilien/Argentinien	82 m
Niagarafälle, Kanada/USA	57 m

Naturkatastrophen

Die Stärke von Erdbeben wird mit der Richter-Skala gemessen. Es gibt Erdbeben mit hohen Werten auf der Richter-Skala. Sie richten in unbesiedelten Gegenden wenig Schaden an. Schwächere Beben können in bewohnten Gegenden aber für katastrophale Zerstörungen sorgen. In den Tabellen wurden einige besonders starke Erdbeben, Vulkanausbrüche und Stürme zusammengestellt.

Erdbeben aus neuerer Zeit	im Jahr	Richterskala
Tokio-Kanto, Japan	1923	8,3
Quetta, Pakistan	1935	7,5
Concepcion, Chile	1960	8,7
Küste von Peru	1970	7,8
Tangshan, China	1976	7,9
Mexiko-Stadt, Mexiko	1985	8,1
Manjil-Rudbar, Iran	1990	7,7
Kobe, Japan	1995	6,8
Gujarat, Indien	2001	8,0
Seebeben, Indischer Ozean	2004	8,9

Vulkanausbrüche	im Jahr
Vesuv, Italien	79
Tambora, Indonesien	1815
Krakatau, Indonesien	1883
Mount Pelée, Martinique,	1902
Kelut, Indonesien	1919
Agung, Indonesien	1963
Mount St. Helens, USA	1980
Nevado del Ruiz, Kolumbien	1985
Pinatubo, Philippinen	1991
Montserrat, Karibik	1995

Überschwemmungen	im Jahr
Holland	1228
Kaifeng, China	1642
Johnston, USA	1889
Italien	1963
Ostpakistan	1970
Bangladesch	1988
China	1998
Papua-Neuguinea	1998
Venezuela	1999
Tsunami, Indischer Ozean	2004

Stürme	im Jahr
Karibik „Great Hurricane"	1780
Hongkong-Taifun, China	1906
Killer-Tornado, USA	1925
Tropensturm Agnes, USA	1972
Hurrikan Fifi, Honduras	1974
Hurrikan Georges, USA	1998
Hurrikan Mitch, Mittelamerika	1998

Tierrekorde

Das schnellste Landtier
Geparden erreichen eine Geschwindigkeit von bis zu 115 km/h.

Der schnellste Vogel
Wanderfalken können im Sturzflug bis zu 180 km/h schnell fliegen.

Das schnellste Wassertier
Fächerfische schwimmen bis 110 km/h schnell.

Das langsamste Landtier
Ein Dreizehenfaultier bewegt sich auf dem Boden mit 0,12 km/h vorwärts.

Das tödlichste Tiergift
Das Gift einer einzigen Würfelqualle kann bis zu 60 Menschen töten. Wird ein Mensch von den Nesselkapseln getroffen, kann er binnen einer Minute sterben.

Das größte Tier
Blauwale werden über 30 m lang, das ist etwa so lang wie eine Boing 737.

Das kleinste Tier
Zwergwespen werden nur etwa 0,1–0,2 mm lang.

Das stärkste Tier
Nashornkäfer können bis zu 850-mal ihr Körpergewicht tragen.

Das älteste Tier
Riesenschildkröten können älter werden als 180 Jahre.

Wissenschaftler und Erfinder

Ampère, André Marie (1775–1836) Französischer Mathematiker und Physiker, der Pionierarbeit auf dem Gebiet der Elektrizität und des Magnetismus leistete. Nach ihm wurde die Einheit des elektrischen Stroms benannt.

Babbage, Charles (1791–1871) Der englische Mathematiker und Erfinder entwickelte eine Rechenmaschine („Differenzmaschine"). Sie gilt als Vorläufer der modernen Computer.

Becquerel, Antoine Henri (1852–1908) Der französische Physiker entdeckte die Radioaktivität (1896).

Bell, Alexander Graham (1847–1922) Der amerikanische Erfinder schottischer Herkunft beschäftigte sich damit, Schallschwingungen in elektrische Spannungsschwankungen umzuwandeln und umgekehrt. 1876 wurde sein Telefon vorgeführt und patentiert.

Benz, Karl (1844–1929) Der deutsche Ingenieur und Erfinder baute 1884 das erste selbst fahrende Dreirad mit einem Motor.

Binnig, Gerd (geb. 1947) Der deutsche Physiker entwickelte das Rastertunnelmikroskop zur Analyse der Oberflächen von Atomen.

Braun, Wernher von (1912–1977) Der deutsch-amerikanische Ingenieur war ein Pionier der Raketentechnik und des Weltraumfluges. Er arbeitete bei den ersten bemannten Raumflügen der USA mit.

Cavendish, Henry (1731–1810) Dem englischen Naturforscher gelang die Entdeckung des Wasserstoffs.

Celsius, Anders (1701–1744) Der schwedische Astronom entwickelte die erste Temperaturskala, die in 100 Einheiten unterteilt ist. Die Skala ist nach ihm Celsius-Skala benannt.

Crick, Francis (1916–2004) Zusammen mit James Watson entschlüsselte der englische Biologe die Struktur der DNA.

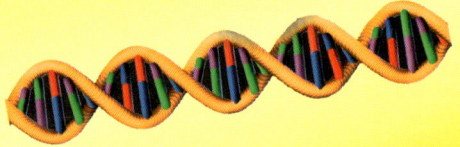

Curie, Marie (1867–1934) Die polnische Wissenschaftlerin entdeckte das radioaktive Element Radium (1898).

Daimler, Gottlieb (1834–1900) Der deutsche Ingenieur konstruierte zusammen mit Wilhelm Maybach das erste Motorrad mit Benzinmotor.

Darwin, Charles (1809–1882) Der englische Naturforscher entwickelte die Evolutionstheorie, nach der die Entwicklung der Arten Folge eines natürlichen Ausleseprozesses ist.

Edison, Thomas Alva (1847–1931) Amerikanischer Erfinder, der über tausend Geräte erfand, darunter auch den Phonographen, einen Vorläufer des Grammophons.

Einstein, Albert (1879–1955) Der bedeutende deutsche Physiker entwickelte die Spezielle (1905) und die Allgemeine Relativitätstheorie (1915). Damit schuf er die Grundlagen für die moderne Atomphysik und für unsere Vorstellungen vom Universum.

Fahrenheit, Daniel Gabriel (1686–1736) Der deutsche Physiker entwickelte im Jahr 1714 das Quecksilberthermometer und eine nach ihm benannte Temperaturskala.

Faraday, Michael (1791–1867) Der britische Physiker und Chemiker konstruierte den nach ihm benannten „Faraday'schen Käfig". Das ist ein durch ein Metallgitter gegen elektrische Ströme abgeschirmter Raum.

Feynman, Richard (1918–1988) Der amerikanische Physiker erbrachte den Nachweis, dass Atome verändert werden können, z. B. um neuartige Materialien, Medikamente und Produkte herzustellen.

Ford, Henry (1863–1947)
Amerikanischer Automobilingenieur, der 1892 seinen ersten Motorwagen entwickelte. 1903 gründete er die Ford Motor Company und ließ von 1908–1927 mehr als 15 Millionen Autos des berühmten Modells Ford T bauen. Henry Ford gilt als Pionier der industriellen Massenproduktion.

Fraunhofer, Joseph von (1787–1826) Der deutsche Optiker und Physiker verbesserte die Optik von Fernrohren und entwickelte erste Mikroskope.

Galilei, Galileo (1564–1642)
Der italienische Astronom und Wissenschaftler verbesserte das astronomische Fernrohr und entdeckte damit die vier Jupitermonde, den Saturnring und die Sonnenflecken. Seine Untersuchungen zu den Planetenbewegungen unterstützten die Theorie von Nikolaus Kopernikus, dass sich die Planeten um die Sonne bewegen.

Hahn, Otto (1879–1968) Dem deutschen Chemiker gelang 1938 erstmals die Spaltung von Urankernen bei Neutronenbestrahlung.

Halley, Edmund (1656–1742)
Der englischer Astronom und Mathematiker berechnete die Bahn eines Kometen und sagte sein Erscheinen voraus. Der Halley'sche Komet ist nach ihm benannt.

Hawking, Stephen (geb. 1942)
Der englische Physiker erklärte 1988 die Anfänge des Universums und sein Ende auf ganz neue Weise. Hawking versteht seine Forschungsergebnisse als Weiterführung von Albert Einsteins Relativitätstheorie.

Henlein, Peter (um 1480–1542) Der Feinmechaniker aus Nürnberg baute um 1505 die erste Taschenuhr.

Herschel, William (1738–1822) Der in Deutschland geborene Astronom und Teleskopbauer kartierte die Sterne des Nordhimmels und entdeckte 1781 den Planet Uranus. Im Jahr 1800 entdeckte er außerdem die infrarote Strahlung.

Hertz, Heinrich (1857–1894)
Der deutsche Physiker entdeckte die Reflektion elektromagnetischer Wellen. Dieses Prinzip fand später beim Radar Anwendung. Nach Hertz wurde die Maßeinheit für die Zahl der Schwingungen von Radiowellen in einer Sekunde benannt.

Hubble, Edwin (1889–1953)
Der amerikanische Astronom bewies die Existenz von weit entfernten Galaxien. Nach ihm wurde das Weltraumteleskop „Hubble" benannt.

Huygens, Christiaan (1629–1695) Niederländischer Physiker und Astronom, der die erste genau gehende Pendeluhr entwickelte. Außerdem entdeckte er die Ringe des Saturn und formulierte als Erster die These, dass sich Licht in Wellenform bewege.

Jenner, Edward (1749–1823)
Der englische Arzt erfand den ersten Impfstoff.

Joule, James (1818–1889)
Der englische Physiker gewann wichtige Erkenntnisse über Wärme. Nach ihm wurde die Einheit von Arbeit und Energie benannt.

Kepler, Johannes (1571–1630)
Deutscher Astronom, der die Gesetze der Planetenbewegung entdeckte.

Koch, Robert (1843–1910)
Der deutsche Arzt und Bakteriologe bewies, dass bestimmte Bakterien Krankheiten wie Tuberkulose, Malaria oder Cholera verursachen. Im Jahr 1882 entdeckte er den Tuberkel-Bazillus und entwickelte bald darauf den Impfstoff Tuberkulin. 1905 wurde er mit dem Nobelpreis für Medizin ausgezeichnet.

Kopernikus, Nikolaus (1473–1543) Der polnische Astronom entwickelte 1530 die Theorie, dass sich die Planeten um die Sonne, nicht um die Erde bewegen.

Lavoisier, Antoine (1743–1794) Der französische Rechtsanwalt und Naturforscher benannte Sauerstoff und Wasserstoff und erklärte die Rolle des Sauerstoffs bei der Verbrennung.

Leeuwenhoek, Antonie van (1632–1723) Der niederländische Naturforscher untersuchte als Erster Bakterien, Spermien und Blutzellen mit einem Mikroskop.

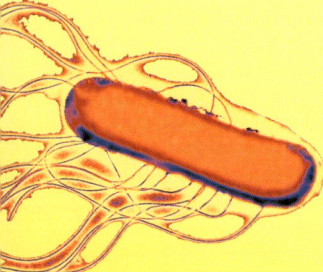

Lilienthal, Otto (1848–1896) Der deutsche Flugpionier schuf die flugtechnischen Grundlagen des Gleitflugs. 1891 baute er sein erstes Gleitflugzeug mit starren Tragflächen.

Linnaeus, Carolus (Carl von Linné) (1707–1778) Der schwedische Botaniker entwickelte die bis heute gültige Methode der Klassifizierung von Lebewesen in Arten, Gattungen und weitere Einheiten.

Marconi, Guglielmo (1874–1937) Der italienische Physiker erfand die Radiotelegrafie und sandte als Erster Signale über den Atlantik (1901).

Meitner, Lise (1878–1968) Die österreichische Physikerin führte gemeinsam mit Otto Hahn und Fritz Straßmann (1902–1980) die Spaltung von Urankernen durch.

Mendel, Gregor (1822–1884) Der österreichische Pater und Botaniker entdeckte, wie Merkmale vererbt werden. Mendel formulierte die Grundgesetze der Genetik (Vererbungslehre).

Mendelejew, Dmitrij (1834–1907) Russischer Chemiker, der das erste Periodensystem chemischer Elemente aufstellte.

Merbold, Ulf (geb. 1941) Deutscher Physiker und Astronaut, der 1982 als erster Deutscher mit der US-Raumfähre Columbia ins All flog.

Morgan, Thomas (1866–1945) Der amerikanische Biologe entdeckte durch Kreuzungsversuche mit Fruchtfliegen, dass Gene nacheinander auf den Chromosomen liegen und ermittelte ihre Reihenfolge und Abstände zueinander.

Morse, Samuel (1791–1872) Der amerikanische Künstler entwickelte das Morsealphabet. Dabei wird eine Reihe von Punkten und Strichen in kurze und lange elektrische Pulse umgesetzt, die als Buchstabencode über Telegrafenleitungen übertragen werden.

Newton, Sir Isaac (1643–1727) Der englische Physiker und Mathematiker formulierte die grundlegenden Gesetze der Schwerkraft und Bewegung. Außerdem entdeckte er, dass Licht aus Spektralfarben besteht, und baute das erste Spiegelteleskop.

Nipkow, Paul (1860–1940) Der deutsche Ingenieur erfand die Nipkow-Lochscheibe, die ein Bild mechanisch in Punkte zerlegt.

Nobel, Alfred (1833–1896) Der schwedische Chemiker entwickelte 1866 den Sprengstoff Dynamit. Sein Vermögen vermachte er einer Stiftung, der Nobelstiftung. Aus dieser werden seit 1901 die Nobelpreise finanziert. Seitdem erhalten jedes Jahr Wissenschaftler für ihre Leistungen auf den Gebieten Chemie, Physik, Literatur, Medizin oder für Verdienste um die Friedenserhaltung den Nobelpreis.

Ohm, Georg (1789–1854) Deutscher Physiker, der den elektrischen Widerstand erforschte. Nach ihm wurde die Maßeinheit des elektrischen Widerstandes benannt.

Pascal, Blaise (1623–1662) Französischer Mathematiker und Physiker, der im Bereich der Hydraulik und des atmosphärischen Drucks forschte. Nach ihm wurde die Standardgröße des Drucks benannt.

Pasteur, Louis (1822–1895) Der französische Chemiker erfand eine Methode, die Mikroorganismen durch Erhitzen abtötet: die Pasteurisierung.

Planck, Max (1858–1947) Der deutsche Physiker entwickelte die Quantentheorie.

Pythagoras (6. Jh. v. Chr.) Griechischer Mathematiker und Naturforscher, der viele Entdeckungen machte, u.a. den nach ihm benannten Satz des Pythagoras, mit dessen Hilfe die unbekannte Seitenlänge eines rechtwinkligen Dreiecks berechnet werden kann.

Richter, Charles Francis (1900–1985) Der amerikanische Physiker entwickelte die nach ihm benannte Skala zur Messung von Erdbebenstärken.

Röntgen, Wilhelm Conrad (1845–1923) Der deutsche Physiker entdeckte 1895 die nach ihm benannten Röntgenstrahlen.

Rutherford, Ernest (1871–1937) Der in Neuseeland geborene Physiker forschte auf dem Gebiet der Radioaktivität und der Kernphysik. Er erhielt 1908 den Nobelpreis für Chemie. Im Jahr 1911 entwickelte er ein Atommodell, das nach ihm benannt wurde.

Sikorsky, Igor (1889–1972) Der in Russland geborene, amerikanische Luftfahrtingenieur konstruierte 1939 den Prototyp des modernen Hubschraubers.

Stephenson, George (1781–1848) Der englische Erfinder konstruierte 1814 die erste funktionsfähige Dampflok. Berühmt ist die Lok „Rocket", die er mit seinem Sohn Robert baute.

Talbot, William Henry Fox (1800–1877) Der englische Forscher erfand die Methode, aus einem Foto ein Negativ herzustellen.

Thomson, William, Lord Kelvin of Largs (1824–1907) Der englische Mathematiker und Physiker entwickelte die absolute Temperaturskala.

Tombaugh, Clyde (1906–1997) Der Amerikaner baute bereits im Alter von 20 Jahren sein erstes Teleskop und beobachtete damit die Planeten Jupiter und Mars. Im Jahr 1930 entdeckte der Astronom den Planeten Pluto.

Torricelli, Evangelista (1608–1647) Der italienische Physiker konstruierte 1644 das Quecksilberbarometer.

Vesalius, Andreas (1514–1564) Auf den flämischen Mediziner geht die moderne Wissenschaft der Anatomie (Studium des Körperbaus) zurück.

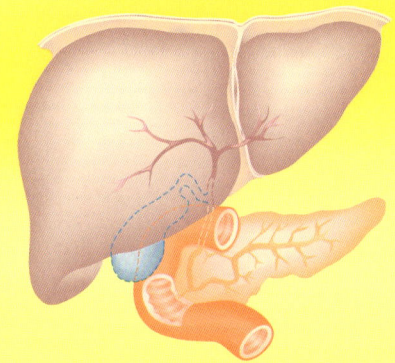

Volta, Alessandro (1745–1827) Der italienische Physiker baute die erste elektrische Batterie. Nach ihm wurde die Einheit der elektrischen Spannung benannt.

Watson, James (geb. 1928) Der amerikanische Biochemiker entschlüsselte zusammen mit Francis Crick 1953 die Struktur der DNA.

Watt, James (1736–1819) Der schottische Erfinder verbesserte die Dampfmaschine grundlegend. Nach ihm ist die Einheit der elektrischen Leistung benannt.

Wegener, Alfred (1880–1930) Der deutsche Meteorologe und Geograf formulierte als Erster die Theorie der Kontinentalverschiebung.

Wright, Orville (1871–1948) und **Wilbur (1867–1912)** Im Jahr 1903 konstruierten die beiden Brüder das erste motorbetriebene Flugzeug.

Zuse, Konrad (1910–1995) Der deutsche Ingenieur erfand mit der Z3 die erste frei programmierbare Rechenmaschine der Welt. Sie war der erste funktionsfähige Computer.

Sternstunden der Wissenschaft

4241 v. Chr. Die Ägypter führen einen Kalender ein, das 365-tägige Sonnenjahr

um 4000 v. Chr. In Mesopotamien wird die erste Bronze, eine metallische Legierung, hergestellt.

um 3500 v. Chr. Aus den Scheiben eines Baumstammes entstehen die ersten Räder. Vorgänger waren Rollen.

um 3000 v. Chr. Die Babylonier unterteilen den Tag in 24 Stunden. Und sie erfinden den Abakus, die erste Rechenmaschine.

um 1600 v. Chr. Erste Berichte über astronomische Beobachtungen

um 1500 v. Chr. In Kleinasien (Türkei) wird zum ersten Mal Eisen geschmolzen.

um 700 v. Chr. In Indien wird die *Ayurveda*, ein sehr früher medizinischer Text, verfasst.

um 600 v. Chr. Der griechische Philosoph Thales von Milet beschreibt die magnetischen Eigenschaften von Magnetit, einer speziellen Form von Eisenerz.

um 530 v. Chr. Dem griechischen Mathematiker Pythagoras gelingen mehrere wichtige Entdeckungen, unter anderem formuliert er den Satz des Pythagoras.

um 400 v. Chr. In Griechenland wird der Flaschenzug erfunden.

um 335 v. Chr. Der griechische Philosoph Aristoteles macht eine Reihe wissenschaftlicher Entdeckungen, darunter über die Funktion von Hebeln.

um 300 v. Chr. In Ägypten werden erstmals Zahnräder verwendet.

um 235 v. Chr. Der griechische Naturforscher Archimedes erfindet die Archimedische Schraube. Mit ihrer Hilfe konnte man Schiffe leer pumpen oder Wasser in Bewässerungsgräben leiten.

um 10 v. Chr. Der römische Architekt Vitruv beschreibt einen Kran.

um 100 n. Chr. Der Chinese Tsái Lun erfindet ein Papier, das aus dem Papiermaulbeerbaum gewonnen werden kann.

um 200 Der erste nachgewiesene Gebrauch von Gusseisen – daraus wurde in China ein Herd gegossen.

um 635 Federkiele werden zum Schreiben benutzt.

um 700 In Katalonien (Spanien) wird ein Schmelzofen für Eisen benutzt, der als Vorläufer moderner Hochöfen gilt.

um 950 Die Chinesen benutzen Schießpulver für Feuerwerk und um Signale zu geben.

1000 Der arabische Physiker Ibn al-Haytham erkennt als Erster die optischen Eigenschaften von Linsen.

1008 In China entwickelt Han Kung-Lien die erste mit Wasser betriebene Uhr.

1090 Chinesen und Araber sind die Ersten, die sich mithilfe eines Kompasses auf See orientieren.

1202 Der italienische Wissenschaftler Leonardo Fibonacci veröffentlicht sein Buch *Liber Abaci*. Darin schlägt er vor, die hinduistisch-arabischen Dezimalzahlen zu übernehmen und die römischen Ziffern nicht mehr zu verwenden.

1230 In China wird zum ersten Mal Schießpulver als Explosivstoff benutzt, um eine Stadtmauer zu sprengen.

1286 In Italien wird die Brille erfunden, wahrscheinlich von dem Physiker Salvino degli Armati.

1326 In Italien kommen die ersten Kanonen zum Einsatz.

1451 Der Deutsche Johann Gutenberg erfindet den Buchdruck mit beweglichen Lettern.

1500 Der italienische Künstler und Forscher Leonardo da Vinci entwirft zahlreiche Maschinen, u.a. eine Art Hubschrauber.

1540 Der französische Arzt Ambroise Paré stellt für verwundete Soldaten zum ersten Mal künstliche Gliedmaßen aus Metall her.

1543 Nach der Theorie des polnischen Astronomen Kopernikus drehen sich die Planeten um die Sonne, nicht um die Erde.

1590 In den Niederlanden wird das Mikroskop erfunden.

1592 Der italienische Astronom Galileo Galilei erfindet das erste Thermometer; Grundlage ist die Ausdehnung und das Zusammenziehen der Luft.

1608 In den Niederlanden wird zum ersten Mal ein Teleskop vorgeführt.

1610 Galileo Galilei benutzt ein Teleskop, um astronomische Beobachtungen zu machen.

1616 Der englische Arzt William Harvey hält Vorlesungen über den Blutkreislauf.

1618 Johannes Kepler, ein deutscher Astronom, beschreibt die elliptischen Bahnen der Planeten um die Sonne.

1623 Der Deutsche Wilhelm Schickard erfindet die erste mechanische Rechenmaschine.

1644 Evangelista Torricelli, ein italienischer Physiker, entdeckt das Prinzip des Barometers.

1682 Der englische Astronom Edmund Halley berechnet die Bahn eines Kometen, der später nach ihm benannt wird.

1712 Die erste Dampfmaschine mit Kolben wird gebaut.

1742 Der schwedische Physiker Anders Celsius entwickelt das Quecksilberthermometer.

1783 In Paris startet zum ersten Mal ein Heißluftballon der Brüder Montgolfier.

1796 In England führt der Arzt Edward Jenner die erste Impfung durch.

1799 Der italienische Physiker Alessandro Volta baut die erste Batterie.

1804 Die erste Dampflokomotive wird gebaut.

1820 Der dänische Wissenschaftler Hans Ørsted findet heraus, dass sich

ein von Strom durchflossener Draht wie ein Magnet verhält. Das Phänomen wird später Elektromagnetismus genannt.

1826 Joseph Nicéphore Niépce stellt die erste Fotografie her.

1833–1834 Die englischen Mathematiker Charles Babbage und Ada Lovelace arbeiten an einer automatischen programmgesteuerten Rechenmaschine, einem Vorläufer des heutigen Computers.

1835 Zwischen Nürnberg und Fürth verkehren die ersten Züge in Deutschland.

1852 In Frankreich startet ein Luftschiff, gefüllt mit Wasserstoff und angetrieben durch eine Dampfmaschine.

1859 Der Verbrennungsmotor wird in Frankreich erfunden.

1863 Die erste U-Bahn der Welt wird in London in Betrieb genommen.

1869 Der russische Wissenschaftler Dimitrij Mendelejew entwickelt das erste Periodensystem der Elemente.

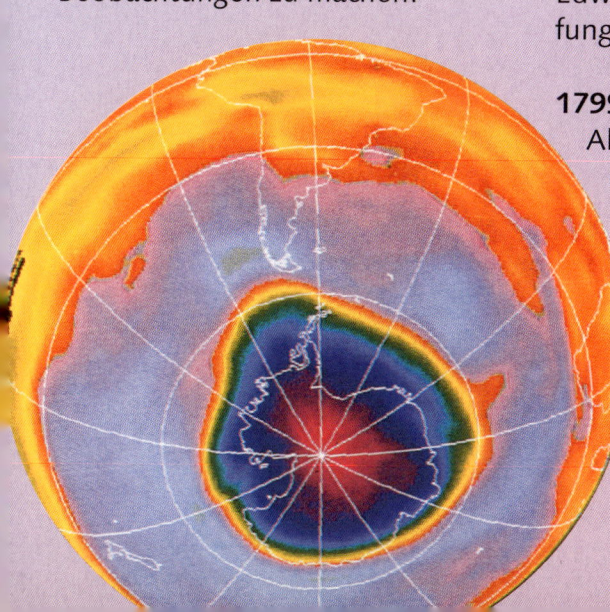

1876 Alexander Graham Bell tätigt in Boston (USA) den ersten Telefonanruf.

1876 Carl von Linde schafft Grundlagen der modernen Kältetechnik und erfindet den Kühlschrank.

1877 Thomas Edison führt in den USA seinen Phonographen-Prototyp vor und macht die erste Tonaufnahme.

1877 Der deutsch-amerikanische Wissenschaftler Émile Berliner erfindet das Mikrofon.

1879 Thomas Edison entwickelt die erste brauchbare Glühbirne.

1882 Der deutsche Mediziner Robert Koch entdeckt den Tuberkelbazillus, 1883 den Choleraerreger.

1885 Der Deutsche Karl Benz baut das erste Auto mit Benzinmotor.

1888 Der deutsche Physiker Heinrich Hertz weist die Existenz von Radiowellen nach.

1890 Der Amerikaner Whitcomb Judson entwickelt den ersten Reißverschluss und meldet ihn wenig später zum Patent an.

1892 Der amerikanische Automobilingenieur Henry Ford entwickelt seinen ersten Motorwagen.

1895 Mit dem Kinematografen führen die Brüder Lumière in Frankreich die ersten bewegten Bilder vor.

1895 Der deutsche Physiker Wilhelm Röntgen entdeckt die Röntgenstrahlung.

1895 Der italienische Physiker Guglielmo Marconi entwickelt die Radioübertragung und führt sie erstmals vor.

1896 Antoine Becquerel, ein französischer Physiker, entdeckt die Radioaktivität.

1900 Das Luftschiff „Zeppelin 1" fliegt zum ersten Mal, und zwar über den Bodensee.

1903 Den amerikanischen Brüdern Wright und dem Deutschen Gustav Weißkopf gelingt der erste Flug mit einem Motorflugzeug.

1905 Der deutsche Physiker Albert Einstein veröffentlicht seine Arbeit zur Speziellen Relativitätstheorie.

1911 Die polnische Wissenschaftlerin Marie Curie erhält den Nobelpreis für ihre Arbeiten über Radioaktivität.

1911 Der in Neuseeland geborene Physiker Ernest Rutherford entwickelt ein Atommodell, das nach ihm benannt wird.

1915 Albert Einstein entwickelt die Allgemeine Relativitätstheorie.

1926 Der schottische Ingenieur John Logie Baird überträgt das erste schwarz-weiße Fernsehbild über den Atlantik.

1930 Der amerikanische Astronom Clyde Tombaugh entdeckt den Planet Pluto.

1936 In Deutschland startet der erste Hubschrauber.

1938 Otto Hahn und Fritz Straßmann gelingt die Kernspaltung.

1941 Konrad Zuse stellt den ersten funktionierenden programmgesteuerten Rechner der Welt vor, die „Z3".

1948 Drei amerikanische Wissenschaftler, John Bardeen, Walter Brattain und William Shockley, erfinden den Transistor. Damit machen sie die moderne Elektronik möglich.

1951 Der erste Computer wird hergestellt.

1953 Francis Crick und James Watson entdecken die Struktur des DNA-Moleküls, des Trägers der Erbinformation. Rosalind Franklin bestätigt die Entdeckung der beiden.

1954 Die Solarzelle zur Gewinnung von Energie aus Sonnenlicht wird entwickelt.

1957 Die Sowjetunion bringt den ersten Satelliten („Sputnik I") ins All.

1961 Mit „Wostok I" startet das erste bemannte Raumschiff. Juri Gagarin wird der erste Mensch im Weltraum.

1967 Der Chirurg Christiaan Barnard verpflanzt zum ersten Mal ein menschliches Herz.

1969 Der amerikanische Astronaut Neil Armstrong betritt als erster Mensch den Mond.

1977 Die Mikroprozessorkarte wird entwickelt. Sie wird als Kreditkarte oder Telefonkarte verwendet.

1980 Die CD (compact disc), ein optisches Massenspeichermedium, wird zur digitalen Speicherung von Musik eingeführt. Sie löst die Schallplatte ab.

1981 Mit dem Rastertunnelmikroskop kann die Oberfläche von Atomen analysiert werden.

1981 Der Spaceshuttle, das erste wieder verwendbare Raumschiff, startet zu seinem ersten Flug.

1981 Das Computer-Betriebssystem MS-DOS wird auf den Markt gebracht.

1983 Die erste Version des Computerprogramms „Windows" wird veröffentlicht.

1987 Zum ersten Mal wird ein Verbrecher anhand seines genetischen Abdrucks überführt.

1990 Erste Übertragung des hochauflösenden Fernsehens (HDTV)

1991 Das World Wide Web, entwickelt von dem englischen Informatiker Tim Berners-Lee, startet als Internetdienst.

1996 Das erste geklonte Tier wird vorgestellt: das Schaf „Dolly".

1997 Das Fahrzeug „Pathfinder" sendet Daten vom Mars zur Erde.

1999 Das erste menschliche Chromosom wird erfasst. Die Erfassung der Gesamtheit der menschlichen Gene wird 2003 abgeschlossen.

2004 Die Raumsonde „Rosetta" startet zu ihrem Flug zu einem Kometen. Bilder vom Mars beweisen, dass es dort einst Wasser gab.

Worterklärungen

Einige der im Buch verwendeten Fach- und Fremdwörter werden hier erklärt; *kursiv* gedruckte Wörter wurden als eigene Stichwörter aufgenommen.

Allesfresser Tiere, die sowohl Pflanzen als auch andere Tiere fressen

Altarm Ehemaliger Bogen eines Mäanders, der nicht mehr mit dem fließenden Gewässer verbunden ist

Amplitude Der Höhenausschlag von einer Schallaufzeichnung

Anthere siehe *Staubgefäß*

Anus Auch After; die Öffnung am Ende des Verdauungstrakts. Durch den Anus werden alle unverdaulichen Nahrungsreste als Kot ausgeschieden.

Äquator Eine gedachte Linie rund um die Erde, genau auf der Hälfte zwischen Nord- und Südpol

Art Die kleinste Einheit in der Klassifizierung von Pflanzen und Tieren

Arterie *Blutgefäß*, in dem das Blut vom Herzen wegfließt

Asterismen Kleinere Gruppen von *Sternen* innerhalb eines *Sternbildes*

Asteroid Himmelskörper aus Gestein, der um die *Sonne* kreist. Im so genannten Asteroidengürtel, ein Teil des *Sonnensystems*, existieren tausende solcher Asteroiden.

Asthenosphäre Eine dünne, teilweise geschmolzene Schicht im oberen Erdmantel

Atmosphäre Die dünne Gasschicht, die die gesamte Erde umgibt

Atom Die kleinste Einheit eines chemischen Elements

Atomkern Der zentrale Körper eines Atoms. Er besteht aus *Protonen* und *Neutronen* und wird von den *Elektronen* umkreist.

Auftrieb Eine Kraft, die dazu führt, dass sich fliegende Objekte in der Luft halten können

Aussterben Pflanzen- oder Tierarten, die vollständig von der Erde verschwinden, sind ausgestorben.

Äußere Planeten Jupiter, Saturn, Uranus, Neptun und Pluto

Axon Eine lange Nervenfaser, auf der die Informationen vom *Neuron* wegfließen

Bakterium Winzige Lebewesen, die überall auf der Welt vorkommen

Ballaststoff Aus *Kohlenhydraten* bestehende Pflanzenteile in der Nahrung, die zwar nicht verdaut werden, aber bei der Verdauung helfen

Bandbreite Die Informationsmenge, die pro Sekunde über eine Telefonverbindung übertragen werden kann

Bänder Elastische, sehr stabile Verbindungen zwischen zwei Knochen in einem *Gelenk*

Bestäubung Der Transport von *Pollen* einer Blüte auf die *Narbe* einer anderen Blüte. So entsteht ein Samen.

Betriebssystem Eine *Software*, die alle zentralen Vorgänge (den „Betrieb") eines Computers steuert

Binärer Code Darstellen von Informationen durch die beiden Werte 1 und 0

Bindung Eine *Kraft*, die zwei oder mehr *Atome* zusammenhält

Biom Eine Großlandschaft mit einem bestimmten *Klima*, in dem besonders gut angepasste Pflanzen und Tiere leben

Bit Die kleinste Informationseinheit in einem *binären Code* – entweder 0 oder 1

Blitz Während eines Gewitters entlädt sich die *statische Elektrizität* zwischen Wolken und Erde in Form eines grellen Lichtstrahls.

Blutgefäß Jede Art von Röhren, in denen das Blut durch den Körper fließt

Brechung Licht, das eine Grenze zwischen zwei Medien passiert (z. B. Wasser–Luft), ändert seine Ausbreitungsrichtung leicht, d. h. der Lichtstrahl wird gebrochen.

Bronchien Die beiden großen Röhren, in die sich die Luftröhre gabelt. Jede Bronchie führt in einen Lungenflügel.

Bus Ein elektronischer Weg, auf dem Informationen zwischen der *CPU* und anderen Teilen eines Computers ausgetauscht werden

Byte Eine Gruppe von acht *Bit* eines *binären Codes* – Informationseinheit in der Computersprache

Chemische Reaktion Wechselwirkung zwischen Substanzen, bei der die *Atome* eine Bindung eingehen. Dabei bilden sich neue Stoffe.

Chlorophyll Der grüne Farbstoff in Pflanzen, mit dem sie Sonnenenergie in Nahrung umwandeln

Cholesterin Eine fettähnliche Substanz in manchen Nahrungsmitteln. Cholesterin wird vom Körper selbst hergestellt. Zu viel im Blut kann zu Herzerkrankungen führen.

Chromosom Die *DNA* im Kern einer *Zelle* ist spiralig zu den Chromosomen gerollt. Die Chromosomen enthalten die gesamte Erbinformation für die Entwicklung eines Lebewesens.

Cochlea siehe *Schnecke*

CPU (central processing unit) Die zentrale Recheneinheit in einem Computer, die alle Abläufe und Rechenoperationen des Systems steuert

Delta Flüsse lagern mitgeführten Schlamm an ihrer Mündung ab und bilden zahlreiche Seitenarme. Dadurch entsteht ein fächerförmiges Delta.

Dendrit Eine kurze *Nervenfaser*, auf der die Informationen zum *Neuron* hin fließen

Dichte Maß für die Masse eines Objektes im Verhältnis zu seinem Volumen

DNA (Desoxyribonucleinacid, deutsch: Desoxyribonukleinsäure) Ein sehr großes Molekül, auf dem der Code für die Erbinformation gespeichert ist. Die DNA enthält alle Informationen, die eine *Zelle* braucht, um zu funktionieren.

Echo Schallwelle, die von einer Oberfläche zurückgeworfen wird und als Wiederholung des Originaltons zu hören ist

Echoortung Eine Methode, ein Objekt über sein *Echo* zu lokalisieren

EEG (Elektroenzephalogramm) Die Aufzeichnung der Gehirnströme in Form von Wellen

Eierstock Weibliches Geschlechtsorgan, in dem die Eizellen gebildet werden

Elektrische Kraft Die Kraft, die elektrisch geladene Teilchen dazu bringt, sich anzuziehen (bei verschiedener Ladung) bzw. abzustoßen (bei gleicher Ladung)

Elektrische Ladung Die Fähigkeit bestimmter Stoffe, geladene Teilchen zu speichern. Dadurch entsteht eine elektrische Spannung zwischen benachbarten Körpern.

Elektrischer Strom Gleich gerichtete Bewegung elektrisch geladener Teilchen

Elektrisches Feld Der Raum um ein elektrisch geladenes Objekt, in dem elektrische Effekte messbar sind

Elektrizität Die Wirkung ruhender oder bewegter elektrisch geladener Teilchen

Elektromagnetismus Eine magnetische Kraft, die immer dann auftritt, wenn ein *elektrischer Strom* durch einen Draht fließt und dabei ein *magnetisches Feld* erzeugt

Elektron Negativ geladenes Teilchen, das den Kern eines *Atoms* umkreist

Element Ein Stoff, wie Eisen oder Sauerstoff, der nur aus einer einzigen Art von Atomen besteht

E-Mail Eine Botschaft, die zwischen Computern über das *Internet* ausgetauscht wird

Embryo Ein Lebewesen in den ersten Tagen seiner Entwicklung, im Innern einer Gebärmutter, eines Eis oder in einem Samen

Enzym Ein Eiweiß, mit dessen Hilfe *chemische Reaktionen* in lebenden Zellen ablaufen

Epidermis siehe *Oberhaut*

Erdbeben Eine plötzliche Bewegung der *Erdkruste*, bei der hohe Energien frei werden

Erdkruste Die feste Oberfläche der Erdkugel. Sie besteht aus der kontinentalen (Landmasse) und der ozeanischen Kruste (Meeresboden).

Erdrutsch Katastrophales Ereignis, wenn Schlamm, Boden und Gestein von einem Hang abrutschen. Erdrutsche werden häufig durch Erdbeben ausgelöst.

Erstarrungsgesteine Gesteine, die aus erkaltetem und verhärtetem *Magma* entstanden sind

Evolution Eine über viele Generationen verlaufende Veränderung von Pflanzen und Tieren, bei der sich die Arten immer besser an ihren *Lebensraum* anpassen

Exosphäre Die oberste (äußerste) Schicht der *Atmosphäre*

Ferromagnetismus Eine Form des *Magnetismus*. Manche Metalle werden selbst magnetisch, wenn sie in Kontakt mit einem Magnet kommen.

Festplatte Speicherelement, auf dem ein Computer seine Daten speichert

Fleischfresser Ein Tier, das sich vom Fleisch anderer Tiere ernährt

Fossil Abdrücke oder Überreste eines Tieres oder einer Pflanze, die als Versteinerungen erhalten sind

Fossile Brennstoffe Erdöl, Erdgas oder Kohle, die im Laufe vieler Jahrtausende aus den zusammengepressten Überresten von Pflanzen und Tieren entstanden sind

Fötus Der *Embryo* eines *Säugetiers* in fortgeschrittener Entwicklung

Fotosynthese Ein biochemischer Prozess, mit dem Pflanzen Nährstoffe herstellen. Die Energie für die chemische Reaktion liefert das Sonnenlicht.

Frequenz Die Zahl der Schwingungen pro Sekunde, die eine Wellenbewegung ausführt (z. B. Schall, Licht). Die Frequenz wird in Hertz (Hz) gemessen.

Fruchtblatt Weibliches Fortpflanzungsorgan einer Blüte, wegen seiner Form auch als *Stempel* bezeichnet. Ein oder mehrere Fruchtblätter bilden den Fruchtknoten mit den Samenanlagen.

Galaxie Eine gewaltige Ansammlung von *Sternen* und *Planeten*. Im *Universum* gibt es viele Millionen solcher Galaxien.

Galle Eine grünliche Flüssigkeit, die von der Leber gebildet wird. Galle zerlegt Fett in winzige Tröpfchen, die dann von den Enzymen zersetzt werden.

Gallenblase Ein kleines Organ nahe der Leber, in dem die Gallenflüssigkeit gespeichert wird

Gehörgang Eine Öffnung im Kopf, die den Schall bis zum *Trommelfell* leitet

Gelenk Die Stelle, an der Knochen beweglich miteinander verbunden sind

Gemäßigtes Klima Klima, das sich durch relativ milde Temperaturen und Jahreszeiten auszeichnet

Gen Ein Abschnitt auf der *DNA*, der die Erbinformation für einen bestimmten Baustein eines Lebewesens enthält

Genom oder **Erbinformation** Die Gesamtheit der *DNA*, die alle Informationen enthält, um das Leben eines Tieres oder einer Pflanze zu gewährleisten

Gentechnik Künstliche Veränderung der *DNA* einer Pflanze oder eines Tieres zum Nutzen von Medizin, Landwirtschaft oder Industrie

Gewicht Ein Maß für die Größe der *Gravitation*, die auf einen Gegenstand mit Masse einwirkt

Geysir Eine Quelle, aus der explosionsartig heißes Wasser und Dampf geschleudert werden

Glasfaserkabel Ein Kabel, das aus zahlreichen dünnen Fasern aus Glas oder Kunststoff besteht

Globale Erwärmung Ständig zunehmende Temperatur auf der Erde; wahrscheinlich verursacht durch den weltweiten *Treibhauseffekt*

Graben Langer, tiefer Einschnitt auf dem Meeresboden, entstanden durch Vorgänge der *Plattentektonik*

Grabenbruch Ein breites Tal, das entsteht, wenn die *Erdkruste* zwischen zwei Verwerfungslinien einbricht

Gravitation oder **Schwerkraft** Anziehende Kraft, die ein großes Objekt (z. B. ein Planet, wie die Erde) auf ein kleineres Objekt ausübt

Griffel Länglicher Teil des *Stempels*, der den Fruchtknoten mit der *Narbe* verbindet

Halbinsel Eine schmale Landzunge, die sich ins Meer erstreckt

Halbmetalle *Elemente*, die sowohl Eigenschaften von Metallen als auch von Nichtmetallen besitzen. Es gibt metallische Leiter und Halbleiter.

Hardware Bezeichnung für alle festen Teile eines Computers wie Gehäuse, Festplatten, Prozessoren, Monitor, Keyboard, Maus usw.

Hornhaut Eine dünne Schicht über dem Augapfel

HTML (HyperText Markup Language) Computersprache, mit der Seiten im Internet erstellt werden

Innere Planeten Merkur, Venus, Erde und Mars

Internationale Datumsgrenze Eine gedachte Linie auf der Erdoberfläche genau gegenüber dem Nullmeridian, etwa auf dem 180°-Längenkreis. Die Linie umgeht bewohnte Regionen, damit dort das Datum einheitlich ist. Westlich dieser Grenze ist das Datum einen Tag weiter als östlich davon.

Internet Ein auf der ganzen Welt genutztes Netzwerk, das einzelne Computer miteinander verbindet

Internet-Provider oder Provider; stellt den Benutzern (User) einen Zugang ins Internet zur Verfügung.

Iris Der farbige Teil des Auges, der die Muskeln enthält, die die Pupillengröße regulieren

Isolator Ein Material, das keinen elektrischen Strom oder Wärme leitet und daher Schutz vor Stromschlag oder Hitze bietet.

Kapillare Winzige *Blutgefäße*, die *Aterien* und *Venen* miteinander verbinden. Sie leiten Sauerstoff zu den Zellen und transportieren Kohlendioxid und andere Abfallstoffe ab.

Kern Der innerste Teil der Erde, der vermutlich aus den Metallen Eisen und Nickel besteht

Kinetische Energie besitzt ein Objekt, das sich bewegt.

Klassifizierung Methode der Biologen, Pflanzen und Tiere mit ähnlichen Eigenschaften in verwandte Gruppen einzugliedern

Klima Das über einen großen Zeitraum an einem bestimmten Ort beobachtete „normale" Wettergeschehen

Klon Die Kopie eines Lebewesens (Verb: klonen)

Kohlenhydrat Bestandteil der Nahrung, der sehr schnell Energie für den Körper liefert. Brot und Nudeln enthalten viele Kohlenhydrate.

Komet Ein riesiger Klumpen aus schmutzigem Eis, Staub und Steinen, der auf einer Bahn um die *Sonne* fliegt

Kompass Gerät, um die Himmelsrichtung zu bestimmen. Die meisten Kompasse haben eine magnetische Nadel.

Kondensation Vorgang, bei dem ein Gas durch Kühlung in eine Flüssigkeit verwandelt wird

Korallenriff Natürliches Gebilde aus den Skeletten kleiner Meerestiere (Korallenpolypen) in warmem flachem Wasser. Korallenriffe wachsen im Laufe der Zeit durch neue Polypen immer höher.

Korona Eine Gasschicht um die *Sonne*, die nur bei einer totalen *Sonnenfinsternis* als flackernder Kranz zu erkennen ist

Kraft Eine Kraft übt Wirkungen auf ein Objekt aus, kann es beschleunigen, abbremsen oder seine Bewegungsrichtung verändern. Starke Kräfte (z. B. Druck) können auch Form oder Größe des Objektes verändern.

Krater Eine Vertiefung in der Oberfläche von *Planeten*, *Monden* oder *Asteroiden*.

Kriechtiere oder **Reptilien** Klasse der Wirbeltiere. Kriechtiere sind mit Schuppen bedeckte, wechselwarme Tiere, die Eier legen.

Kumuluswolke Lockere, weiße Wolke hoch am Himmel, die sich bei warmem, sonnigem Wetter bildet

Larve Eine Phase innerhalb der *Metamorphose* von Insekten

Lava Heißes, geschmolzenes Gestein, das von einem *Vulkan* ausgeworfen wird

Lebensraum Der Ort in einem *Ökosystem*, an dem eine Pflanzen- oder Tierart lebt

Legierung Mischung aus zwei oder mehr Metallen oder aus Metallen mit Nichtmetallen

Leiter Eine Substanz, die *Elektrizität* oder Wärme gut weiterleitet

Lichtjahr Die Entfernung, die das Licht innerhalb eines Jahres zurücklegt

Lithosphäre Die oberste, feste Schicht der Erdkugel, die aus der *Erdkruste* und dem oberen (äußeren) *Mantel* besteht

Lurche oder **Amphibien** Klasse der Wirbeltiere. Lurche sind wechselwarme Tiere mit weicher Haut, die im Wasser und an Land leben. Frösche und Kröten gehören zu den Lurchen.

Mäander Die Schleifen eines Bach- oder Flusslaufes

Magensaft Eine saure Flüssigkeit im Magen, die hilft, das Essen zu verdauen und Keime abtötet

Magma Heißes, geschmolzenes Gestein im Innern der Erde

Magnetisches Feld Der Raum um einen Magnet in dem magnetische Erscheinungen messbar sind

Magnetismus Eine unsichtbare Kraft, die bestimmte Arten von Metall anzieht

Magnetpole Die Enden eines Magnet, wo das Magnetfeld seine größte Stärke erreicht

Mantel Eine dicke Schicht aus Gestein unterhalb der Erdkruste, die teils fest, teils geschmolzen ist

Masse Die Gesamtmenge aller Teilchen innerhalb einer Substanz (Gas, Flüssigkeit, Festkörper)

Massenaussterben sind katastrophale Ereignisse in der Erdgeschichte, bei denen jeweils zahlreiche Lebewesen in relativ kurzer Zeit aussterben.

Maßstab Angabe auf einer Karte, in welchem Verhältnis eine hier wiedergegebene

Strecke zur wirklichen Entfernung steht. Bei einem Maßstab von 1:100 ist 1 cm auf der Karte in Wirklichkeit 1 m (100 cm) lang.

Mesosphäre ist die Schicht der Erdatmosphäre, die zwischen der *Stratosphäre* und der *Thermosphäre* liegt.

Metamorphe Gesteine wurden nach ihrer Entstehung durch große Hitze oder Druck verändert.

Metamorphose Manche Tiere verändern während ihrer Entwicklung ihr Aussehen vollständig, z. B. die Kaulquappe, die zum Frosch wird.

Meteore sind kleine *Meteoriten*, die in der Erdatmosphäre verglühen. Man nennt sie auch Sternschnuppen.

Meteorit Himmelsobjekte aus Gestein, die auf Bahnen um die *Sonne* kreisen. Während kleine Meteoriten als *Meteore* in der *Atmosphäre* verglühen, können größere auf die Erde – oder auf andere *Planeten* und *Monde* – stürzen und dabei gewaltige Krater schlagen.

Milchstraße In dieser Galaxie ist auch unser *Sonnensystem* enthalten.

Mineral Eine nicht biologische Substanz, wie Salz oder Eisen, die in der Erde vorkommt

Mittelmeerklima ist durch heiße Sommer und relativ warme, regenreiche Winter gekennzeichnet. Dieses *Klima* herrscht am Mittelmeer (zwischen Europa und Nordafrika), aber auch in anderen Teilen der Welt.

Modem Ein Gerät, mit dem ein Computer an das Telefonnetz angeschlossen wird, um *E-Mails* empfangen und senden zu können und Zugang zum *Internet* zu bekommen

Molekül Baustein aus zwei oder mehr *Atomen*, aus dem alle lebenden und toten Substanzen bestehen

Mond Natürlicher *Satellit*, der einen *Planeten* umkreist

Mondfinsternis Eine teilweise (partielle) oder völlige (totale) Verdunklung des Mondes, wenn der Erdschatten auf den *Mond* fällt

Nahrungsebene Die Stellung eines Lebewesens in der *Nahrungskette*

Nahrungskette Jedes Tier in einer Nahrungskette frisst ein schwächeres Glied der Kette und wird seinerseits von stärkeren Tieren gefressen.

Nahrungsnetz Mehrere miteinander verbundene *Nahrungsketten*

Narbe Der klebrige oberste Teil des *Stempels*, auf dem sich der *Pollen* niederlässt

Natürliche Selektion Jedes Lebewesen hat eine umso bessere Überlebenschance, je besser es an seinen *Lebensraum* angepasst ist. So entsteht eine Auswahl (Selektion) der am besten angepassten Arten.

Nebenfluss Kleinerer Fluss, der in einen größeren Fluss mündet

Nektar Zuckerhaltige Flüssigkeit, die von manchen Blüten gebildet wird, um Tiere als Bestäuber anzulocken

Nerven Ein Bündel von *Nervenfasern*

Nervenfaser Auswüchse von Nervenzellen *(Neurone)*, die einzelne Neurone mit anderen verbinden. Es gibt zwei Formen von Nervenfasern: *Axone* und *Dendriten*.

Neuron Einzelne Nervenzelle mit einem Zellkörper, von dem zahlreiche Nervenfasern ausgehen. Neurone transportieren die Informationen von den Sinnesorganen ins Gehirn und vom Gehirn in alle Teile des Körpers.

Neutron Ein Bestandteil des *Atomkerns*, der elektrisch neutral ist (trägt keine Ladung)

Niederschlag Alle Formen von Wasser (z B. Regen, Hagel, Schnee), die auf die Erde fallen

Niere Körperorgan, das das Blut von Abfallstoffen reinigt und den Flüssigkeitshaushalt des Körpers reguliert.

Nitrat Eine Form von Stickstoffsalz im Boden, das Pflanzen zum Wachstum brauchen

Nordlicht Flackernde Lichter in der Erdatmosphäre, die durch magnetische Teilchen von der *Sonne* erzeugt werden. Sie sind in der Nähe des Nordpols (Südlichter am Südpol) zu sehen.

Nullmeridian Eine gedachte Linie, die durch Greenwich (England) verläuft und Nord- und Südpol verbindet; wird auch 0°-Längenkreis genannt.

Oberhaut Die äußerste Schicht der Haut

Ökologische Nische Der Raum, den eine genau daran angepasste Pflanzen- oder Tierart in einem *Ökosystem* besetzt

Ökosystem Ein biologisches System, das aus allen Pflanzen und Tieren besteht, die in einer bestimmten Region vorkommen. Ökosysteme verändern sich durch äußere Einflüsse.

Orbit Die Bahn, auf der ein Himmelsobjekt ein anderes umkreist

Pangäa Superkontinent der Erdgeschichte, der vor rund 200 Mio. Jahren auseinander brach. Die Bruchstücke bilden die heutigen Kontinente.

Pflanzenfresser Tiere, die sich ausschließlich von Pflanzen ernähren

Pigment Farbstoff, der Teile des Lichtspektrums verschluckt und andere reflektiert

Pilze Eine Form von Lebewesen, die sich von toten oder lebenden Pflanzen oder Tieren ernährt

Planet Himmelskörper, der einen *Stern* umkreist. Erde und Mars sind Planeten, die auf einer Bahn um die *Sonne* wandern.

Platten Die beweglichen, großen Abschnitte der *Lithosphäre*, deren Gesamtheit die Erdoberfläche bildet

Plattentektonik Die Platten der *Lithosphäre* schwimmen auf dem flüssigen Erdmantel. Dabei bilden sich Gebirge und tiefe Gräben. Auch Erdbeben und Vulkanausbrüche können ausgelöst werden.

Pollen Die männlichen Geschlechtszellen einer Pflanze

Programm In Computersprache geschriebene Anweisungen, nach denen ein Computer bestimmte Rechenoperationen ausführen kann (Schreib-, Zeichen-, Rechen-, Spielprogramme usw.)

Proton Positiv geladenes Teilchen innerhalb des *Atomkerns*

Reibung Eine *Kraft*, die bremsend auf alle Körper wirkt, die sich bewegen. Reibung kann z. B. durch Kontakt mit der Luft (bei Flugzeugen oder Vögeln), dem Wasser (bei Schiffen oder Fischen) oder dem Boden (bei Autos oder Schlangen) entstehen.

Satellit Ein Objekt, das einen *Planeten* oder *Stern* umkreist. Es gibt natürliche Satelliten, wie den *Mond*, und künstliche, die z. B. das Wetter aufzeichnen oder zur Telekommunikation dienen.

Säugetier Eine Klasse von warmblütigen, behaarten Tieren, deren Jungen durch Muttermilch ernährt werden

Schlucht Tiefes, schmales Tal, das durch einen Fluss in die Landschaft geschnitten wurde

Schnecke In dieser schraubig gewundenen Röhre im Innenohr wird der Schall wahrgenommen.

Sedimentgestein Gestein, das aus Sand, Schlamm und anderem Schutt (insgesamt als Sediment bezeichnet) besteht. Das Sediment wird von Flüssen im Meer abgelagert und unter Druck verfestigt.

Sehne Ein starkes Gewebeband, das die Muskeln an einem Knochen festhält

Software Die nicht zur *Hardware* gehörenden Bestandteile eines Computers, insbesondere *Programme* und *Betriebssystem*

Sonar Eine Methode zum Bestimmen von Meerestiefen und der Struktur des Meeresbodens. Dabei werden Töne vom Schiff ausgesandt, vom Boden reflektiert und wieder aufgenommen.

Sonne Der *Stern* im Zentrum unseres *Sonnensystems*

Sonnenfinsternis Eine teilweise (partielle) oder völlige (totale) Verdunklung der *Sonne*, wenn der *Mond* sich zwischen Erde und Sonne schiebt

Sonnensystem Die *Sonne*, alle *Planeten* und andere Objekte, die sie umkreisen

Sonnenwind Ein andauernder Strom von unsichtbaren geladenen Teilchen, die von der Sonne aus in den Weltraum geschleudert werden. Die Teilchen lösen die *Polarlichter* aus.

Statische Elektrizität In bestimmten Materialien festsitzende elektrische Ladungen

Staubblätter Männliche Geschlechtsorgane einer Pflanze, bestehend aus einem Stiel, an dessen Ende die *Staubgefäße* sitzen

Staubgefäß Verdickung am Ende der männlichen *Staubblätter*; enthält den *Pollen*

Stempel Weibliches Fortpflanzungsorgan einer Blüte, bestehend aus einem oder mehreren Fruchtknoten mit *Griffel* und *Narbe*

Stern Riesiger Gasball im Weltraum, der Wärme und Licht abgibt. Unsere *Sonne* ist ein Stern.

Sternbild Eine Gruppe von *Sternen*, die von der Erde aus gesehen ein leicht erkennbares Muster bilden. Es gibt insgesamt 88 Sternbilder.

Stratosphäre Eine Schicht in der Mitte der *Atmosphäre*. Sie enthält die Ozonschicht.

Stratuswolken Graue, flache Wolken, die niedrig dahinziehen

Stromlinienform Natürliche oder künstliche Form, an der Gas oder Wasser ohne großen Widerstand vorbeistreicht

Taktfrequenz Die Zahl der Rechenoperationen, die ein

Mikroprozessor pro Sekunde durchführen kann. Die Taktfrequenz wird in Megahertz (MHz) oder Gigahertz (GHz) angegeben.

Tarnung Muster oder Eigenschaften, die es Tieren und Pflanzen erlauben, mit dem Hintergrund zu verschmelzen und unentdeckt zu bleiben. So sind Tiger wegen ihrer Streifen im hohen Gras kaum zu erkennen.

Thermosphäre Eine Schicht der *Atmosphäre*, die zwischen *Mesosphäre* und *Exosphäre* liegt und eine Temperatur von bis zu 1500 °C erreicht

Tragfläche Flügel, der auf der Oberseite gewölbt und unten glatt ist. Durch den Luftstrom entsteht so ein *Auftrieb*.

Treibhauseffekt Kohlendioxid, Ozon und andere Gase in der *Atmosphäre* der Erde verhindern, dass die Wärme der Erde in den Weltraum abgestrahlt wird – die Luft erwärmt sich daher wie in einem Treibhaus.

Trommelfell Eine dünne Haut im Ohr, die durch Schallwellen in Vibration versetzt wird

Troposphäre Die unterste, erdnahe Schicht der *Atmosphäre*

Tsunami Gigantische Meereswelle, die durch Erdbeben, Erdrutsche oder Vulkanausbrüche unter dem Meer verursacht wird

Tundra Klimaregion mit starken Winden und tiefen Wintertemperaturen

Universum Die Gesamtheit aller Objekte, die im Raum existieren

Urknalltheorie Diese Theorie geht davon aus, dass unser gesamtes *Universum* in einer gewaltigen Explosion entstand.

Vene Ein *Blutgefäß*, in dem das Blut zum Herzen fließt

Verbindung Eine Substanz, die aus zwei oder mehr *Elementen* besteht, deren *Atome* eine chemische *Bindung* eingegangen sind

Verdampfung Ein Prozess, bei dem sich eine Flüssigkeit in Gas verwandelt

Verwerfung Ein tief reichender Riss in der *Erdkruste*

Vorschub Eine *Kraft*, die ein Fahrzeug oder Flugzeug nach vorn treibt

Vulkan Eine Öffnung in der Erdoberfläche, durch die Lava, Felsbrocken, Asche und Gase herausgeschleudert werden

Wanderung Regelmäßige Züge von Tieren von einem Ort zum anderen. Die meisten Wanderungen finden statt, weil die Tiere den Jahreszeiten folgen, um Nahrung zu finden oder um ihre Jungen zu gebären.

Winterschlaf Eine Art sehr tiefen Schlafs, mit dessen Hilfe manche Tiere die harte Zeit des Winters überstehen

Wirbeltier Tiergruppe, deren Mitglieder eine Wirbelsäule haben

Wüste Landschaft, in der sehr wenig Regen fällt. Hier wachsen kaum Pflanzen.

Zeitzone Ein von Norden nach Süden reichender Streifen auf der Welt, in dem dieselbe Uhrzeit gilt.

Zelle Die kleinste Einheit eines Lebewesens. In den Zellen laufen die chemischen Prozesse des Lebens ab.

Zellkern Abgeschlossener Bereich im Innern einer Zelle. Hier lagert die Erbinformation, die alle Lebensvorgänge steuert.

Zirruswolken Lockere Wolken, die sich hoch am Himmel bilden

Zwerchfell Flache Muskelschicht unter den Lungenflügeln

Register

Bei Stichwörtern, die mehrmals vorkommen, weist die **fett** gedruckte Seitenzahl auf den wichtigsten Eintrag hin.

Bildnachweis

Vor- und Nachsatz: (Malachit) © C. Cody/CORBIS

Titelbild: (Stadt der Kunst und Wissenschaft) © José Fuste Raga/CORBIS

2–3: (Großer Tümmler) © Stuart Westmorland/CORBIS

6–7: (Pferdekopfnebel) © NOAO/AURA/NSF/WIYN

8–9: S. 8 (ferne Galaxien) © NASA

12–13: S. 12or (Sonnenflecken) © NASA; S. 12–13u (Sonnenoberfläche) © European Space Agency; S. 13 or (Nordlicht) © Pekka Parviainen/Science Photo Library

14–15: S. 14ol (Satellitenaufnahme eines Waldes) © NASA Landsat Pathfinder Humid Tropical Forest Project/Science Photo Library; S. 14oM (Erdatmosphäre) © Digital Vision; S. 14–15u (Satellitenansicht der Erde) © European Space Agency/PLI; S. 15o (Hurrikanwolken) © NOAA/Science Photo Library

16–17: S. 16ul (Apollo-Astronaut), S. 16M (Kopernikus) und S. 16–17o (Mond) © NASA

18–19: S. 18–19 Hintergrund (Sonnenfinsternis) © Rev. Ronald Royer/Science Photo Library; S. 18l (Mondfinsternis) © G. Antonio Milani/Science Photo Library

20–21: S. 20ul (Galaxie M100) © NASA; S. 20–21o (Wagenrad-Galaxie) © Space Telescope Science Institute/NASA/Science Photo Library

34–35: (Wonder-See) © Charles Mauzy/CORBIS

36–37: S. 36–37 Hintergrund (Erde) © Digital Vision; S. 37u (Kompass) Howard Allman

38–39: S. 38–39u (Himalaja) Galen Rowell/CORBIS; S. 39or (Großer Grabenbruch) © Yann Arthus-Bertrand/CORBIS

40–41: S. 40–41o (Felsen) Mike Freeman; S. 40–41u (Grand Canyon) © Dr. B. Booth/G.S.F. Picture Library

42–43: S. 42or (Flussdelta) © 1996 CORBIS – Originalbild mit Erlaubnis von NASA/CORBIS; S. 42ul (abgeschliffene Steine) © David Muench/CORBIS; S. 42–43 (Horseshoe-Fälle) © John und Dallas Heaton/CORBIS

44–45: S. 44ol (Fisch) © Lawson Wood/CORBIS; S. 44u (Taucher) © AMOS Nachoum/CORBIS; S. 45ol (Schildkröte) und S. 45u (Korallenriff) © Digital Vision

46–47: S. 46ol (Thermosphäre) © Digital Vision; S. 46ol (Mesosphäre) © Jonathan Blair/CORBIS; S. 46Ml (Stratosphäre); S. 46ul (Troposphäre) © NASA; S. 46–47 Hintergrund (Flugzeug in Wolken) © George Hall/CORBIS; S. 47o (Ozonschicht) © NASA/Science Photo Library

48–49: S. 48–49 (Regenbogen, Hintergrund) © Craig Aurness/CORBIS; S. 48l (Regenbogentänzer) © Michael Yamashita/CORBIS; S. 49o (Wolken) © Digital Vision; S. 49u (Schirme) © Wolfgang Kaehler/CORBIS

50–51: S. 50or (Schneeflocken) © Scott Camazine/Science Photo Library; S. 50 51 (Wolken, Hintergrund), S. 51ol (Kumuluswolken) und S. 51or (Kumulonimbuswolken) Shuttle Views the Earth: Clouds from Space, zusammengestellt von Pat Jones, mit Erlaubnis von LPI; S. 51Ml (Stratuswolken) © Photodisk/Getty Images; S. 51ul (Zirruswolken) © Digital Vision

52–53: S. 52oM (Giraffen) und S. 52–53u (Kaktus) © Digital Vision

54–55: (Jaguar) © Michael & Patricia Fogden/CORBIS

56–57: S. 56ol (Erde), S. 56M (Sonnenblume), S. 56or (Sonne) und S. 57o (Aloe) © Digital Vision; S. 56ur (Spaltöffnungen) © Ron Boardman, Frank Lane Picture Agency/CORBIS; S. 57or (Baum); Galen Rowell/CORBIS

58–59: S. 59o (Kolibri) © Tim Flach/Getty Images; S. 59ul (Sonnenblumensamen) Howard Allman; S. 59ur (Kokosnuss) © Kevin Schafer/CORBIS

60–61: S. 60–61M (Adler) © Stuart Westmorland/CORBIS; S. 60ul (Robbenschädel) © Anthony Bannister, Gallo Images/CORBIS; S. 60ur (Pferdeschädel) © Sally und Davis Waters/Horsepix Equestrian Photography, (Geier, Bienenfresser, Schmetterling, Blumen, Pilze) © Digital Vision

62–63: S. 62M (Geparden und Gazelle) © Tom Brakefield/CORBIS; S. 63u (Elefant) © Digital Vision

64–65: S. 64–65u (wandernde Gnus) © Yann Arthus-Bertrand/CORBIS

66–67: S. 66or (Erbse) © Dr. Jeremy Burgess/Science Photo Library; S. 66ul (Kotkäfer) © Karl Switak/ABPL/CORBIS; S. 67ol (Holzkohle) © Nick Cobbing/Still Pictures; S. 67ur (Algen) © Chinch Gryniewicz, Ecoscene/CORBIS

68–69: S. 68 (Ammonit) © James L. Amos/CORBIS

70–71: S. 71 (Salmonellen-Bakterium) © USDA/Science Photo Library

72–73: S. 73o (Tiger) und S. 73u (Giraffen) © Digital Vision

74–75: (Chromosomen) © BSIP, DUCLOUX/Science Photo Library

76–77: S. 76 (Skelett) © Manfred Kage/Science Photo Library

Texte: Jane Bingham, Fiona Chandler, Philip Clarke, Anna Claybourne, Susanna Davidson, Gillian Doherty, Emma Helbrough, Corinne Henderson, Laura Howell, Lisa Miles, Kirsteen Rogers, Alastair Smith, Sam Taplin

Illustrationen: Alan Baker, John Barber, Joyce Bee, Verinder Bhachu, Gary Bines, Simone Bowl, Isabel Bowring, Peter Bull, Andy Burton, Lorenzo Cecchi, Kuo Kang Chen, Barry Croucher, David Cuzik, Peter Dennis, Matthew Doyle, Inklink Firenze, Mark Franklin, Giacinto Gaudenzi, Jeremy Gower, Andy Griffin, Rebecca Hardy, Nicholas Hewetson, Ian Jackson, Cathy Jakeman, Chris Lyon, Malcolm MacGregor, Janos Marffy, Sean Milne, Stephen Moncrieff, Martin Newton, Mike Olley, Radai Parekh, Justine Peek, Luis Rey, Michael Saunders, Chris Shields, Guy Smith, Justine Torode, Robert Walster, Ross Watton, Sean Wilkinson, David Wright

Karten: Craig Asquith/European Map Graphics Ltd.

Bibliografische Information Der Deutschen Bibliothek
Die Deutsche Bibliothek verzeichnet diese Publikation in der Deutschen Nationalbibliografie; detaillierte bibliografische Daten sind im Internet über **http://dnb.ddb.de** abrufbar.

3 2 1   07 06 05

www.ravensburger.de